U0179187

陈明达全集

【第一卷】西南古建筑考察与研究等

陈明达 著

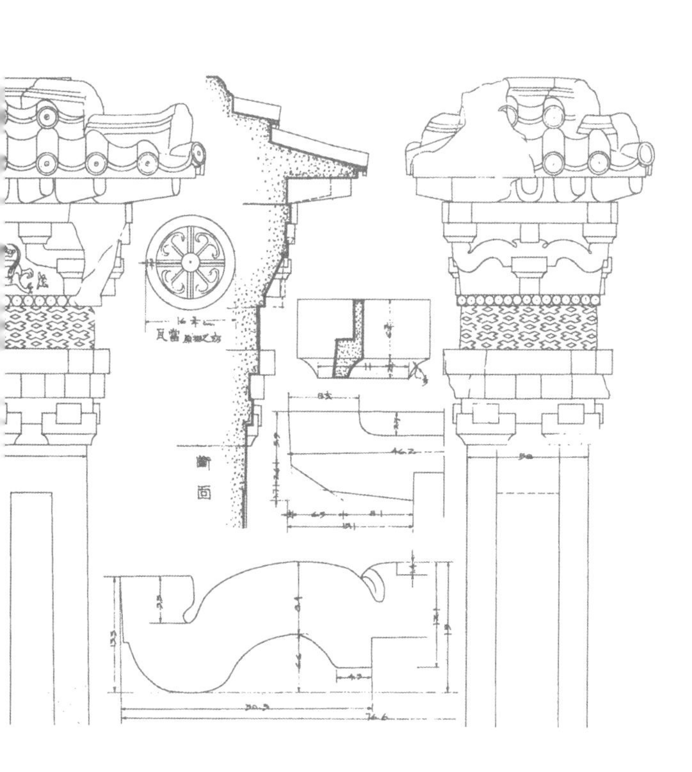

浙江摄影出版社

责任编辑：张　宇　王　莉
装帧设计：薛　蔚
责任校对：高余朵　王君美
责任印制：汪立峰

封面题签：殷力欣

图书在版编目（CIP）数据

陈明达全集．第一卷，西南古建筑考察与研究等 / 陈明达著．-- 杭州 : 浙江摄影出版社，2023.1
ISBN 978-7-5514-3729-5

Ⅰ．①陈… Ⅱ．①陈… Ⅲ．①陈明达（1914-1997）—全集②古建筑—研究—西南地区 Ⅳ．①TU-52 ②TU-092.2

中国版本图书馆CIP数据核字(2022)第207096号

CHENMINGDA QUANJI
陈明达全集
陈明达　著

全国百佳图书出版单位
浙江摄影出版社出版发行
地址：杭州市体育场路347号
邮编：310006
电话：0571-85151082
网址：www.photo.zjcb.com
制版：浙江新华图文制作有限公司
印刷：浙江海虹彩色印务有限公司
开本：889mm×1194mm　1/16
印张：237.5
2023年1月第1版　　2023年1月第1次印刷
ISBN 978-7-5514-3729-5
定价（全十册）：3980.00元

陈明达（1914—1997 年）

出版说明及编辑总则

一、出版说明

陈明达先生（1914—1997年）是我国杰出的建筑历史学家、不可移动文物保护与研究领域的权威专家和实践者，毕生致力于重新发现中国古代建筑学体系，并尝试在新的社会环境中确立自成体系的中国建筑理论，著有大量的学术论文和专著，尤以宋《营造法式》专项研究享誉中外。我社正式出版《陈明达全集》（十卷本），诚为我国建筑学界和文物保护领域的一件大事。

《陈明达全集》收录迄今为止所能收集到的陈明达先生全部的学术论文、专著以及古代建筑测绘分析图稿、建筑设计作品资料，包括以往出版的《陈明达古建筑与雕塑史论》中的全部文章，《巩县石窟寺》《应县木塔》《营造法式大木作制度研究》《中国古代木结构建筑技术（战国—北宋）》《蓟县独乐寺》等专著和陈明达先生逝世后由其后人、学生等搜集整理的大量遗作（文章手稿、图纸、画稿、照片等），基本上真实呈现出陈明达先生在中国传统建筑历史与理论研究、建筑文献考证、古建筑保护实践以及建筑设计等多方面的成就和研究进展，展示出其严谨笃实的学风和独辟蹊径的学术视野，是一份宝贵的学术遗产和珍贵的历史文献。此全集的出版，对于推动我国建筑历史学科的发展，从而确立中国建筑学体系，传承并发展中国建筑文化，将起到非常重要的作用。

陈明达先生一生著述卷帙浩繁，整理工作涉及相关文献之分类编目、遗稿佚文补阙钩沉、文本校订勘误等，工作量极大。他的亲属、私淑弟子殷力欣先生为此倾注了三十年（1992—2022年）的心血，并从1997年开始与天津大学建筑学院王其亨教授所领导的研究团队展开了长期的合作，迄今已达二十五年之久。在此期间，丁垚先生（现任天津大学建筑学院建筑历史与理论研究所所长）出力尤多——他曾主持《〈营造法式〉辞解》等遗稿的整理工作，此次整理出版《陈明达全集》亦系其五年前率先倡议。

《陈明达全集》于2019年初在我社立项。在编校工作中，为确保图书质量，我社另聘业内多位专家学者组成编辑整理委员会，参与相关文章的审阅校订工作。此次全集的整理编辑，由殷力欣负责选定各卷篇目、确立编辑总则和审阅终版文稿，丁垚协助校阅各卷并联络审阅各分卷的学者。兹列编委会其他成员名单如下（以姓氏笔画为序）：

冯棣（重庆大学建筑城规学院）

永昕群（中国文化遗产研究院）

成丽（华侨大学建筑学院）

李兴钢（中国建筑设计研究院）

肖旻（华南理工大学建筑学院）

周学鹰（南京大学历史学院）

周淼（浙大城市学院）

莫涛（清华同衡规划设计研究院）

徐凤安（《营造文库》编委会）

温静（同济大学建筑与城市规划学院）

编委会成员之外，另有张峻崚、刘翔宇、陈磊、党晟等青年学者及天津大学在校研究生、本科生多人等，作为参编人员参与了部分篇章的资料查证工作；第四、五、六卷收录的英文文章，由吴萌女士校订。

学界名宿刘叙杰（东南大学建筑学院资深教授）、单霁翔（中国文物学会会长）、傅熹年（中国建筑设计研究院建筑历史研究所资深研究员，中国工程院院士）、马国馨（北京市建筑设计研究院有限公司顾问总建筑师，中国工程院院士）、王其亨（天津大学建筑历史理论与研究学科带头人）、金磊（中国文物学会20世纪建筑遗产委员会副会长）、王贵祥（清华大学建筑学院教授）、龚廷万（原重庆市博物馆高级工程师）、黄晓东（原重庆市博物馆副馆长）诸先生作为编委会顾问，也都予以大力支持。

2020年，《陈明达全集》申报国家出版基金资助并获批准，这反映出国家对此类攸关中国传统文化传承与发展的项目的大力扶持。

二、编辑总则

本全集编辑体例如下。

（一）总的编辑原则是尽可能呈现原真性的历史文献。

作者原著中有些在初刊后又有所修改，有些文章有二次以上转载，另有一些在刊发时因故未署名，还有一些生前未刊发的文稿存在认证问题，此外，因时代不同，文章的著录要求也有差异。凡此种种，均须整理者辨析或增补注释说明。因此，本全集为带有历史文献疏证性质的全集。

（二）全集各卷，按写作时间与文章性质综合考量的方式进行分类排序。

第一卷收录 1942—1961 年所撰有关我国西南区古建筑、崖墓、石阙的考察与研究文章。

第二卷收录 1955—1988 年所撰有关我国古代雕塑与石窟艺术的研究文章和专著。

第三卷收录 1957—1997 年所撰涉及中国古代建筑通史及古代木结构建筑技术史的研究文论与专著。

第四、五卷分别收录两部古建筑实例研究专著，即 1962 年所撰（1966 年出版）《应县木塔》和 1983—1990 年所撰《蓟县独乐寺》，是作者“古代建筑实例研究系列”计划中得以实现的第一、二部（原计划做三十个专题）。

第六、七、八卷为作者的《营造法式》专项研究系列。第六卷收录 1978 年完稿（1981 年出版）之《营造法式大木作制度研究》；第七、八卷收录作者在《营造法式》专项研究过程中的各阶段工作成果，包括版本校勘、研究札记、相关文献索引和《〈营造法式〉辞解》等（其写作起始年代不确定，截止时间在 1995 年左右）。

第九卷收录作者所撰各类零散文章，时间跨度在 1947 至 1992 年之间。

第十卷收录作者的建筑设计作品资料、古建筑测绘分析图稿、摄影等，并将部分学者的陈明达学术思想研究文章、陈明达先生影像资料和整理者所撰“陈明达年谱”等列为全集之附录部分。

（三）作者所著文章完成于不同的历史时期，体例不尽相同，本全集在尽量保存历史信息的同时，考虑现行的体例规范要求，作适度调整。

1. 各篇中作者原有的注释予以不作增删的保留，统一移至文后；整理者按现行规范补加的注释，统一为脚注。

2. 作者不同时期的文章有繁体字、简体字文本的差别，本版基本改为简体字文本，但第七卷全卷和第八卷中的一篇，因涉及古代文献考证等问题，作为特殊情况，保留繁体字文本。

3. 涉及一些专有名词的理解，在简体字诸篇中保留个别字沿用繁体。如："平闇"之"闇"字不简化为"暗"；"斗栱"之"斗"字，涉及宋代《营造法式》专题时保留原书所用"枓"字；"鬭八藻井"之"鬭"易于混同"升斗"之"斗"，故保留"鬭"的写法；等等。

4. 各卷选用的照片、图纸等，多数为初刊时作者原选，其中有作者自绘自摄者，也有部分为原中国营造学社同人等所作者；另有一些图照为整理者补加。本全集尽量注明其资料来源，原稿未注明出处而来源未详者，暂付之阙如。

5. 作者原稿中的计量单位因时代不同而名称有所差异，如米、厘米在早期写作公尺、公分，今公里作千米、公斤作千克等，现维持原貌以保留历史信息。

在全集的出版过程中，我社各部门通力合作，竭尽全力，但仍难免有所遗漏、讹误，敬请读者指正。

浙江摄影出版社

2022 年 10 月

序　一①

陈明达先生（1914—1997年）是我国杰出的建筑历史学家。自二十世纪三十年代加入中国营造学社以来，研究中国古代建筑史达六十年之久，取得了极富创造性的重大贡献，是这一领域中继梁思成、刘敦桢先生之后，又一个取得重大研究成果的杰出学者，不仅在国内享有盛誉，在国际建筑史学界也有相当大的影响。

《陈明达全集》共十卷，是继《梁思成全集》（十卷）、《刘敦桢全集》（十卷）之后，第三部卷帙浩繁的建筑学巨著。这部巨著能在近期问世，说明我国建筑学研究事业正处于一个前所未有的繁荣阶段，标识着建筑事业已成为我国文化复兴大业的重要组成部分。

全书涉及中国古代建筑历史与理论、中国文化史以及中西方建筑设计原理比较分析等多方面内容，全面系统地反映了陈明达先生的研究成果和学术思想。陈先生以中国古代建筑发展史为核心，以《营造法式》研究为突破点，在大量优秀古建筑个案分析的基础上，实证我国古代建筑在科技方面所达到的空前高度，又从中参悟我国古代建筑在文化思想方面的精深奥义，从而为重新确立自成体系的中国建筑学奠定了坚实的基础。全集所收录《应县木塔》《营造法式大木作制度研究》等，已是建筑历史学界公认的学术经典；其他学术论文则体现了他严谨、笃实的优良学风；全集还包括陈先生的建筑设计、美术及摄影作品等，具有重大的学术价值，同时也是中国建筑史学史的珍贵遗产。

本书整理者殷力欣长期从事陈明达著作的整理和研究工作，并与天津大学建筑学院王其亨教授所领导的研究团队长期合作，出版有《陈明达古建筑与雕塑史论》《蓟县独乐寺》《〈营造法式〉辞解》等多部陈明达学术著作，是整理、编纂这部巨著的最佳人选。

傅熹年

2022年10月

① 本序作者傅熹年，著名建筑历史学家，中国建筑设计研究院研究员、中国工程院院士。此文系《陈明达全集》申报国家出版基金资助之推荐信，因傅熹年院士年事已高，无暇另写序言，嘱以此文代序。

序　二[1]

陈明达先生是著名的中国建筑史学家，在由中国营造学社开启的中国建筑史学研究薪火传承的过程中，是承前启后的重要人物，也是公认的“继梁思成、刘敦桢先生以后在中国建筑史研究上取得重大成果的杰出学者之一”，在国内外享有盛誉。最近由殷力欣先生主持编辑整理的十卷本巨著《陈明达全集》即将问世，这是我国建筑界和建筑史学界的重要事件。

今殷力欣先生邀我为全集作序。在陈先生面前，我是晚辈，作序很不合适，由于从事专业的不同，此前也和陈先生从未谋面，但力欣先生力邀，终感却之不恭。而且，我对陈先生向来是钦敬有加的。早在大学学习时，就知道中国营造学社除了梁、刘二位法式部和文献部的巨匠之外，其手下刘致平、陈明达、莫宗江、卢绳诸先生都是此中大家，也读过陈先生在《建筑学报》发表的几篇论文，如 1963 年 6 月《对〈中国建筑简史〉的几点浅见》、1977 年与杜拱辰先生合写的《从〈营造法式〉看北宋的力学成就》、1986 年 9 月《纪念梁思成先生八十五诞辰》等，尤其是最后一篇，曾给我留下很深的印象。自与陈先生的外甥殷力欣先生认识以后，对陈先生愈加关注，2010 年又得到先生所著《〈营造法式〉辞解》，《中国建筑文化遗产》在 2014 年陈先生百年诞辰之际出版了先生的纪念专辑……我通过这一系列的学习，进一步加深了对于陈先生学术成就的理解。因此利用这个机会，写下自己的一些学习心得和体会，并以此表达对于学界先哲陈明达先生的尊崇和敬重之情。

中国建筑史学是中国史学、史料学、文化学、考古学、工程技术学、艺术学、遗产学、社会学、美学等诸多学科的重要组成部分。尤其是中国营造学社自成立以后，致力于中国古代建筑的实物测绘、文献校勘、法式研究、理论分析，用科学的眼光进行系统的研究。陈先生作为刘敦桢先生的主要助手，参与了营造学社最活跃、成果最集中时期的调查研究活动，参加测绘古建筑数百座，绘制了大量实测图和模

---

[1] 本序作者马国馨，中国工程院院士、全国工程勘察设计大师、北京市建筑设计研究院有限公司顾问总建筑师。

型足尺图，通过广泛收集材料，深入学习研究问题，一生不懈求索，提出精辟观点，学术成就突出。同时他本人又是“自甘淡泊，不尚虚声”“脚踏实地，循序前进，不尚浮夸，力避空论”，为我们后学者树立了良好的榜样。

之所以讲《陈明达全集》的出版是建筑史学界的重要事件，是因为与文学界众多作家林林总总的全集相比，建筑史学大家以往多是出版专著文集，而以全集的形式出版相对滞后许多，直到进入新世纪，才有了一定的进展。2001 年，《梁思成全集》在梁先生身后二十九年才得以出版；2007 年，《刘敦桢全集》在刘先生身后三十九年才得以出版；《林徽因全集》则是在林先生去世五十七年后的 2012 年才出版。从 1992 年起，殷力欣先生即开始协助整理陈明达先生数百万字的文稿和手稿，陈先生去世以后，发现大量的遗作和笔记，殷力欣先生又从 1997 年 7 月起与天津大学建筑学院建筑历史研究所的王其亨教授及其团队合作，进行了艰苦的整理、考证、校勘、编辑工作，筚路蓝缕，历时近二十年。而编成十卷本《陈明达全集》，前后也耗费八年时间。因此，本书除见证了陈明达先生的学术成就外，也体现了编辑整理者们呕心沥血的学术历程和出版单位的全力配合。

当然，纵观各行业学者全集的出版过程，也面临着市场销路以及技术操作、立项经费、学术观点等诸多问题。以《鲁迅全集》而言，即先后出版过 1938 年的二十卷本、1958 年的十卷本、1973 年的二十卷本、1981 年的十六卷本和 2005 年的十八卷本。如何保证全集的全而精，收入哪些内容，加之佚文佚稿、信札的不断发现，注释的不同写法，校勘中的不同观点，都成为引人注意的“公案”。而有些全集在编撰过程中因“为尊者讳”而有意回避一些敏感内容的做法也时有所见，还有一些合作文字的著作权争议等，都是全集出版中的常见问题。由此深感编辑一套全集是十分不易的，这也是《陈明达全集》得以出版的可喜可贺之处。

我作为长期从事建筑设计的工程技术人员，对陈明达先生除建筑史学研究外在建筑设计方面的实践和理论研究尤其关注。和梁、刘二先生都曾参与建筑设计活动一样，陈先生在 1944 年任中央设计局研究员，加入中国工程师学会，从事城市规划和建筑设计工作。1948 年，陈先生在故乡湖南祁阳陈氏宗祠旧址上规划设计了砖石结构的重华学堂礼堂，他在设计中十分注意环境保护，采取传统手法和西方手法结合的形式，避免符号堆砌。1950年，他又设计、监理了重庆的中共西南局办公楼和重庆市委会办公楼工程，在设计过程中，他曾与邓小平同志交流过意见并达成共识：人民参政议政的公共建筑要雄伟，而机关办公楼要在尽量节俭的基础上追求朴素的建筑美感。目前，陈先生三个建筑设计作品中的两个已被列入第四批中国20世纪建筑遗产名录。

在1986年清华大学出版社出版的《梁思成先生诞辰八十五周年纪念文集》中，陈先生以《纪念梁思成先生八十五诞辰》为题发表文章。他在回忆梁先生所著《为什么研究中国建筑》一文的同时，也提出了对于中国传统文化和建筑创新的一些重要观点，十分值得我们后学从中吸取营养。

梁先生的这篇文章刊于1944年的《中国营造学社汇刊》上，因未署名而未被收入1982—1986年出版的《梁思成文集》，陈先生作为亲历者向公众披露此文的作者是梁思成先生。陈先生引用梁先生文中“在传统的血液中另求新的发展，也成为今日应有的努力……欣赏鉴别以往的艺术与发展将来创造之间，关系若何，我们尤不宜忽视”一句，认为梁先生着意强调传统和创新具有重要地位，而“目前，形式与内容似乎又成为热衷讨论的问题，借此重温先生在四十年前的观点，或者也有益于今日的讨论吧”。陈先生根据他的理解，认为梁先生所说的创新“是指建筑‘艺术’的‘精神’或‘风格’（在这里，‘精神’‘风格’应是同义词）。而究竟中国建筑的风格是什么样，他没有说，我以为是无法用文字描写传达的，只能在长期生活中逐渐感受、积累和体会——即‘熏陶’。因为，风格不是指某种具体的形象，而是透过全体反映出来的精神面貌，可以意会而难于言传”。

由此，陈先生理解梁先生当时虽然为二十年代出现的“宫殿式”建筑高兴，认为那是“接受新科学，采用现代材料、技术，进行新创造的火炬，是显示了中国精神的复兴，为迈出创新的第一步”，但他紧接着指出：“他（梁先生）并不是赞赏‘宫殿式’，不认为那是成功的创作。”他引用梁先生的话说：“因为最近建筑工程的进步，在最清醒的建筑理论立场上看来，‘宫殿式’的结构已不合于近代科学及艺术的理想……在形式上它模仿清式宫衙，在结构及平面上它又模仿西洋古典派的普通组织……它是东西制度勉强的凑合，这两制度又都属于过去的时代……因为糜费侈大，它不常适用于中国一般经济情形，所以也不能普遍。”

所以，陈先生结合梁先生《建筑设计参考图集》一书中所提出的“今日的建筑师，不要徒然对古建筑作形式上的模仿”，引申其意——要从中国建筑的某些特点出发，发挥它的精神，而不是模仿它的形象，并由此归纳为：“既说建筑是‘生活思想的答案’，那么适合于自己（生活）应是对新创造的基本要求。”这就像梁先生在该图集的序言中所讲的：“我希望他们认清目标，共同努力的为中国创造新建筑，不宜再走外国人模仿中国式样的路；应该认真的研究了解中国建筑的构架组织及各部做法权衡等，始不至落抄袭外表皮毛之讥。”

陈先生总结梁先生研究中国古代建筑史的三大目标：“首先是尊重古代传统文化，保护古代遗物；其二是深刻认识古代建筑在工程技术上及艺术上的成就，确认古代建筑的客观价值；其三是为了创造新的，包含着中国质素、智慧及美感，适合于自己（生活）的建筑。”陈先生确信，在这三项当中，最后一项是重点。

我以为陈先生《纪念梁思成先生八十五诞辰》一文，应是他在多年深入研究古代建筑法式的基础上，结合自己建筑工程设计的经验，也是在十分关心建筑设计的前提下，对于当时建筑创作中所涉及的传统与创新、形式与内容等问题提出自己的看法和观点，是一篇具有重要学术价值的论文。陈先生也向我们建筑师提出，这“毕竟是一个艰苦的过程”。时下重温先哲旧作，对我们仍有启发。

十卷本《陈明达全集》收录了陈先生毕生的成果和著述，是集智慧和思想于一体的知识宝库，值得我们去学习、钻研、开拓，并将陈先生的成就和学风进一步发扬光大。

谨以代序。

敬识

2022年10月

全集要目

第一卷　西南古建筑考察与研究等

第二卷　古代雕塑与石窟艺术研究

第六卷　营造法式大木作制度研究

第七卷　《营造法式》校勘与辞解

第八卷　《营造法式》论稿

第九卷　散论

第一卷　目录

崖墓建筑

——彭山发掘报告之一

崖墓建筑

——彭山发掘报告之一

绪　论

崖墓俗呼曰“蛮子洞”，早于清末日人鸟居龙藏氏即曾作简略之调查，著有《清国四川省之满子洞》于《考古界》三、四卷中发表。继之色迦兰著《中国西部考古记》（原注一）于岷江流域崖墓叙述较详，且附有平面图，使今人于崖墓得一较详印象。其后陶伦斯、葛维汉二氏亦注意于此，累经调查及收集标本（原注二），唯多偏重于器物之研究，忽略于建筑。O. H. Bedfond 著 *Han Dynasty Cave Tombs in West China* 于《中国杂志》廿六卷第四期发表，关于嘉定建筑始有较详记述，亦限于白崖、麻濠等较大之数墓。

民国廿八年（1939 年）中国营造学社入川调查，于嘉定、彭山、新津、绵阳、昭化、广元、阆中、南充、渠县等处均见有崖墓。民国廿九年（1940 年）冬，学社自昆明迁移李庄，沿途所经叙永、泸县、南溪、宜宾亦皆有崖墓。嗣后至川西调查，又得见犍为、内江诸崖墓。至重庆之永寿四年（公元 158 年）、延熹五年（公元 162 年）、熹平四年（公元 175 年）、光和三年（公元 180 年）诸墓则早经众所周知。据此散布区域，崖墓似遍布于全川而昔于他省未尝有闻，岂其为川中特有之制耶？抑吾人之孤陋无闻耶？从而推之，斯制何缘产生？何所渊源耶？

当作者于民国廿九年（1940 年）10 月测绘嘉定诸墓，始获睹崖墓之真面目，知其规模宏大。同时中国营造学社研究员刘敦桢先生于彭山县江口镇发现有庞大柱栱之墓二所，使志于中国建筑史者皆得亲见此近二千年之欂栌，是何幸之甚也。[1] 因念今之研究汉代建筑者，唯以阙、祠、明器为资料，而惜乎诸物失之过小，去真太远；诸崖墓之

---

[1] 刘敦桢：《川康古建筑调查日记》，载《刘敦桢全集》第三卷，中国建筑工业出版社，2007。彭山县江口镇，今属四川省眉山市江口街道。

柱栱则庶几乎近真，自建筑言之，实较其他遗物更为可贵也。此外，嘉定、宜宾诸崖墓画像，虽不若武梁、郭巨之精神[1]，然有其豪放之趣，及此特殊之葬制亦有探究之必要。故崖墓之调查实有更加普遍、详密之需。1941 年中央博物院筹备处发掘彭山地区崖墓，邀本社参加，专作建筑之研究，作者亦躬逢其盛，对彭山区诸崖墓作详尽之考察焉。

彭山县在成都南方一百三十里岷江西岸，南界眉山、西界邛崃、东界仁寿、北界新津［插图一］。县城之东，岷江东岸沿江峰迤逦而后北，经双江镇、半边街，其中崖墓如蜂房水涡，不可胜数也。县西自谢家场、公义场，延绵至于新津县属之宝子山，崖墓亦不可胜数也。县北牧马山则土坟累累，大小参错，乡人呼曰“皇家坟”。则此冢墓丛集之地，岂昔日繁盛之域乎！

至若崖葬之俗，前人亦有所记载，唯后人未得亲睹则不知其所云耳。据《水经注》卷十七“渭水”：

瓦亭水又西南流历僵人峡。路侧岩上有死人僵尸峦穴，故岫壑取名焉，释鞍，就穴直上，可百余仞，石路逶迤，劣通单步，僵尸倚窟，枯骨尚全，惟无肤发而已。访其川居之士，云其乡中父老作儿童时已闻其长旧传，此当是数百年骸矣。[2]

有关彭山县之历史沿革，据载：彭山县，汉置武阳县，南朝梁改为犍为，西魏改曰隆山，唐改曰彭山。兹列《嘉庆重修一统志》卷四〇〇“眉州”之记载二：

隆山故城今彭山县治。《隋书·地理志》：隆山郡统隆山县，旧曰犍为，西魏改县曰隆山……犍为故城在彭山县西北五里，谓即汉犍为郡。今考汉郡即武阳，在县东北。

武阳故城在彭山县东十里。扬雄《蜀记》：秦惠王遣张仪、司马错伐蜀，蜀王开明拒战不利，退走武阳，获之。

此即史书所谓汉置武阳县属犍为郡，王莽改曰戢武，后汉如故。建武十一年（公元 35 年），岑彭破公孙述将侯丹于黄石，晨夜兼行二十余里拔武阳是也。

---

[1] 武梁、郭巨，指山东嘉祥武氏祠与山东长清孝堂山郭巨墓祠之汉代画像石。抗战前，中国营造学社刘敦桢等曾作田野考察，后美国学者费慰梅亦作武氏祠专论。

[2] 本文引用古代典籍，沿用旧体例：正文为大字，注文为小字。下同。

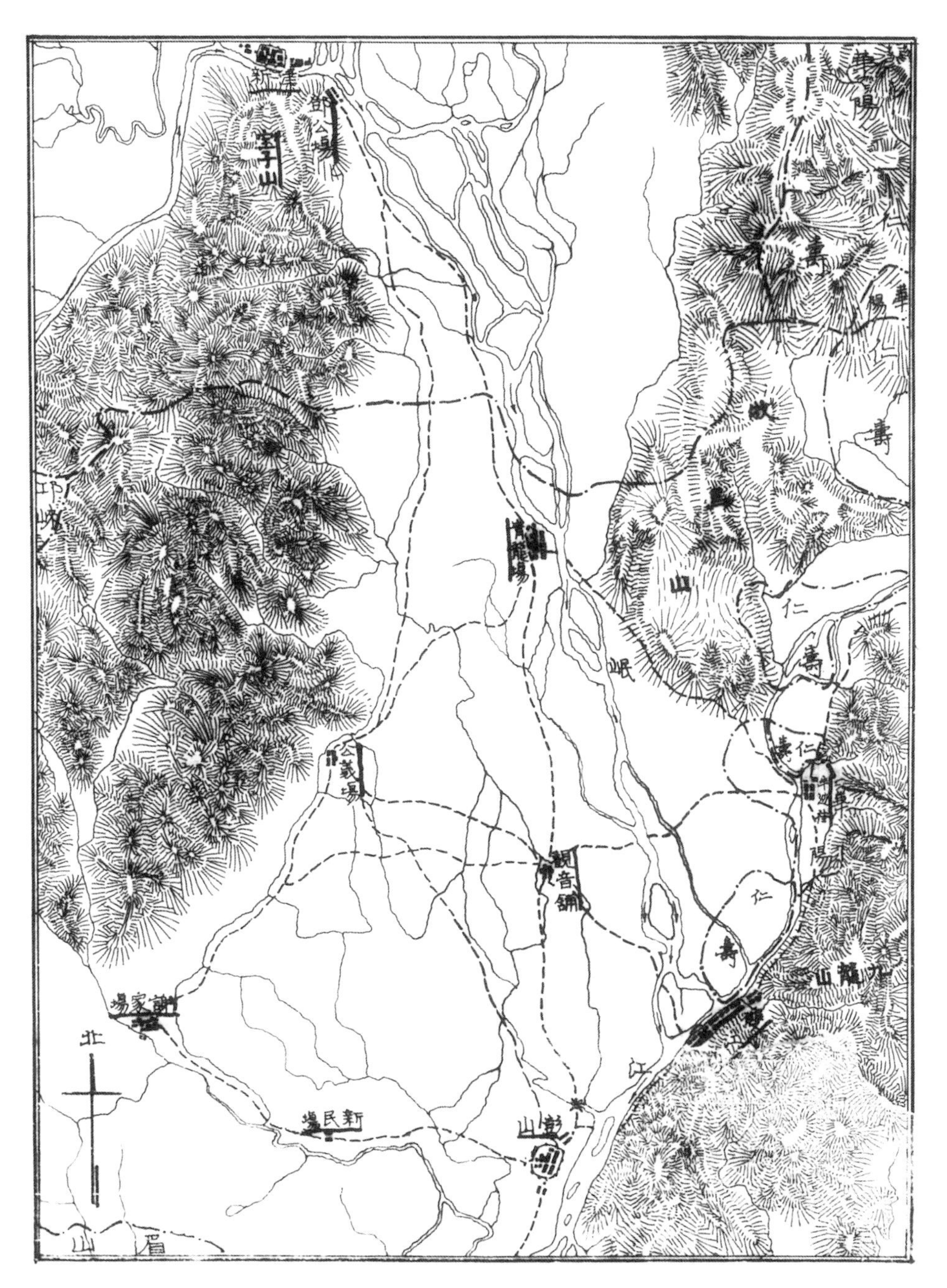

新津
鄧公場
青龍場
公義場
觀音鋪
謝家場
新民場
彭山
眉山
北
仁壽
四川彭山縣地形图（據民國十八年參謀本部陸地測量局十萬分一圖）
0 2000 4000 6000 8000 10000公尺

插图一　彭山县地形图

又《汉书·地理志》：

犍为郡武帝建元六年开，莽曰西顺，属益州。应劭曰：故夜郎国。

是今之彭山，汉之犍为也。盖自周慎靓王五年（公元前316年）张仪、司马错伐蜀以来（原注三），仅分巴、蜀置汉中，未暇南顾。或当时人口稀少，无增置郡县之需。逮于汉武二百余载，虽云武帝雄拓疆土，要亦人口繁密，始有增置郡县之需也。

《后汉书·安帝纪》：

（永初）六年春正月庚申，诏越巂置长利、高望、始昌三苑；又令益州郡置万岁苑，犍为置汉平苑。

由武帝迄安帝又二百余载，犍为兴盛，于斯可见。乃自秦惠王移民万家实蜀（原注四），逮汉武置郡，汉安置苑，四百余岁中，中原移徙而来者又不知几许矣！人口繁盛，是可盖知，冢墓丛集，岂足为异。

彭山一县崖墓分布若是之广，欲遍为发掘，势所不能，遂择定双江镇至半边街一带为发掘区。经发掘及测绘之地点如下［插图二］：

二郎庙：县北门外里许临江小山，山脚有小型墓数处，皆已洞开。其中之一，有后代增镌刻之道像一躯。

关刀山：在二郎庙对岸。

石龙沟：亦曰打鱼沟，双江镇南端东入之山峪也。

丁家坡：石龙沟北之山坡，循坡北行，可达油房沟。

豆芽房沟：亦曰油房沟［图版1］。双江镇中部东入之山峪。此区诸墓雕刻最多，为重要发掘区域之一。

高家沟、李家沟：自双江镇沿江北行八百公尺，东入山峪，数武歧分为二，南曰高家沟，北曰李家沟。

王家坨：即李家沟北山峰。

寨子山：王家坨北一里许，赵家山临江小峰也。山有石寨遗址，相传为蓝大顺叛乱时所筑［图版2］。为此次发掘之重要区域。

杜家山：寨子山北至甑子浩东之山。

彭山發掘區域圖

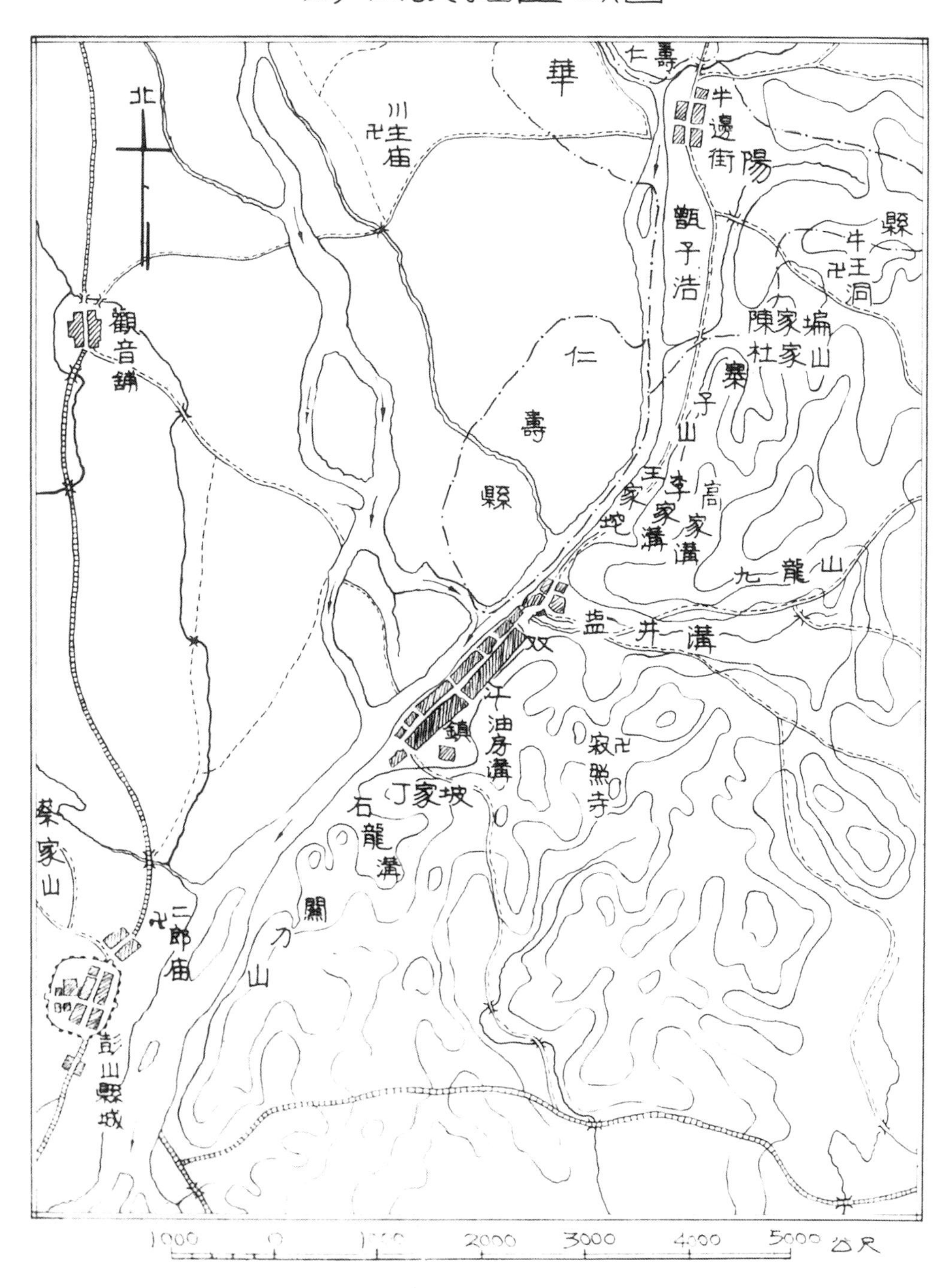

插图二　彭山发掘区域图

陈家塥：与杜家山相对之小峰，再北二里即半边街。

上列诸处山崖均红色砂石，质极松脆，少加外力即片片堕落。墓皆就山石水平凿入。山表面有厚约十公分之薄土一层，而寨子山北端则多暴露无寸土为掩，墓亦因之或为薄土所掩，或墓道暴露。墓内或满实泥土，瓦棺、明器杂乱其中；或全墓洞开无遗，实为盗掘破坏所致。至墓之原有外观，即仅将墓道掩填，或更有坟丘覆盖其上，颇费思索矣。

破坏之原因虽有多端，最甚者莫如王家坨石场开山采石。较幸者如1939年中国营造学社测绘之墓［图版73］，虽不堪今昔之比，尚幸其内部无大损坏。[1]其甚者往往全墓开凿无存。次则山土过薄，农人往往取土墓中以增厚之；墓土即空，又可利用以为贮藏粮食饮水之处，亦举一而有两便。此于高家沟、寨子山常见之。墓中石灶可资炊爨；石棺可贮什物或充牛马饲槽；此外如嘉定诸大墓，多有贫寒之家利用为住所者，彭山区仅于高家沟见有数处，但亦若被发之因也。或古董商人之求古物以谋利，如新津诸墓之大规模盗发是也。近岁各地之发掘墓洞为防空之所者，亦常见之。总此诸端，皆近代破坏之因，若细加搜寻，破坏之事殆由来已久。当发掘666号墓时，曾得开元通宝数枚，是见唐代已曾被开。又据《隶释》卷十三《张宾公妻穿中二柱文》，其碑文载汉建初二年（公元77年）事，附宋洪适补记云：

> ……眉州李治中云：武阳城东彭亡山之巅，耕夫斫地有声，寻罅入焉。石窟如屋大，中立两崖，崖柱左右各分二室，左方有破瓦棺入泥中，右方三崖棺泥秽充仞。执烛视之，得题识三所：一在门旁，为土所蚀，仅存其上十许字，穿中沙石不坚，数日间，观者揩摩，悉皆漫灭；其二在两柱前，稍高，故可拓。时绍兴丁丑年也，上距建初丁丑千八十有一年。

是宋代亦曾为人发现，而曰有破瓦棺入泥中，则墓之被盗已在绍兴丁丑之前矣。

乡人呼崖墓为蛮子洞，询其由，则曰："先时有蛮子居此等洞中，晋时蛮子造反，皇帝下令尽逐诸蛮，塞诸洞。有不塞者，以通蛮论。"据《华阳国志》卷九"李势"（晋康帝建元间，公元343—344年）：

> 势骄淫不恤国事，中外离心，蜀土无獠，至是始从山出，自巴至犍为、

[1] 此墓已毁于"文化大革命"期间。

梓潼，布满山谷，大为民患。

由是言之，乡人之说岂全无据。而崖墓曾普遍为獠人利用为住所，如今之贫寒之家利用为住所者，当亦有可能。是崖墓即被发现于前代，后经近世源源不绝之破坏，致今所发掘之墓无不凌乱不堪，墓中各物原有位置、各部分之用途，至难确定，是研究崖墓问题之大不幸也。

前叙《张宾公妻穿中二柱文》为载籍中唯一关于崖墓之记叙，《隶释》卷十三载其正文：

> 维兮，本造此穵者张宾公妻、子伟伯，伯妻孙陵在此右方曲内中。维兮张伟伯子长仲以建初二年六月十二日与少子叔元具下世，长子元益为之祖父穵中造内栖柱，作崖棺葬父及弟叔元。

建初为汉章帝年号（公元76—84年），而墓之始建，当早于建初若干年。墓即在武阳彭亡山且有在今彭山县境之可能。

周彭祖墓，在县东十里，流寓于彭，卒，遂葬于此。《后汉书·郡国志》“犍为郡”条：

> 武阳有彭亡聚岑彭死处。《南中志》曰：县南二十里彭望山。《益州记》曰：县有王乔仙处，王乔祠今在县，下有彭祖冢，上有彭祖祠。

今彭山县境无彭亡山之名，唯双江镇东二里孤峰峙立，峻削而顶平，俗呼曰“仙女峰”，山阴有巨冢，即志所云彭祖墓也。墓景经修葺，并立有木坊，是否为彭祖之葬地，非本文之问题，然以之与县志与郡志印证，即今之仙女峰古之彭亡山，似无大误。乃遍索此山，并及邻近，未见适合“穿中记”所记之墓，岂年久复淹耶?

此墓虽未能觅得，而于寨子山505号墓［图版76b］中得“永元十四年”（公元102年）题刻［图版95］[1]，是为后汉和帝年号。682号墓砖侧亦有刻永元十四文［图版101之12］。据此有确实年号之墓与他墓参证，实无歧异之点，出土器物亦往往与他墓所出系同一坯模制成。故诸墓皆为后汉所作，已无疑义。然则近二千年来古冢既早经启发，

---

[1] 此图版已佚。作者在此批注：“拓片在吴金鼎处。”吴金鼎，著名考古学家，伦敦大学人类学博士，著有《城子崖发掘报告》等，时任战时中央博物院院长，为彭山考察的田野工作总指挥。

何载籍之仅有“张宾公”一文耶？著者于此尝得一解，盖昔之金石家重文字，墓之有刻辞者录之，无则弃之，非仅崖墓为然，故无足异。而于崖墓，金石家所弃往往为他人所利用矣。试观□□□□□□。[1]

焰阳洞，古老相传在陵州阳山之上，从来隐蔽，人莫知其处。乾德三年辛巳正月十六日癸卯，井盐使、保义军使、太保马全章梦一紫衣束带巍冠者，状若道流，揖之，俱行至崖壁所，告曰：“此焰阳洞也，闭塞多年，能开发护持，可以福邦利国。”又指其地近开小径曰：“可断之，勿使常人践蹈。”言讫而去。及旦往寻其所，果见土势微陷，以杖导之，深不可测。即令本军节级侯广之勾当地人劚地，渐获纵由。相次开掘，见三重石门，洞内并是细沙，一无虫蚁他物。其洞自东入西，深三丈九尺，阔五尺三寸。洞门三重：第一重高六尺，阔五尺二寸；第二重高五尺五寸，阔三尺七寸；第三重从顶至底一扃，高六尺一寸。三门相去各三四尺，镌凿精巧，殆非人工。三门内南畔别有石房，阔七尺四寸，高四尺八寸，深四尺二寸。其后别有一小洞，洞门有片石遮掩，旁通一缝，以烛照之，深不知其底。北畔亦有石房，深四尺，阔七尺三寸，高五尺，房内有石床一。西畔又有小石房，深二尺，阔三尺五寸，高三尺一寸。西北畔有石床，长三尺八寸，阔二尺八寸，有石灶模，长二尺三寸，额阔七寸，灶深八寸，周围三尺五寸。计从洞门向东一直至盐井西，相去可四十一丈八尺，井在洞门正东也。全章乃召当井监天师院主内大德费省真问之，答云，天师院见有元和年刺史李正卿著《天师圣德碑》云：“天师以东汉建安二年自沛游蜀，占犍为分野见阳山气象，指谓弟子此山直下有咸泉焉。”今验此洞正当井上，即梦中所指也。

凡曾亲见崖墓者，当能确断此为崖墓。据其所记尺寸，可作图如插图三，与崖墓之平面无异也。其他类似之记载如繁阳山麻姑洞亦详记尺寸，并云有斗栱筒瓦。（原注五）而道藏诸书及方志中洞府神异之记载不一而足，四川道教洞府之多，盖由来已久矣。今之崖墓中，亦常有后代增镌之道教像［图版 53a］。彭山之二郎庙、石龙沟，嘉

[1] 原稿此处有数字漫漶不可辨认，故所引文献未能查找、核对，暂且付诸阙如，以待来时。

定之白崖墓皆曾见之，是知道家洞府之说，非徒空谈，实先有此物而利用之附为神异之说。今之致力道教者亟宜注意及之。

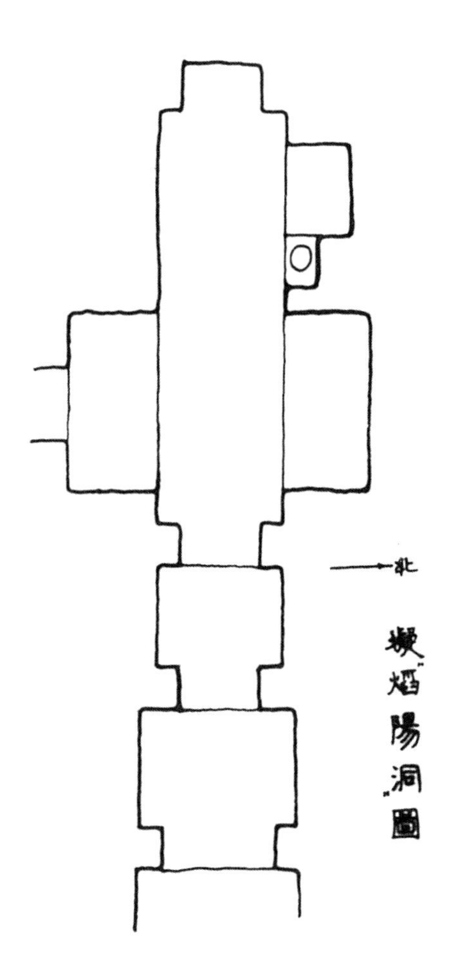

插图三　拟焰阳洞图

作者原注

一、*Premier exposé des Résultats Archéologiques Obtenusdans la Chine Occidentale par la Mission Voisins et Segalen*（1914）. 商务印书馆有冯承钧译本（无插图）。

又，Victor Segalen（1878—1919 年），通译色伽兰，又译谢阁兰、塞加朗，法国考古学家、诗人，著有考古专著《在中国的考古使命》《汉代丧葬艺术》，诗集《碑》，小说《天之骄子》等。——整理者注

二、见 *Journal of the North-China Branch of the Royal Asiatic Society*. Vol.XLI；*Journal of the West-China Border Research Society*. Vol. IV, VI, IX。

又，陶伦斯，又译陶然士，整理者未查明此人详情；葛维汉，美国学者，时任华西大学博物馆馆长。——整理者注

三、《华阳国志·蜀志》："周慎王五年秋，秦大夫张仪、司马错、都尉墨等从石牛道伐蜀。蜀王自于葭萌拒之，败绩。王遁走，至武阳为秦军所害。其傅相及太子退至逢乡，死于白鹿山，开明氏遂亡。凡王蜀十二世。"

四、《华阳国志·蜀志》："周赧王元年，秦惠王封子通国为蜀侯，以陈庄为相；置巴郡，以张若为蜀国守。戎、伯尚强，乃移秦民万家实之。"

五、见《本际经》。

第一章 平面

一、墓内平面

崖墓者，凿石为穿，以葬死者。穿土作圹之墓，更须柏黄肠砖石为外护，此则依崖而成，除有特殊原因，更无须他项建筑材料。墓既成，亦可就墓中各部雕凿装饰物，虽工费有加，而材料减省。作于绝壁悬崖，攀缘不易，虽以北山石为椁，用纻絮斫陈漆其间，其安岂若此，是则原始崖墓产生之因乎。尝于广元、阆中见绝壁之上，空穴累累，不可及也。彭山仙女峰大像之侧，一墓距地十余公尺，终不可登临。大抵此类凿于悬崖之墓，规模简小，远望之仅足容棺，亦无其他装饰。盖所处既危，工作不易，不得不简。既不可登临，无从知其究竟，亦神异之说所有生也。其规模大者，墓门之内为“隧”，为“堂”。“堂”左右作“内”，“内”之数不等。“堂”及“内”中作“灶”“匮”“崖棺”，“内”之大者有柱。或墓外更为“坛”“穿”“穴”，较之仅足容棺者，繁简大异。且以高险之处，工作维艰，不得不作于易于登临之地，致嘉定、彭山诸大规模之墓，无复有天险为障。悬崖稀少之地，又不得不于山坡凿墓道求一平垂直之面以便作墓，遂生“有墓道之墓”与“无墓道之墓”之别。今就平面各部由外向内逐一分述之如下。至其各部名称，可考者，从其旧；不可考者，姑妄名之。所以求叙说之便，非敢故为怪异之说也。

（一）墓道、隧道

通达墓内之道也，或曰羡道。《后汉书·礼仪志》中之“方石治黄肠题凑便房如礼”一句，有章怀太子注引《汉旧仪》：

其设四通羡门，容大车六马，皆藏之内方，外陟车石。

民称埏隧，《后汉书·陈蕃列传》：

民有赵宣，葬亲而不闭埏隧，因居其中，行服二十余年。

是埏隧之上必有覆盖，否则何可居之！而天子之羡道为露天之道，抑为不见天日之隧；其既葬亦有不闭埏隧之制，容他日详论之。今姑以叙述之便，上无顶覆者曰“墓道”，不见天日者曰“隧道”。

墓道在墓之最外端，凿于悬崖之墓则无之。多外狭内宽，如625号墓［图版3］：外端宽0.61公尺，内端宽1.65公尺。诸墓道内端平均宽度约为2公尺。355号墓[1]墓道宽3.63公尺［图版23］，及635号墓墓道外段作急剧之收狭，使墓道成为显著之两部分，皆唯一之例。最大长度595号墓28公尺［图版31］。道之一侧凿凹入之槽于墙脚，以装置水管［图版61b］。亦有置水管于中央者，如900号墓也［图版28、90b］。故墓道除为通达墓内之道外，亦为排泄墓内积水之道，且后者似较前者更为重要。如图版26各墓，墓道分为数段，各段之间仅穿孔以通水管，而不为通达之路。道尽端为墓门，门内或为堂，或为隧。有隧者隧之尽端更作二重门，隧内端方始为堂。

隧亦外狭内宽，如205号墓［图版22］外宽1.15公尺，内宽1.54公尺。最大宽度2公尺。最长为682号墓，9.56公尺［图版25］。隧之设殆为加强封闭，故除300号墓隧中有一内外，其余诸墓中皆无。而300号墓隧中之内，亦疑为附葬之墓，与670、595号两墓［图版27、31］作内于墓道之中者同一意义（详后）。

（二）门

墓门为墓之主要入口，全墓之方向因以为准；隧道门为墓之第二重门；内或有门，后全面开敞无门。墓门就山势而异其向。如寨子山诸墓在山阴者门向东南，在山阳者门向西北。丁家坡诸墓或向北或向南。考古营筵宅，但卜其吉否。秦汉以还，阴阳之说行，其于方位当亦有准绳。乐浪王玗冢之试占天地盘，已奠今日风鉴家之罗盘之基。《论衡》“谰时篇”及“四讳篇”言西益宅之说，亦启示当日阳宅之梗要。崖墓虽受地

[1]355号墓今已毁，当地俗称“花蛮子洞”。

形之限，亦非绝无活动之余地，仅范围较小耳。此于寨子山可得一清晰印象：墓虽在同一地形，相距至近之处，其方向亦有差异。661号墓墓道外段故折其向［插图四，图版86a］[①]更非无因之作。此皆关汉代阴阳之术，当另为专文论之。

习见之门，亦外狭而内宽。最狭0.95公尺，最宽1.80公尺，最厚1公尺。205号墓隧道门［图版22］，仅有门口无厚度。10、355、130号三墓［图版11、53b，23、69，25］更于墓门外作较宽之门廊。门之种类有插图五所示四种。第一、二两种有门廊之

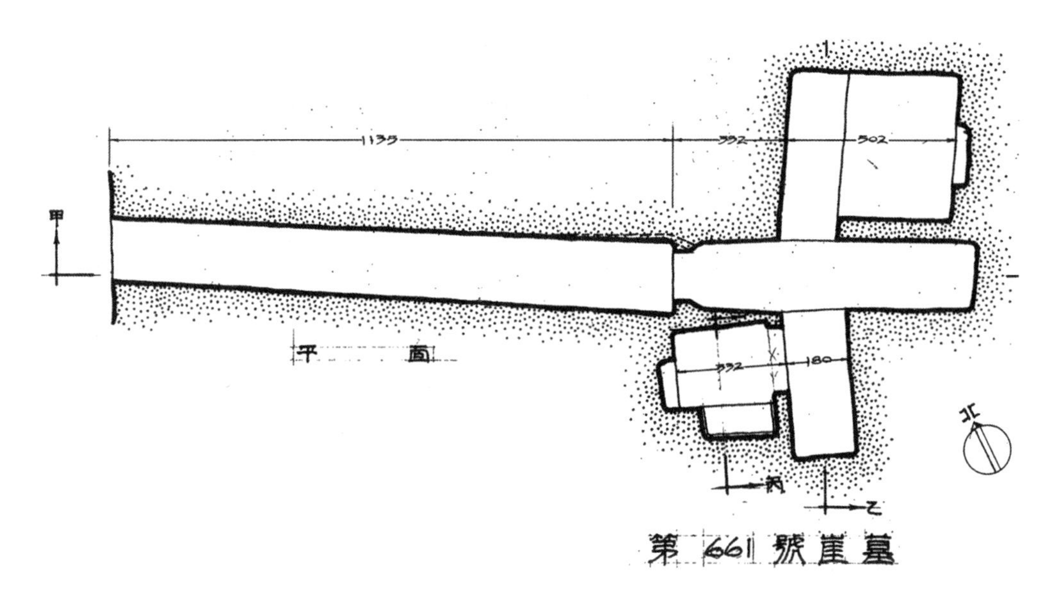

插图四　661号墓附近总平面图（原图稿佚，整理者据文义补阙）

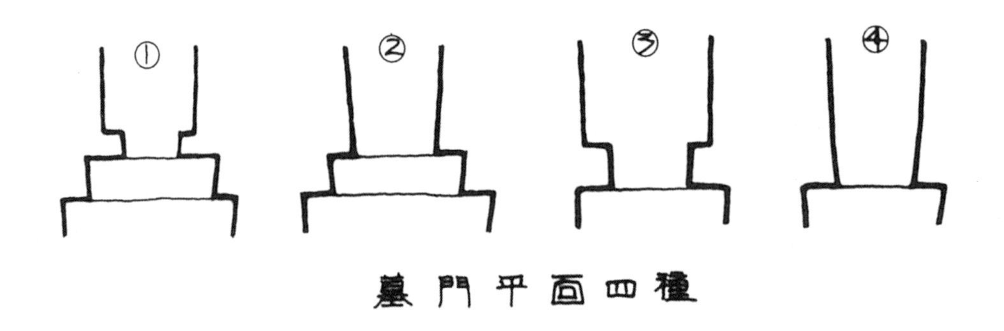

插图五　墓门平面四种

[①] 作者自注："661墓瓦墙，底片在吴处。"按"吴处"应指吴金鼎处。图版86b已佚。

门，仅用于墓之最外一门；其余两种，诸处皆可用之。

门中砌砖石或于外立石板以封闭之［图版56a、62b、84a、85a、89a］。10、130、167号三墓［图版11，25，8、59a］并有安置门轴之孔。虽未发现石门，证诸近年新津出土石门甚多，当亦崖墓所惯用也。

（三）墓堂

墓门或隧门之内曰堂。堂者，达内之道，陈明器之所也。《汉书·晁错传》：

通田作之道，正阡陌之界，先为筑室，家有一堂二内，门户之闭。张晏曰：二内，二房也。

此为阳宅之堂，且必与内相连接。《后汉书·范冉传》：

年七十四，卒于家。临命，遗令敕其子曰："吾生于昏暗之世，值乎淫侈之俗，生不得匡世济时，死何忍自同于世！气绝便敛，敛以时服；衣足蔽形，棺足周身。敛毕便穿，穿毕便埋。其明堂之奠，《礼》送死者，衣曰明衣，器曰明器。郑玄注云：明者，神明之也。此言明堂，亦神明之堂，谓圹中也。干饭、寒水、饮食之物勿有所下，坟封高下，令足自隐。"

自是文中章怀太子之注文而观之，足证墓中亦曰堂，而为陈明器之处。按陈明器且有定次，《仪礼·既夕》：

器西，南上绩。器，目言之也，陈明器以西行南端为上。绩，屈也。不容，则屈而反之。

此谓自南至北一行不能容，则界而转北至南陈之，更位一行也。诸墓虽经盗掘，明器于零乱之诸墓中仍多出自堂中。900号墓近门处置铁炉、鼎各一；901号墓左侧近门处瓦俑鸡、犬各一，排列成行［图版92］；682号墓［图版88b］门内侧大铁缶一；365号墓瓦屋多堆积于堂之末端。似皆为原有位置，从而略知其原状殆自门内列置诸器俑，而最末端陈房屋。堂三面或凿崖为棺、灶、匮等，近门处或雕人兽之形，此于诸图版中可常见之。唯棺除205、656、666、682号四墓［图版22、7、30、25］确在堂中外，其余瓦棺或残碎零乱，不知究在堂或内中；或完整如161、167号二墓而位置不整，尚不敢必其未经移动也。

677 号墓墓堂为最大之堂［图版 15］，深 19.79 公尺，宽 2.2 公尺。最小为 360 号墓［图版 15］，深 2.47 公尺，宽 1.70 公尺。最小之宽度如 355 号墓［图版 23］，仅 1.25 公尺。诸墓皆呈狭长之形，与木建筑之堂大异其趣，盖因建筑方式不同而自然产生之结果，今山陕豫诸省之土窑亦皆为狭长之堂室，同一理也。地面或凿水沟，如 169、176、666 号三墓［图版 10、12、30］；或铺地砖，如 176 号墓［插图六甲］[1]。666 号墓墓堂中段，上下四周皆作槽，可嵌装石板分堂为内外。或为先葬一棺于内段，而以石板隔之，以免续葬之时洞开全墓，如 470 号墓［图版 36］。

（四）内

墓堂左右之室曰内。阳宅之室曰内已见前引《晁错传》矣，又《论衡·吉验篇》：

光武帝建平元年十二月甲子生于济阳宫后殿第二内中。

是内不仅一二而已，乃须以次第别之。墓中之室亦曰内，已见前引“张氏穿中记”。

寨子山 900 号墓右第一内之门侧则刻辞云“蓝田令杨子舆所处内”，更为室名之曰内之铁证，足知汉代通呼室为内。内于生人为日常居处主要之室、寝食之处，故光武帝诞于内。炊爨在内中，《后汉书·向栩传》：

状如学道，又似狂生，好被发，着绛绡头，常于灶北坐板床上，如是积久，板乃有膝踝足指之处。

储藏亦在内中，《论衡·别通篇》：

富人之宅，以一丈之地为内，内中所有，柙匮所赢，缣布丝绵也。贫人之宅，亦以一丈为内，内中空虚，徒四壁立，故名曰贫。

崖墓亦然，为主要置棺之处，为灶匮之所在。唯以繁简不同，或因避免与邻近之墓相穿通，遂有插图七所示各种平面；或为面积过大及上部崖石不坚，为安全计，于近堂之处留崖为柱栱［图版 5、8、15］。如 677 号墓、465 号墓、361 号墓等［图版 14、15、16、17、31、60a、72、74a、74b、75a、87］。530 号墓有二柱分内之正面为三间［图版 18、

[1] 原图稿佚，无类似替补，付之阙如。相关内容可参阅图版 12、66。

19、78］；其余皆一柱，分内之正面为二间。

内之大者为677号墓右第一内（凡次第从外向内排列，凡左右立于墓内面向墓外言，以后均同）［图版15］，宽5.80公尺，深6.60公尺。168号墓［图版9］右内深1公尺，宽1.30公尺，为内之最小者。470号墓［图版36］共有七内，并其墓道中一内共为八，是为内之最多者。若以每内葬一棺计，当有八棺，虽人口繁盛之家，必无八人同死之事，则非一次所葬是可知也。甚至每增一葬，始增一内，亦无不可。

内之数既多，又均须经堂以出入，堂亦因之愈深，全墓呈向直方面伸展之势。即内之少者，亦因堂为狭长之形，同有此感。仅549号墓［图版33］有显著向横方向伸展之势。

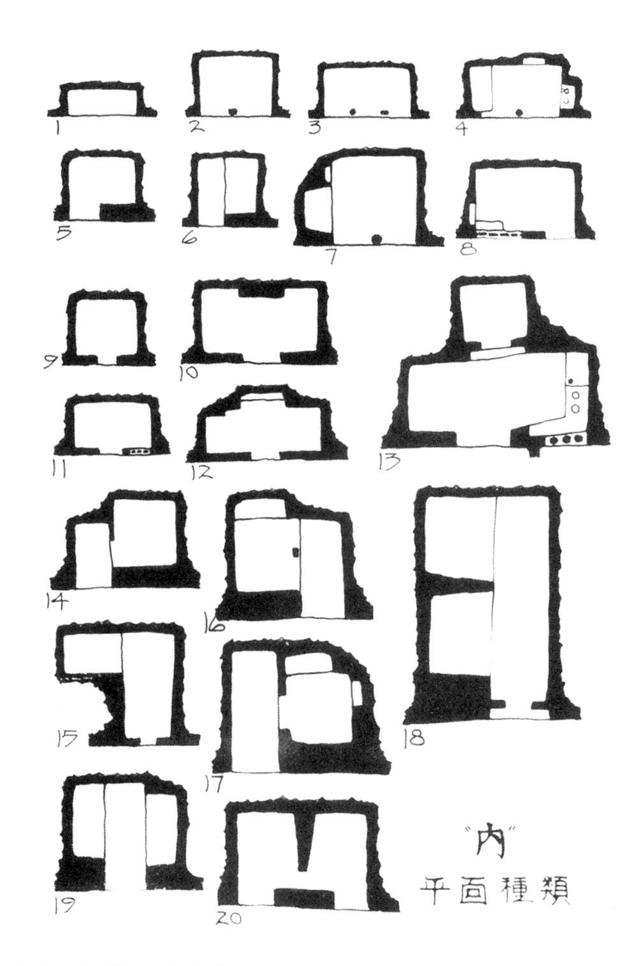

插图七 “内”平面种类

内或有门，或临堂之面全面敞开，或如45、200、595号三墓［图版21、7、31］有窗。800及901号两墓以砖封砌内门。661号右内则用筒瓦仰覆堆砌，外墁泥土。其他诸墓几皆出有砖瓦，唯数量不多，难于决定其是否封砌内门之用。

（五）崖棺

凿崖为棺曰崖棺，见于《张宾公妻穿中二柱文》。或在堂两侧［图版7之656号墓、10、22、25之682号墓、30］，或在内后方［图版5、13之635号墓、17之655号墓、19、25之130号墓］，而以在内者较多，均以安置与墓本身同一方向为原则。或为单棺，或双棺相连，或仿木棺形式另为棺盖，或棺盖但具形而与棺相连凿成不可移动，另于棺侧凿口，以石板封之，或仅于墙面作棺之侧形，而凿墙空其中，如插图八所示各种。

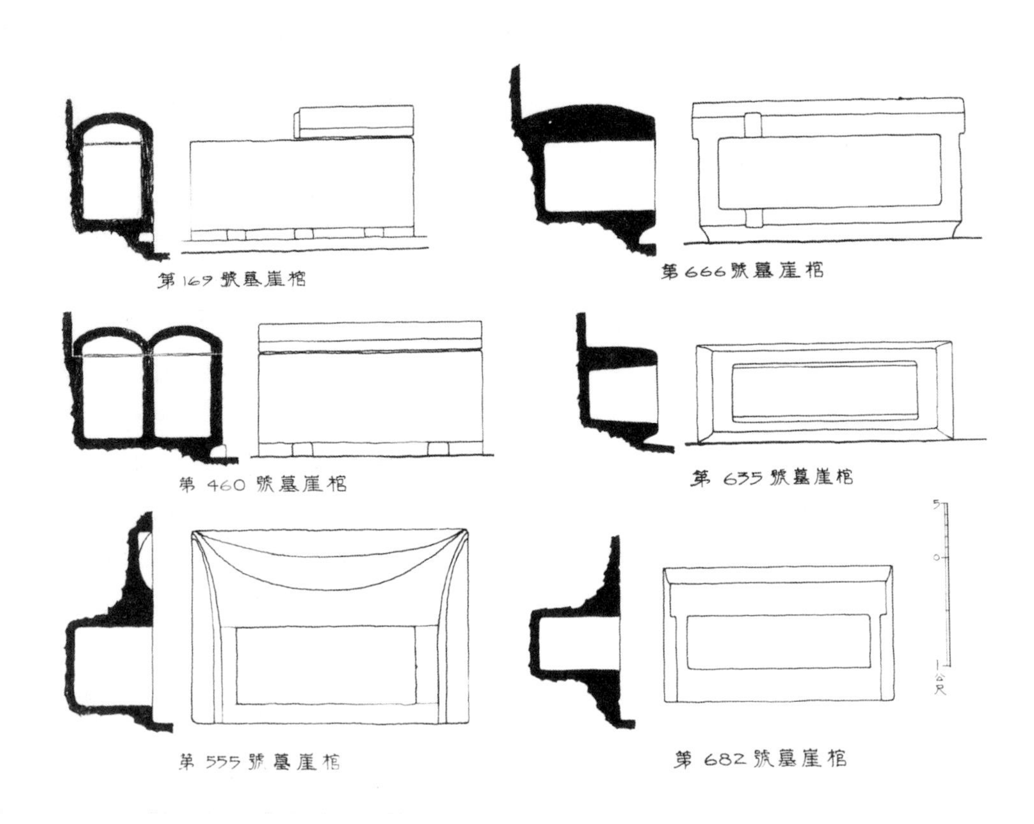

插图八 崖棺六种 169、460、555、635、666、682号诸墓

棺长由1.90至2.60公尺左右，宽1公尺左右；双棺宽1.80公尺左右。内部最大宽度0.90公尺，然仅一处，其余多数在0.70与0.50公尺之间，最小者仅0.38公尺。内部平均长1.80公尺。此宽度以最小者言，仅足容人，则崖棺之内是否更有瓦棺或木棺？设无，岂舆尸至墓始如棺，抑先殓以榗椟，入墓，再易入崖棺？颇难索解也。

（六）灶

灶为五祀之一，生活所必不可缺，本事死如生之义，是墓中有灶之故欤！唯或凿崖而成，或范瓦而成。今所述者限于凿崖而成者，瓦灶当于明器中述之。灶在堂者皆位于两侧［图版4、7之200号墓、9、10、12、23、34、66a、80a］，在内者，左右侧或旁门之侧皆可置之［图版5、8、20、35］。如有窗，其必置窗下［图版21、31］。深在0.32至0.60公尺之间，单灶宽0.40至0.75公尺，双灶宽0.72至1.28公尺。灶之近旁必有阁［插图九，图版62a］。除595号墓右第二、第三两内各有灶［图版31］及40号墓［图

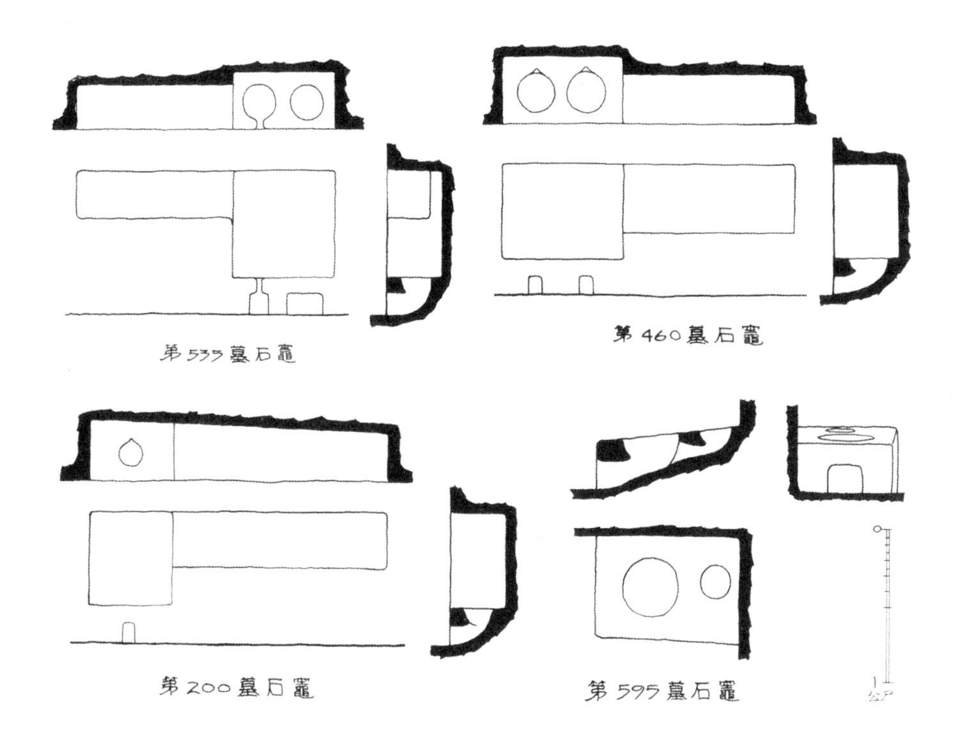

插图九　石灶四种　200、460、535、595号诸墓

版20］共有灶三处外，其余各墓皆仅有一灶。至所出瓦灶之数，亦或一二不等，故每墓究当有几灶，尚难确定。而视40及595号墓情形，似每葬一棺即为设一灶，故同墓中各内皆有灶。

（七）匮阁

凿墙为长方形龛，其广深显非可容棺者，必为置物之用。堂及内中除近门之一侧外，皆可有之。尤以近灶之处必有匮，或竟与灶相连［插图一〇，图版80b、62a］。据前引《论衡·别通篇》，知容物之器曰匮。又据《博雅》：

阁，庖厨也。

《礼记·内则》：

大夫七十而有阁。阁，以板为之，庋实物也。

是容食物之所曰阁，其与灶相连者，显为便于放置食物之用，则必为阁；其距灶远者，或为放置他类器物之用，是或为匮也。匮阁有单层者，有双层者。双层者，下

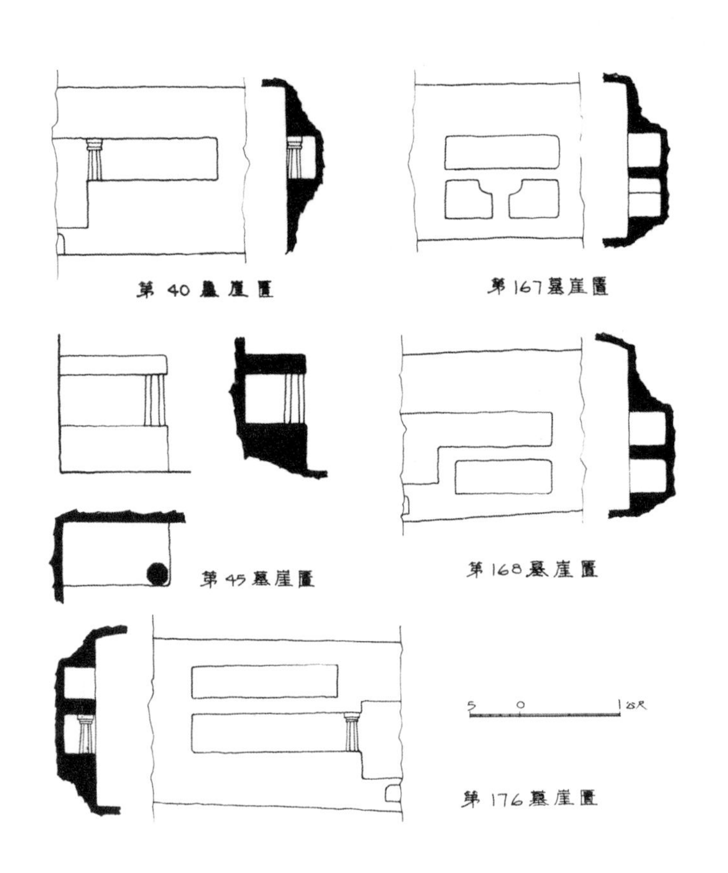

插图一〇　崖匮五种　40、45、167、168、176 号诸墓

层之一角作一小柱，如 40、176 号两墓［图版 20、12、66］；或分隔下层为二，如 167 号墓［插图一〇，图版 8、59b］。45 号墓［图版 21］则留崖而作，上有顶，下有座，当为切近当时木制阁之作。凡匮，多长方形，深自 0.25 至 1.58 公尺，宽自 0.90 至 4 公尺。间亦有正方形者，如 10 号墓［图版 11］，方 1.60 公尺。

二、墓外平面

墓外诸物除墓道已叙于前外，更设坛场、穿、穴、水沟等，但非每墓所必有。

（一）坛

墓外平山为狭长之场名曰坛，所以祭祀之处。《礼记·祭法》于天地山川皆为坛以祭，于祖宗并设庙祧，而坛庙之数以爵有差：

> 天下有王，分地建国，置都立邑，设庙祧坛墠而祭之。乃为亲疏多少之数。是故王立七庙一坛一墠……诸侯立五庙一坛一墠……大夫立三庙二坛……适士二庙一坛……官师一庙……庶士庶人无庙。

是条下有郑氏注云：

> 封土曰庙，除地曰墠。

唯坛究建于冢墓抑庙中，未有明指。汉兴，崇古礼，天地诸祭莫不广增坛场。而即位则别设坛以告天，《后汉书·光武帝纪》：

命有司设坛场于鄗南千秋亭五成陌。六月己未，即皇帝位。燔燎告天，禋于六宗，望于群神。

受禅有坛，《后汉书·郡国志》“颍川”条之“颍阴”目下有注云：

有司乃为坛于颍阴。庚午登坛，魏相国华歆跪受玺绶，以进于王。王既受毕，降坛视燎，成礼而反。

祖道设坛以祭道路之神，《后汉书·吴祐传》：

后举孝廉，将行，郡中为祖道，祐越坛共小史雍丘、黄真欢语移时，与结友而别。祖道之礼，封土为軷坛也。《五经要义》曰：祖道者，行祭为道路祈也。

至墓前之坛，仲尼墓有之，《后汉书·郡国志》“鲁国”条有注云：

仲尼墓在鲁城门北便之外泗水上，去城一里，葬地盖一顷，墓坟南北十步，东西十三步，高一丈二尺。墓前有瓴甓为祠坛，方六尺，与地平。

武梁墓前有坛后有祠，《武梁碑》：

躬行子道，竭家所有，选择名石；南山之阳，擢取妙好，色无斑黄；前设坛砠，后建祠堂。

故墓前之坛，系以石或瓴甓与地平，今于崖墓，则凿山为平地，与之少有异同。仲尼墓坛为方形，武梁墓未言为方为长。[1] 彭山崖墓之坛则均为长方形，在墓之前横跨墓道，如 900 号墓［图版 28］；或横依墓道之一旁，如 501［图版 27、76a］、601 号［图版 29、84b、84c］两墓[2]；或不与墓道相连接，如 505［图版 29］、515［图版 29、77b］、600［图版 32、83b］、666［图版 30］、365［图版 32］号诸墓；或数墓共一坛，如 365、534 号［图版 33、29 之 520 号墓］等墓。坛三面作水沟，后方或作穿。最大之坛为 900 号墓，长 29.20 公尺，阔 2.75 公尺。最小者为 601 号墓，长 6.40 公尺，阔 1.83 公尺。

或谓此长方之场非坛而为筑祠之地。但此狭长之比例，显非习见建筑物之比例。今所知之墓祠如郭巨、武梁、朱鲔亦非狭长之建筑物。而祠见于嘉定、犍为、宜宾诸墓者甚多，彭山尚未之见。其详情请参阅中国营造学社即将出版之拙作《四川崖墓》。[3]

---

[1] 费慰梅：《汉“武梁祠”建筑原形考》，《中国营造学社汇刊》，第七卷第二期。

[2] 图版 84b 已佚。

[3] 此书稿系作者在彭山考察的基础上结合四川其他崖墓所作的建筑专题论文，现已遗失。

（二）穿

坛后所设之横穴姑名曰穿，用以瘗埋祭物也［图版 56b、77a、82a、83b］。何以知之？以穿在坛上，坛即为祭物之处，祀毕便瘗至便也。又以其大小言，如 600 号墓有宽 0.35 公尺、深 0.40 公尺者［图版 32］，显非容棺之所，内藏碗二，中有五铢钱数枚，当即瘗埋之物。然墓穿之大者，宽 1.40 公尺，深 3.50 公尺，亦足容棺，设为葬棺而设，不葬于墓中而葬于墓外，是为附葬。岂有附葬于祭祀尊严之处者？其非葬棺之所自明也。

穿地面或墁砖［插图六］，口部以砖或石块封填，仅于 505、515 号两墓见之。其余多以坚实之土填塞。其数如 600 号墓多至十二，而 501、900 号等墓有墓无穿。《礼记·祭法》：

坛墠，有祷焉祭之，无祷乃止。

岂祭之则有瘗埋，不祭则无。有瘗埋则有穿，无瘗埋则无穿。祭之数频，则瘗埋多，穿亦多也。

（三）穴

与地面垂直之穴姑名曰穴。李家沟诸墓之穴多为方形，此外皆为圆形。方者约方 80 公分，圆者最大直径 80 公分，最小直径 40 公分。365 号墓凡三穴排列坛上［图版 32］；601 号墓三穴，二穴在坛下左右对称，一穴在坛右上角［图版 29、84］；515 号墓二穴在坛下［图版 29］；620 号墓一穴在墓道外端之内［插图四，图版 85b］。此皆穴之临近于墓者。若二郎庙下诸墓，于相距 20 公尺之乌龟石上有圆穴七处。丁家坡左侧诸墓顶上有穴五处［图版 55a］。寨子山、高家沟等处均不乏此例。位置既无一定，亦无从知其为何墓所有。农人多利用以蓄水，间有一二穴中实以土壤，掘之亦无所获。穴之用途有三可能：一亦系瘗埋之处，二为竖立神道石柱以为墓之标志，三为当地农人所言——为栽植花木之用。然考神道石柱汉已惯用，《水经注》卷九“淇水”条“又东北过广宗县东为清河”有注云：

清河之右有李云墓……后冀州刺史贾琮使行部过祠云墓，刻石表之，今石柱尚存，俗犹谓之李氏石柱。

又《汉书·原涉传》：

乃大治起冢舍，周阁重门……涉慕之，乃买地开道，立表署曰南阳仟，人肯不从，谓之原氏仟……

亦为蜀固有之风。《华阳国志·蜀志》：

九世有开明帝，始立宗庙，以酒曰醴，乐曰荆，人尚赤，帝称王。时蜀有五丁力士，能移山，举万钧。每王薨，辄立大石，长三丈，重千钧，为墓志，今石笋是也，号曰笋里。……后王悲悼，作《臾邪歌》《龙归之曲》。其亲埋作冢者，皆立方石以志其墓。

则穴为树立石笋之需，或较可信。杜甫《石笋行》：

君不见益州城西门，陌上石笋双高蹲。

今成都南门外有巨石五相垒成柱，径约1公尺，高约4公尺，俗呼为“五块石”。岂即墓表之遗存者乎？

（四）水沟

作沟于墓道上方以避山水渗入墓中，尝于寨子山数墓见之［插图四］。其深宽各十余公分。现两端仍覆土中，无从测计其长。至其他各处地面均为土所掩，不悉是否亦有此类水沟。

三、平面类别

以平面配列及繁简之异，可分为五类：

（一）于山坡开略近水平之墓道，殆墓道内端得相当高度之崖面时，穿崖以葬棺，更无堂内之别，如图版3之625号墓是。或作于悬崖，无墓道之需，如图版3之131号墓是。或横穿，面阔大于进深，内中亦作匮以藏物，如图版3之135号墓是。此类为平面之最简者。

（二）于墓道尽端墓门内先作墓堂（作于悬崖者则无墓道［图版71b］），堂之一侧或连两侧作内，其数多寡不一。堂及内中或有崖棺、灶、匮阁。堂侧墙面或雕作人兽。内之宽大者亦留崖为柱栱。或二内前后相通达，或于较大之内中更作小内。总之，此类之要点乃先作墓堂，然后再向左右发展。亦为崖墓中所最常见之型，图版 4 至 20 及图版 27 之 501 号墓，图版 28、29、33 皆属之。

（三）墓门内作隧，隧尽端更作第二重门，入门始为墓堂及内，如图版 21 至 25 诸墓是。隧之全部或一部有以砖券为之者，如 682 及 901 号二墓是［图版 25、88b，24、91b］。此式之要点乃于前式之前多加门隧之设。

（四）墓道分为数长方穴［图版 82b］，穴与穴之间仅穿小孔以通水管。于最末一穴之后，穿、门、堂、内等与第二式同，而应用上则与前三式大异：前者可引棺经墓道入门，此则须先悬棺下穴，始可入墓也。图版 26 诸墓及图版 32 之 365 号墓等皆属之。

（五）于第二式门外墓道侧、隧道中或墓门之上部，作较简单之墓，是为合数墓为一墓，如 470、595、666、670 号诸墓皆是［图版 36，31、83a，30、88a，27］。470 号墓且于外另作伪墓道，二墓合为一墓之意更属明显。唯此或皆为附葬之墓，若 930 号墓［图版 37］则确为两墓合为一墓之例也。

上列第二、四、五三式中皆有坛者，第一、三两式均无坛。

第二章　断面及立面

一、断面

断面最要之点为排水设施，除水沟、水管外，隧高于墓道，堂高于隧，内高于堂，各部皆向外倾斜。地面以上部分，或向外倾斜，或向内倾斜。此项倾斜度，地面者可达百分之十，顶部者可达百分之二十。凡顶部向外倾斜之面至与垂直之面相交处，皆加急倾斜度，使之成锐角形，以至顶部无水缘之滴落。此类情形尤以墓门檐部为最显著。兹更分述各部要点如下。

墓道底部杂积石块，其上再填泥土，石块之厚度至不一律，或为开凿墓圹时之残石，葬后即利用以填塞墓道，间亦有无石块者。水管之外更有以石板、瓦块掩护以防填土时被压碎［图版4、57a之166号墓，图版90b之900号墓］。亦有不用水管仅以卵石置水沟者，如901号墓是。

隧道之用砖券者，于墓道两侧墙面凿水平凹槽以为券脚，故券之内径与隧道宽相等。901号墓现存单券38道［图版92］，就其墙面凹槽之长论，则隧之原长当为5.9公尺，由单券100道并列而成，每道用券砖15块。682号墓隧道之一部系砖券，似为隧道开凿时上部石质不坚，以致陷落［图版88b］，不得不以砖券弥补之。此券现虽全部崩毁，然就所得券砖推之，假定其与901号墓构造相同，当为由单券8道、每道36块砖构成。隧道内端之高约1.80公尺（砖券者计至券脚止），外端与门同高，并恒低于内端。

门高多数在1.6至1.7公尺之间，适等于人之高，然亦有低至1.33公尺者如625号墓［图版3］与高至2.26公尺者如530号墓［图版18］。门口较墓地道面高起一级，其高度在10至40公分之间，而以高25公分为最习见。门上有门楣，高20至50公分。再上即为垒涩形之檐一至三重，檐之高广至不一律，而以最上一层高于下层为原则。檐正面及底面亦作倾斜之势，使檐下角成锐角形。门多以砖石封闭，此已于“平面”章言之，但在300号墓门右侧有矩形槽两道［图版25、68a］，左侧长方形槽两道，似为以木或石板推入槽中者。至此槽是否原有，颇为可疑，因墓门左部经后代凿去大部，左侧之槽系增凿后之墙面上也。

堂内端之高在2.15至1.54公尺之间［图版12、13］，恒较外端为高。或有内端低于外端如530、535号等墓［图版18、33］，则作显著之梯级形。堂顶之倾斜度，自内至外渐进加急，至于与门口同高为止，故门之高度，实亦堂外端之高。间有数墓堂外端之高较门高者，因之其门内亦露出门楣如插图一一之682号墓所示。堂顶或为平整之

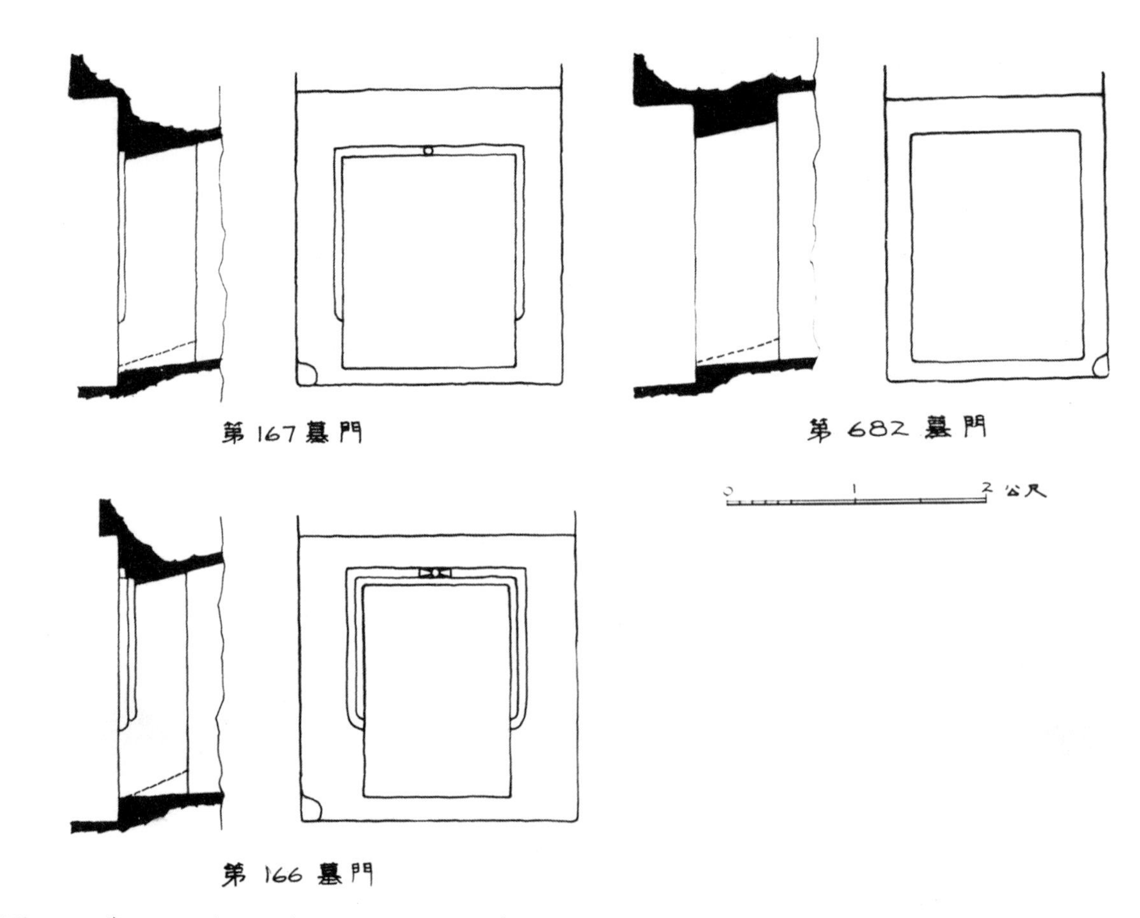

插图一一　墓门立面、断面三种　166、167、682号墓

面，或略呈弧形。

内之地面高出堂地面一级，顶部低于堂顶一级，或与堂地面及顶同高。故内之高与堂等或较低于堂高，其差在20公分左右，亦与一人之高相上下也。地面恒向堂呈倾斜状。顶部或向堂倾斜，或反向内倾斜。因之内之外面或高于里面，或低于里面。

总之，断面之要点可归纳为三：第一为排水，前已言之；第二为墓内隧、堂、内之高均与一人高相上下；第三为与墓道相对之隧、堂（即在全墓中线上各部）皆按外卑内崇为原则，与平面之外狭内宽适相对照。

二、墓门立面

墓道之填土清除后，最先露出之部分为墓门。是为唯一显露于外面之部分，故墓门之立面亦即墓之立面也。于第一类平面之墓，其立面仅为一长方形之穴口，其余四类则较复杂。门有楣及下槛，门两侧有较宽之边框，门上有檐，檐正面更加雕饰［图版4、11、12、22、23、24、35、37、53、57、58、61a、62b、63a、64、65、67、69、70、74c、81、89、90］[1]。或如666号墓之正面为两层若楼者则甚稀少［图版30、88a］。此立面之通高在2.33公尺（如685号墓）至7.01公尺之间，以檐层次之多寡及每层之高而有异。盖门口高度之差异甚微也。

门内缘之上及左右三方常作“⌐¬”形槽一重或二重，其长直下至地面，或至地面数十公分处止。上方槽之正中以圆形或“▷○◁”形物为装饰［插图一一，图版4、8、9、10、12、21、57a、58b、59a、63a、68b］。

各檐皆有无雕饰者。其有雕饰者，自下至上皆第一层檐雕鱼、羊等物，第二层檐雕斗栱，第三层檐平素。羊（或鱼）皆左右各一相对，其中央间以人或“▷○◁”形物、蜀柱等。斗栱或为全栱，或为两半栱，要皆以对称为原则。檐高虽无定规，而雕有羊、鱼等物者高在50公分上下，雕斗栱者高在70至90公分之间。雕刻物之下方，恒留一高约8公分之边缘，似为表示承托雕刻物或斗栱之梁方。凡正门雕镌较他处精细，尤

[1] 图版64a已佚。

插图一二　石龙沟某墓门部

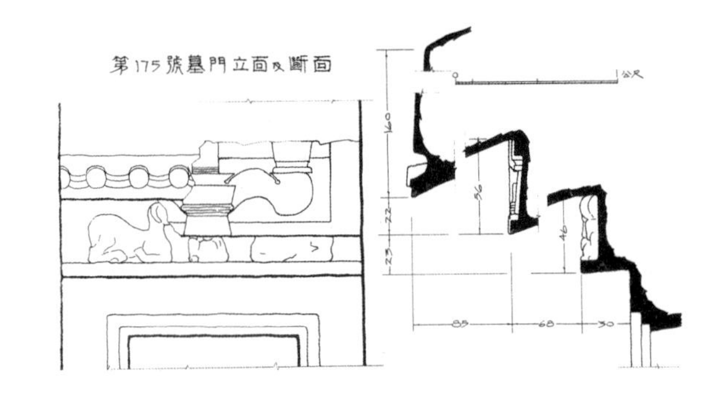

插图一三　175号墓门部

以有雕饰者而然。平素之檐多于中作垂直凿纹一道，然后左右向相反方向排列斜凿纹［图版56a］，而栱耳等下横方正面及门楣侧多有凿为折带纹者［图版61a、65a］，门缘“⌐”形槽正面则有凿为齿纹者［图版23］。墓道两侧墙面凿纹则极为粗略，然亦有斜向排列使左右两面对称者。

以上所述为最习见之墓型，此外有数墓较异于此，兹分述如下：

（一）石龙沟某墓：门上有檐二层，第一层正面左侧雕半栱，右侧雕一羊，一反左右对称之例，第二檐平素。此墓在麦田中显现门之上半，因树木荆棘所掩而无法摄影、测绘，仅作速写如插图一二。

（二）175号墓：第一檐作双羊，第二檐为斗栱，第三檐下用作瓦当一列。［插图一三，图版64b］

（三）205号墓：门两侧浮雕柱、栱，栱上托方二层，两方之间有方形梁头五。其上有檐一层，亦浮雕瓦当一列。［图版22、67］

（四）355号墓：门之平面为插图五之第二种，因之其立面似为相重之两门。门两侧浮雕柱栱，柱下镌立体之方础及蛙形础。门楣浮雕有翼之兽二，左右相对，中间以壁。再上为矮小之檐一层。［图版23、69、70、71a］

（五）550号墓：第一檐雕双羊相对，中为二人拥抱之形。第二檐无雕饰。第三檐浮雕朱雀，是为最上层有雕饰之孤例。［图版35、81］

（六）620号墓：门楣上有凸出之瓜形物二，似为门簪。［插图一四，图版85a］

（七）710号墓：第一檐雕斗栱，第二檐无雕饰，是为有雕饰诸墓中之仅有斗栱而无其他装饰雕刻者。［插图一五，图版89］

（八）901 号墓：此墓隧道为砖券砌成，现其外端虽大部分圮毁，然参证 950 号砖墓，隧之外端或亦系以砖封砌。［图版 38、39、93b、94］

（九）930 号墓：第一檐雕斗栱，第二檐之底部雕檐椽三枚，正面露出椽头。椽头上有瓦当一列。诸墓中有椽之表示者，此为仅见，亦充分显示此垒涩形之檐为木构檐之转变也。［图版 37］

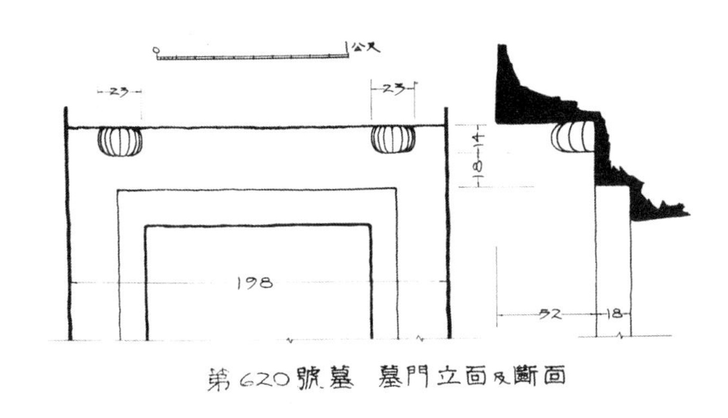

插图一四　620 号墓立面及断面

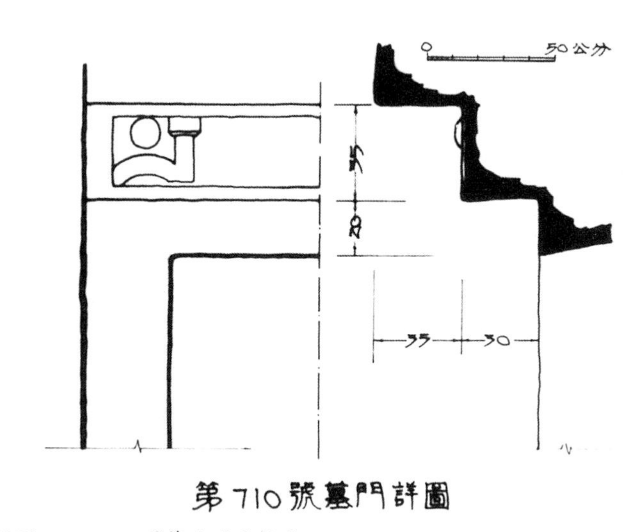

插图一五　710 号墓立面及断面

三、墓内情况

入墓内适与在豫陕一带土窑有同一感觉。唯全墓仅入口处可稍有光线，致墓中黑暗几伸手不见五指。墓中各部整齐简洁，无琐杂之装饰，有柱栱之墓尤见雄伟。今以 40 及 167 号两墓为例，可概见其一斑矣。

墓内各部墙面凿纹至为粗糙。此种情形甚适于于上加挂墙面。证诸营口城子及乐浪汉墓，亦知汉代有石灰墙面并彩画其上。又曾闻新津宝子山某墓中亦有壁画。彭山诸墓中之凿纹虽粗劣，亦非漫无条理。堂及两侧皆作四十五度斜凿纹左右向对称；正面则于正中作垂直凿纹一道，然后左右向相反方向作斜凿纹。至柱身则上作人字纹，及门部作折带纹、齿纹，尤带有装饰意味，似无再加墙面之需要。故加墙面之事虽于他处有之，而彭山则未见。堂之墙面常浮雕人兽［图版 17 之 50 号墓、34、35、37、54a、80c、92b］。40 号墓右第二内，门上雕瓦当一列，右第三内，门上雕梁头三［图版 20］，为内门之最繁者。585 号墓堂后距地面 80 公分处，左右各作长 1.6 公尺、高 18 公分、深 15 公分之长槽［图版 26］。各墓墙面近顶处常作圆孔，径由 5 至 10 公分、深 6 至 10 公分，其数及位置绝无定处，用途亦不明显。唯在 169 号墓中此项圆孔皆嵌以长圆卵石［图版 63b］，可以之悬挂对象，惜无由决定此卵石是否后代破坏时之所增置耶。

灶高在 40 公分左右，似炊爨亦席地而为。诸灶除 595 及 45 号墓外，均凿墙而成。在立面上，灶实在墙之内，故灶之上均凿成高广之空间，其一侧即与匮相连［插图九］。灶之正面设火门，上面设火口，有两火口者则有两火门，一如今日川省习见之灶。如两火口共享一火门，则火门之一端较低于另一端，595 号墓右第三内之灶即此式［图版 31］。

匮阁底面距地面之高或为 40 公分左右，或为 80 公分左右。前者当为便于席地而坐时所用，后者便于站立时所用。匮高在 30 至 80 公分之间。有双层、单层及角部加小柱以仿木构者诸形，如插图一〇所示。

棺［插图八］通高 1 至 1.3 公尺，其盖高 30 至 40 公分。棺下一侧雕凹如之槽，槽中露出方头二或三，以示棺系置于木方之上而非置于地上，棺侧或有浮雕如 169 号墓［图版 64a］。棺盖与棺长相等，棺盖背呈凸起之弧形。侧面开口之棺，棺盖较棺身长，或盖之两端翘起如屋脊之形。635 号墓在内之棺无盖之表示，而于内之顶部与棺盖同位置处，作低下之天花，有似棺上张以伞盖之状［图版 13］。

四、坛、穿、穴之断面及立面

穿位于坛后崖壁上，故坛之正面即穿之所在［图版 30］。穿口部或为长方形，或其上部为弧形。坛在墓之前者，其立面即为墓及穿之立面［图版 33］。坛面亦有显著之坡度，或如 600 号墓之坛分为两级［图版 32］。穿之地面较坛面高起一级或两级，穿高自 35 公分至 1 公尺。穴深自 30 至 80 公分。

第三章　崖墓建筑中所表现之大木作及瓦作

一、大木作

（一）材份制度

大木作者，指墓各部所雕镌之梁方栱柱而言。总计此项可资研究之墓十七处，栱柱全部为立体雕刻者有167、460、530、595、667号五墓[1]［图版8、59b、60a，5、74，18、19、78，31，16、87］，此外均为雕于门檐之半立体雕刻［图版4、9、10、11、12、20、22、23、34、37、53b、57、58b、60b、61a、62b、63a、64b、65a、66、70、74c、89、96］，正面虽极工整而不能确知其厚度。今先就前三墓试求其材份是否有可循之规律，再以之为依据，推求其他各墓之材份。

167号墓　设以自散斗皿板底垂直量得栱之最大数字为高（下同），得栱高30公分、厚24公分、长121公分。假定以厚24公分为材厚10份[2]（原注一），得材高为12.5份，栱长50.4份。

460号墓　栱高23.2公分、厚20公分、长169.4公分。以栱厚20公分为材厚10份，得材高11.6份，栱长84.7份。

530号墓　八角柱正面栱高26公分、厚22公分。以量至栌斗中为栱长二分之一，

[1] 据整理者实地核查，此五墓幸存无多，第460、595、667号墓今已夷为采石场。
[2] 后陈明达先生创“材份制”说，亦沿用“份”字。

得 145 公分。以厚 22 公分为材厚 10 份，得材高 11.8 份，栱长 65.9 份。同样测侧面栱，得材厚 10 份，高 11.8 份，栱长 55.5 份。方柱上栱高 30 公分、厚 25 公分、长 122 公分。以厚 25 公分为材厚 10 份，得材高 12 份，栱长 48.8 份。

综合上列五栱之栱长至不一律，而其材高由 12.5 至 11.6 份，平均为 12 份，以之与 167 号墓之 12.5 份相较，差 0.5 份，为最大差数。此差数折合实际尺度，仅 1.2 公分，至属有限。故知材厚与高为 10 与 12 之比。今依据此数，即栱高为 12 份，折算各墓各部材份列为表 1。

表 1

墓号			167	460	530 八角柱正面	530 八角柱侧面	530 方柱	166	168	169	176	355
栱	长		50.4	84.7	65.9	55.5	48.8	60.0	56.6	56.8	57.7	59.5
栱	宽		10	10	10	10	10					
栱	高		12.5	11.6	11.8	11.8	12	12	12	12	12	12
栌斗	长		17.5	25.5	15.5		24	9.6	14.2	13.6	15.5	21.1
栌斗	宽			25	15		16.4					
栌斗	高			15.5	7.7		7.8	4.9	9.7	11.6	10.4	12.4
栌斗	斗底	长	16	21.3	12.8		21.4	9	12.9	12.4	12.7	16.3
栌斗	斗底	宽		20.5	11.8		12					
栌斗	斗底	耳			5		5.2					6.2
栌斗	斗底	平	2.5	12.3	1.1		1.4	3.6	7.8	10	8.3	2.9
栌斗	斗底	欹	1.3	3.5	1.6		1.2	1.3	2.0	1.6	2.1	3.3
栌斗	皿板	长		24.3	14		23.6	10	14.4		15.2	
栌斗	皿板	宽		23.8	13.1		14.4					
栌斗	皿板	高		2	3.2		3.2	1.1	2.3		2.1	
散斗	长		9.6	11.1	11.8			9	11.4	9.6	11.3	13.4
散斗	宽			13.3	13.1		15.2					
散斗	高		3.3	5.5	2.7		5.8	4.5	5	7	4.2	6.2
散斗	斗底	长		8.8	10.3			7.8	8.6	8.4	8.5	10
散斗	斗底	宽		10.8	10.3		12					

续表

墓号			167	460	530			166	168	169	176	355
					八角柱正面	八角柱侧面	方柱					
散斗	耳											2.4
	平			3.8	1.8		4.8	3	3	6	2.1	1.5
	欹			1.7	0.9		1	1.5	1.8	1	2.1	2.3
	皿板	长		12	11.3			9	9.5		9	
		宽		12	10.9		14					
		高		1	1.1		22	1.1	1.8		1.4	
柱		上径	12.5	20	10.5		17.2×9.2					11.5
		下径	13.5	30	16.3		22.4×12.8					16.8
		高	42.5	48	55		40.8					63.8
		础高	3.3	10.5	6.3		6.4					19.2 22.5

但于此表中，除材宽或高之比外，几无规律可循，勉强归纳之，可得四点：

第一，散斗长与宽或高相近，即在10与12份之间；

第二，栌斗面阔与皿板面宽相近；

第三，散斗面阔与其皿板面宽相近；

第四，栱长多数在50至60份之间。

此外，仅有柱及栌斗者无从计其材份，则试以柱径为单位100，求其各部指数列为表2。

表2

墓号		40		167	176	355	335	460	530		595	667
		西柱	东柱		小柱	东柱	东柱		八角柱	方柱		
柱	下径	100	100	100	100	100	100	100	100	100	100	100
	上径	80	80	92	80	72	75	67	64	77	93	97
	高	264	264	314	218	395	422	160	336	182	276	140
	础高	30	45	24		114	147	35	39	29	35	52

续表

墓号			40		167	176	355	335	460	530		595	667
			西柱	东柱		小柱	东柱	东柱		八角柱	方柱		
栌斗	长		120	102	130	128	126	134	85	95	107	167	146
	宽		120	102		128			83	92	73	167	133
	高		55	30		54	74	72	53	47	35	82.5	54
	斗底	长			117	100	94	97	71	78	94	116	
		宽				100			71	72	54.5	116	
	耳						37	34.5		30.5	23		
	平					44	17	12.5	41	7	6.2	52	36
	欹				9	10	20	25	12	9.5	5.8	30.5	18
	皿板	长	110	100	130	100			81	86	105	128	124
		宽	110	100		100			79	81	64	128	116
		高	15	10	21.5	20			6	19.5	14	15	13.5

如此于表中亦不能检得任何规律。究系当日制造之不精，抑确尚无一定之法则，须待来时更大量之汉代遗物仔细研究，方始可决定。今于此不得不放弃推求材份之企图，将各部制度作一概括之记述矣。

造栱之制有三：一方栱，二曲栱，三栱。

方栱　见于166、168、169、176、930号诸墓之门部［图版4、57、58a，9、61a，10、62b、63a，12、65a，37］及460号墓内［图版5、74a、74b］。又分二种，今以166及168号二墓为代表，其形制如插图一六所示。[1]

曲栱　见于205、355、535号三墓之门部及530号墓内［图版22、67，23、70b，34，18、19、78、79b］。其形制亦有二，以167、355号二墓为代表，如插图一七。

栱　10号墓门部及530号墓墓内用之。其形制如插图一八及二一（原注二）。

上列数种形制若依此排列成插图一九，即可略窥栱制之嬗变之迹。虽然此数种栱

[1] 本节之原插图一六至二四作者原稿中缺失，今按作者文意推测，截取部分原图版内容重新编排，聊作弥补。其中插图二一至二四等四张应为作者推测、想象之作，无法代庖，今仅排列其推测想象之素材，仅供读者参考。

制皆同一时代所作，但以造作次序言，曲栱较方栱多一层手续，必先有方栱，后始就方栱杀圆其外角成曲栱。且方栱、曲栱于六朝遗物中绝无其痕迹可寻，此种不合理制度因第三种合理之栱制产生而归淘汰，事实昭然。若今日惯用之栱式产生于前，此种不合理之制度即无产生之可能也。若为美观计故作弯曲之形，则彩画也、浮雕也皆可为之，何必戕贼其身为无用之物耶！至方栱何由产生，异日当另为《汉代建筑法式之探讨》以论之。

斗之制有六，其散斗、栌斗仅名称及大小之异，制则相同。又皿板于此有不可分论之处，今皆合并于此条中。

甲、插图二〇甲。167号墓用之。式如扁平方木，刻划凹槽于中。

乙、插图二〇乙。667号墓用之。将前式刻划部分加高，并将上部加高加宽即成。其欹与今日之斗相较，适为相反方向。欹下之平已启皿板之源。

丙、插图二〇丙。530、930号二墓用之。斗始具欹之形，且与皿板有明显之分界。

丁、插图二〇丁。530、535、559号诸墓用之。皿板之下亦作欹，斜杀与柱头齐。

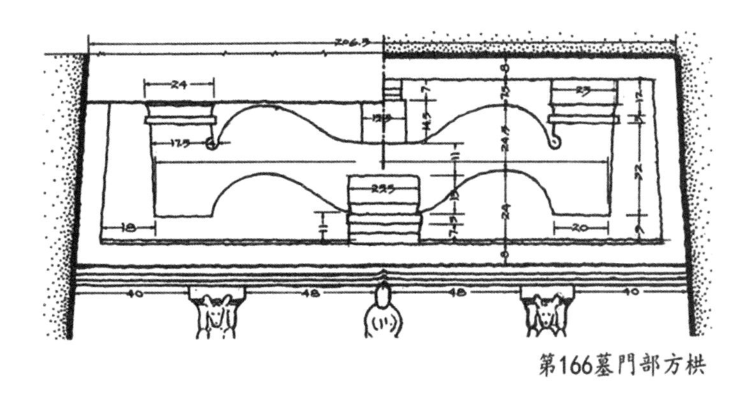

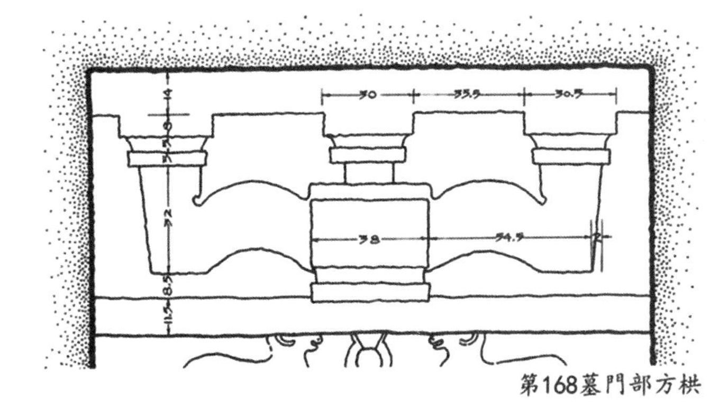

插图一六　造方栱之制　166、168号墓（原图稿佚，整理者据文义补阙）

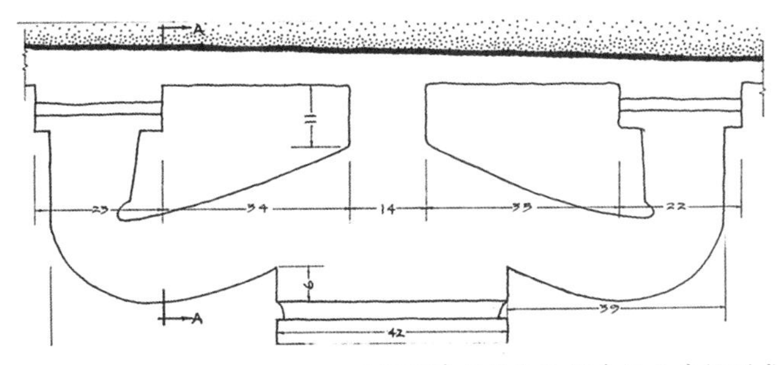

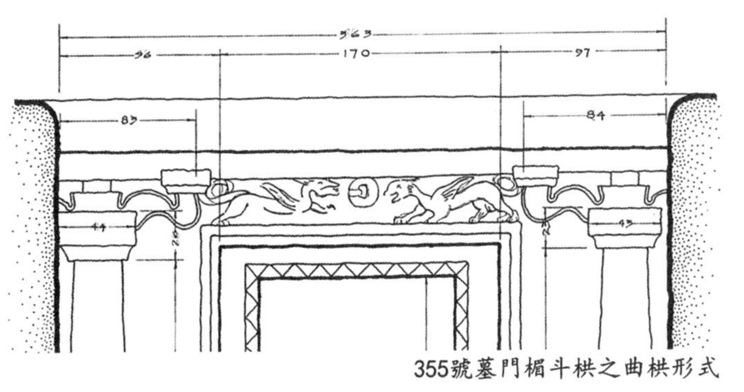

插图一七　造曲栱之制　167、355号墓（原图稿佚，整理者据文义补阙）

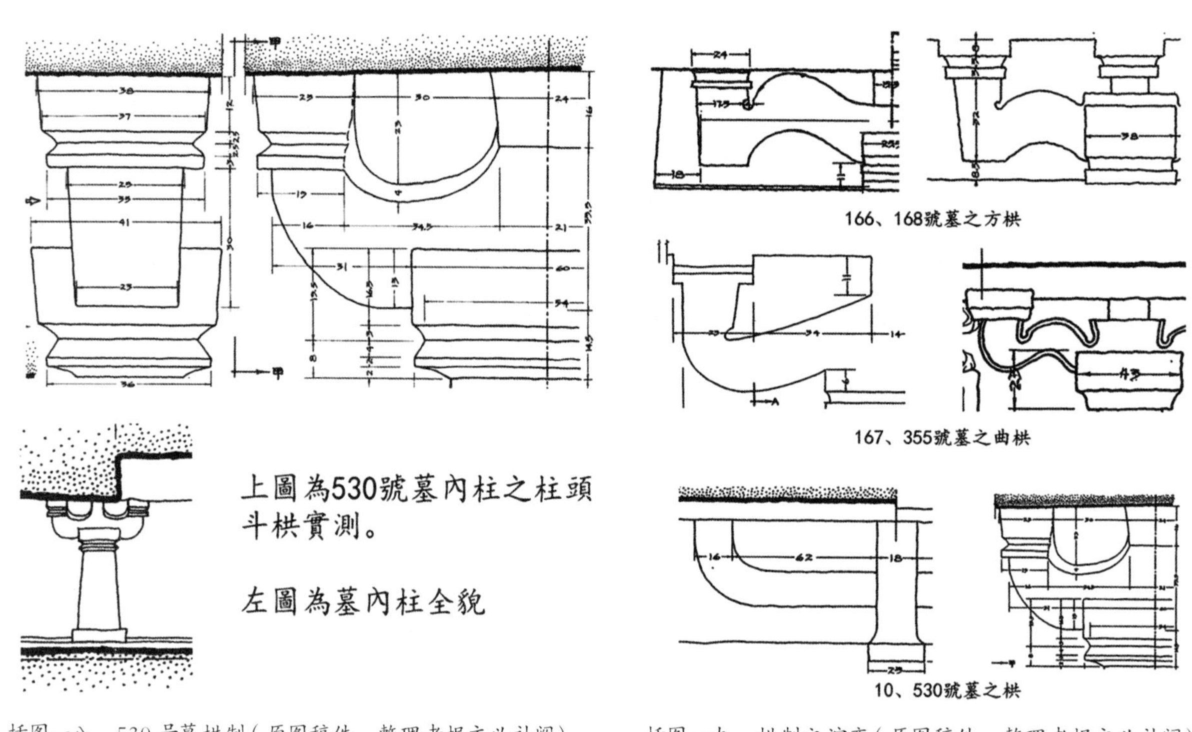

上圖為530號墓內柱之柱頭斗栱實測。
左圖為墓內柱全貌
166、168號墓之方栱
167、355號墓之曲栱
10、530號墓之栱

插图一八　530 号墓栱制（原图稿佚，整理者据文义补阙）

插图一九　栱制之演变（原图稿佚，整理者据文义补阙）

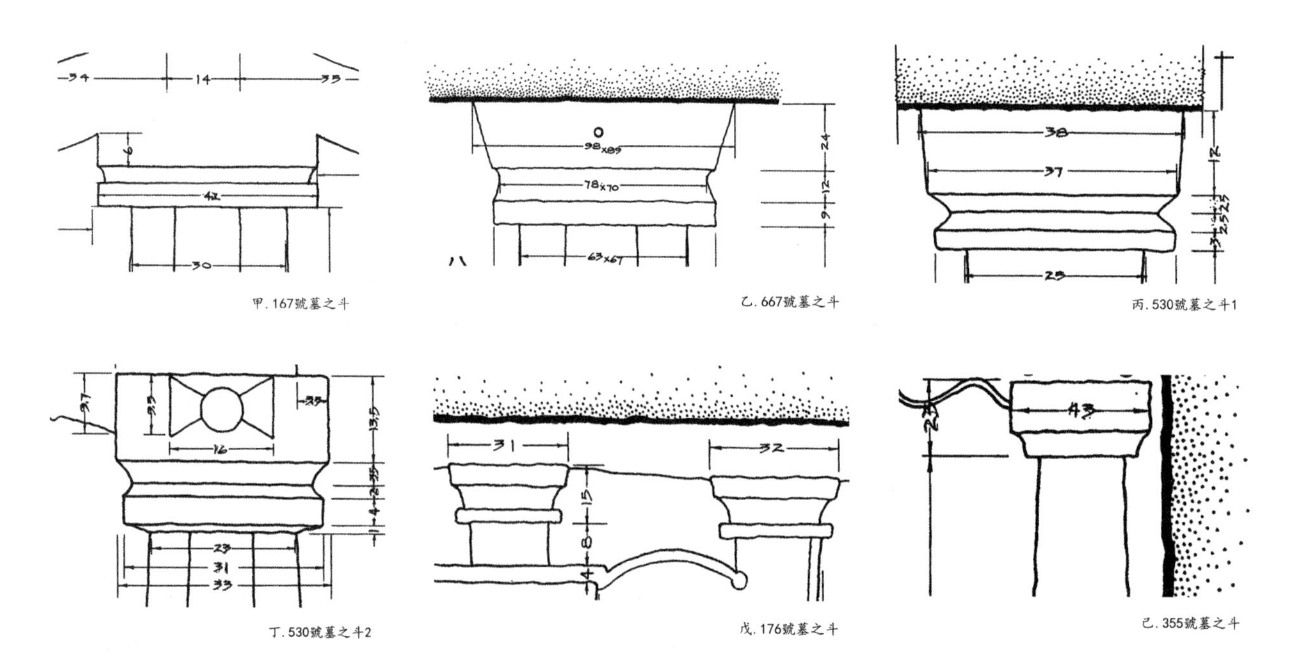

插图二〇　造斗之制　167、176、355、530、667 号诸墓（原图稿佚，整理者据文义补阙）

戊、插图二〇戊。40、166、168、176、205、460 号诸墓用之。斗欹加高，皿板趋简。

己、插图二〇己。355、169 号二墓用之，已不用皿板矣。

此外更有通则三：

第一，有皿板之斗，其平之上面较下面宽；

第二，凡散斗多数用平盘斗，不用耳；

第三，欹之曲线近平处曲度大，近底处近于直线。

柱之形制有二：一曰八角柱，40、167、460、530、595、667 号诸墓用之；二曰方柱，205、355、530 号诸墓用之。

圆椽之形制有一：见于 930 号墓。椽头径 7 公分，椽尾径 10 公分，长 36 公分。

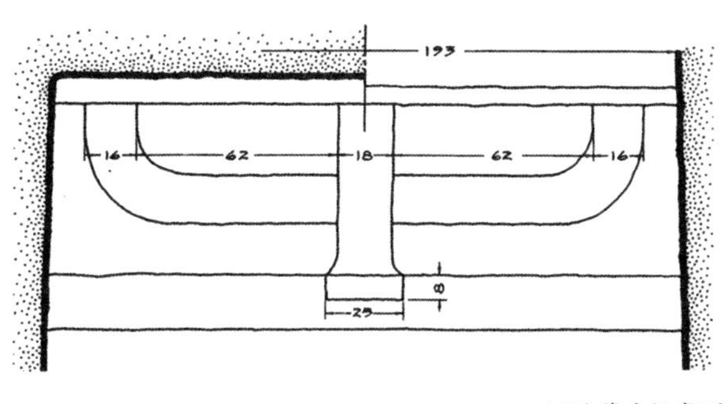

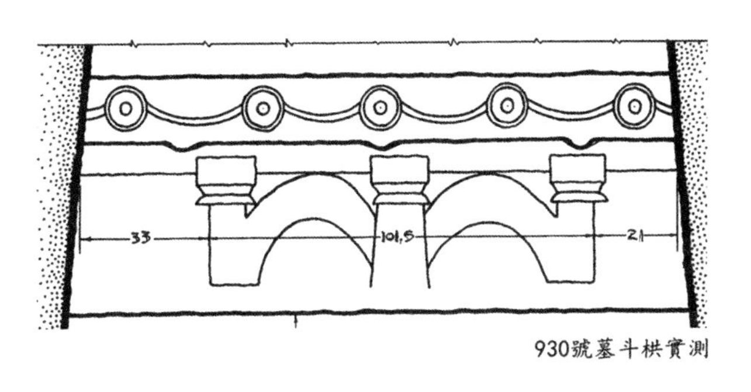

插图二一　10、930 号墓斗栱实测图（此系整理者补加，原插图“10 号墓斗栱结构理想图”佚）

（二）结构

依据崖墓所得材料，推测当时木建筑结构梗概。非敢云必如此结构，从其有如此结构之可能云耳。

斗栱之结构法有四：

甲、10 号及 930 号墓用之。如插图二一，无栌斗，于上下两额方间设蜀柱，柱下角做成倒置之斗形（930 号墓者柱上有散斗［图版 37］）；柱两侧各以半栱插入柱中，上承上额（930 号墓者半柱上亦有散斗）。此栱实为牵制蜀柱石而设，此后数种栱之作用大异其趣。

乙、插图二二所示。于柱或方额上设皿板、栌斗，斗上承栱，栱上设散斗二、齐心斗一，如 535 号墓［图版 34］。或于齐心斗地位施方木一（或为方额），如 530、167、169、205、355 号诸墓［图版 19，8、60a，10、63a，22、67，23、70b］。或以散斗代栌斗，而于下更加蜀柱，如 166 号墓［图版 4、58a］。

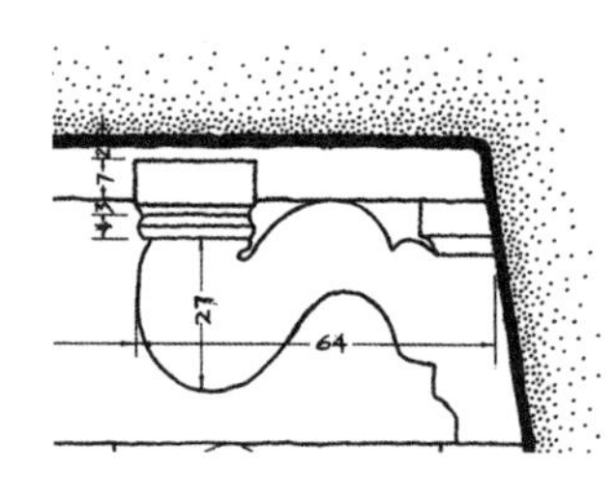

於柱或枋額上設皿板、櫨斗，斗上承栱，栱上設散斗二、齊心斗一， 如535號墓

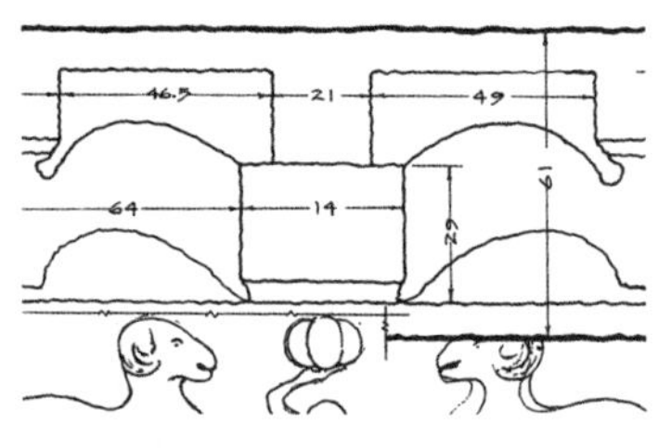

或於齊心斗地位施方木一（或爲方額），如530、169諸墓

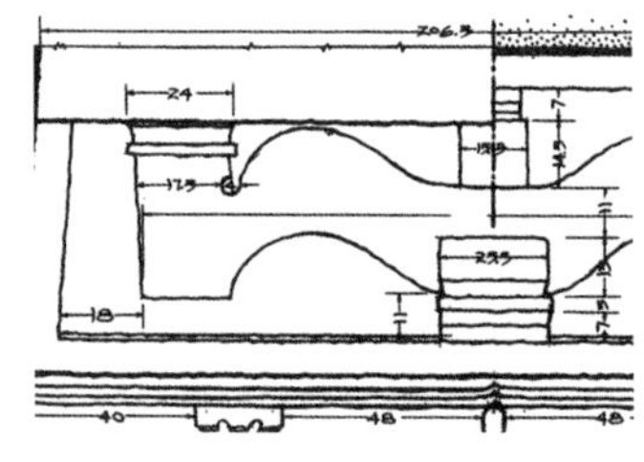

或以散斗代櫨斗，而於下更加蜀柱，如166號墓

插图二二　斗栱结构示意图　柱头铺作后尾（此系整理者补加，原插图“斗栱结构理想图——柱头或补间铺作”佚）

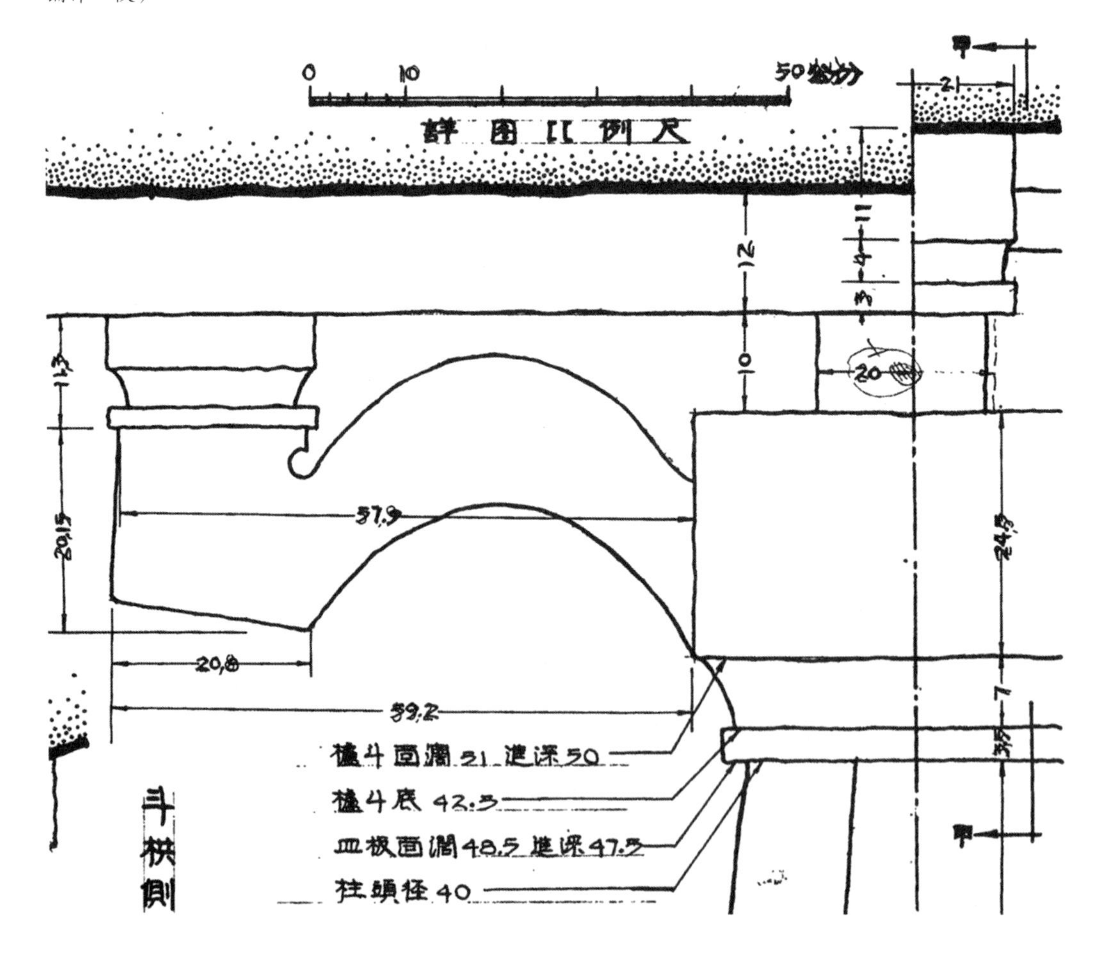

插图二三　斗栱结构示意图　柱头铺作后尾——以460号墓为例（此系整理者补加，原插图“斗栱结构理想图——柱头铺作后尾”佚）

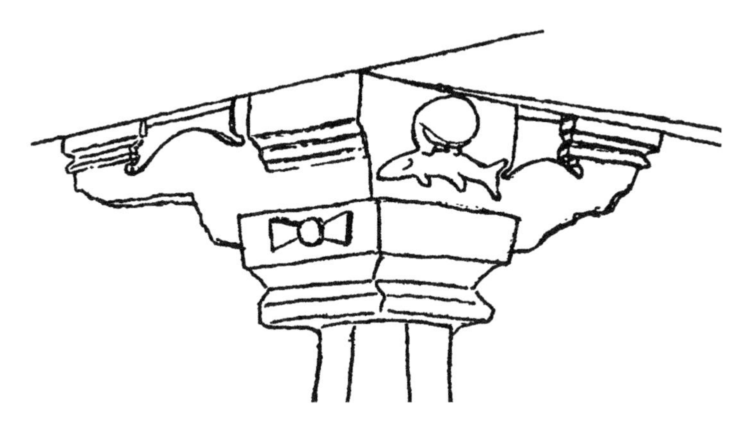

插图二四　斗栱结构示意图　转角铺作——以530号墓为例（此系整理者补加，原插图“斗栱结构理想图——转角铺作”佚）

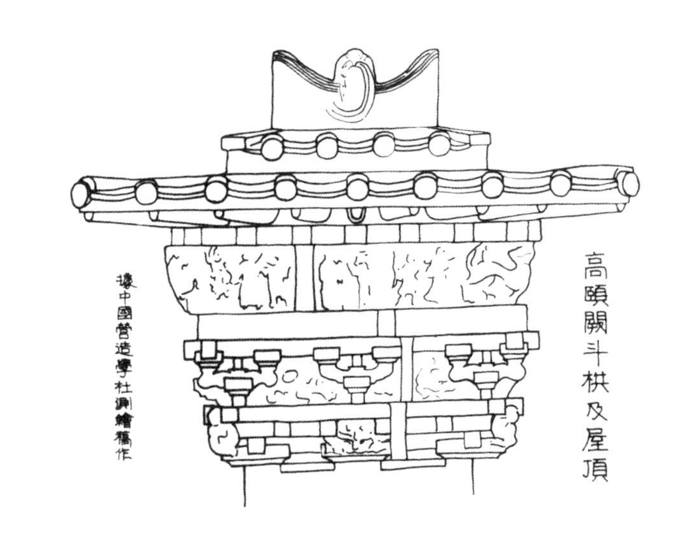

插图二五　高颐阙斗栱及屋顶

丙、插图二三所示。柱上施皿板、栌斗、栱。栱上施短方，与栱十字相叠置。方之一端或两端上施散斗以承梁。见于460号墓者最为明显［图版5、74］，虽其上未雕有梁之形状，然南溪李庄宋嘴崖墓见有将梁镌出者（参阅拙作《四川崖墓》）。意者此短方殆即后世华栱之前身欤？

丁、插图二四所示。530号墓用之［图版19、78］，当为转角铺作。于彭山未尝见有用华栱者，故泥道栱至角即无出跳之需，而用半栱丁字相交于栌斗。

上四种结构中，甲种用于补间而丁种用于转角似无疑义。唯乙、丙二种除用于柱头外，用于墓门上者，栱下皆有横方。此方假令亦为写实之作，则其两端当与柱相交，是为额方，而栱即应为补间铺作。各墓内之柱栱未见有用额方之痕迹，明器亦然，故上述之横方为在此雕刻之情况下所必然之处置，并非依据木构之可能。又诸汉阙平坐铺作均坐于层累之方上［插图二五］，于535号墓斗栱之下层有明显之方头三［图版34］，166号墓斗栱下层有二兽蹲坐承托方额颈二［图版4、58b］，皆与汉阙结构相似，而借知此种结构亦有模仿平坐结构之可能，即斗栱坐于层累之方上。

205、930号二墓［图版22、67，37］适为与之相反之结构，斗栱直施于柱头，其栱上承层叠之方，其他如530、167、460号诸墓内柱或皆为同此之结构［图版19、78，8、60a，5、74］，又据595号等墓知柱头亦有仅用栌斗不用栱之制，则或与郭巨、朱鲔墓

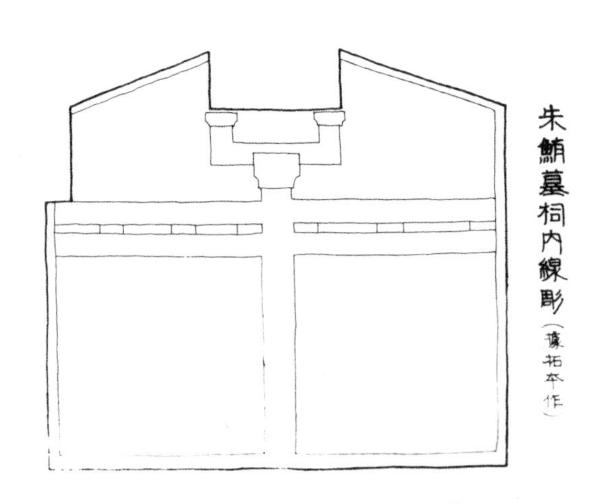

插图二六　朱鲔墓祠内线雕梁架

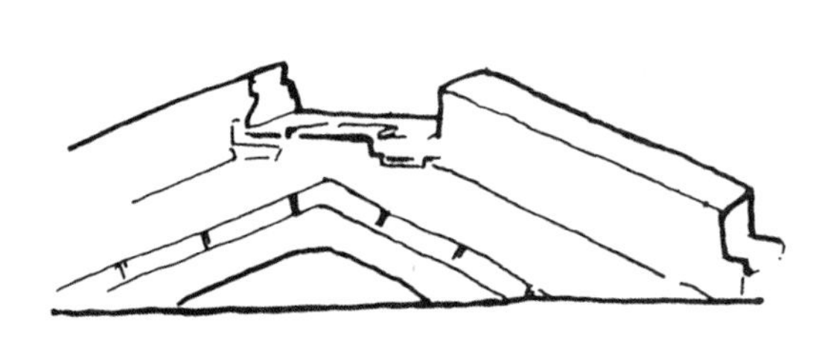

朱鮪墓祠石製屋架
摹自 WILMA FAIRBANK. A STRUCTURAL
KEY TO HAN MURAL ART

插图二七　朱鲔墓祠石制屋架

祠相似之结构也。至于汉代屋架结构，除朱鲔墓之石构外［插图二六、二七］，于彭山尚未得更佳之例。

二、瓦作

（一）砖

砖之用途有三：一、封砌墓门或内，如167、502、800、901号诸墓［插图二八］；二、铺墁地面，如176、505、515号诸墓［插图六］；三、发券，如682、901号二墓［插图二九］。其余各墓亦间有砖，但以数量过少及原有位置不明，不能决

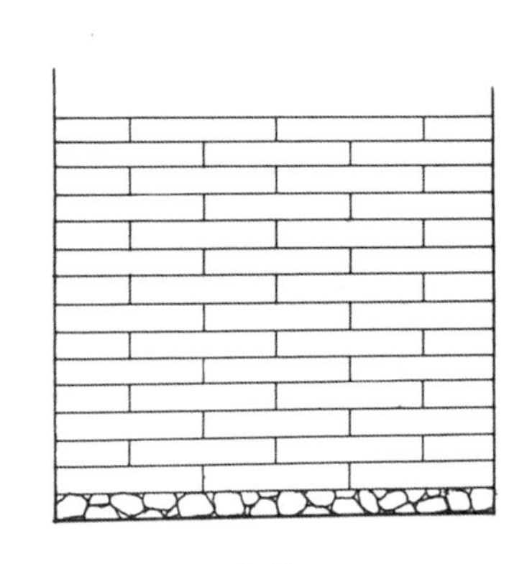

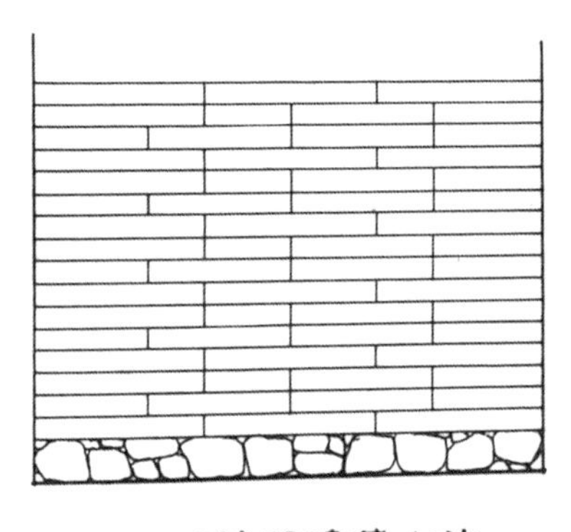

插图二八　墓门砖墙砌法　176、501、800、901号墓

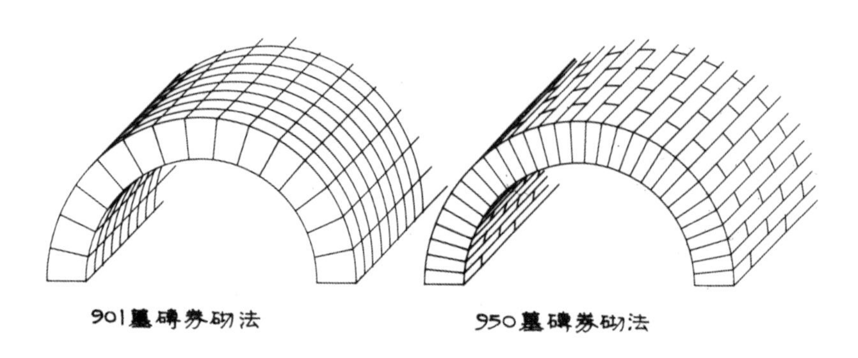

插图二九　墓门砖券砌法　901、950号墓

定是否另有其他用途。今以其形制之不同，可分条砖、券砖、盒子砖三种［插图三〇］。

条砖　长方形之砖也，其大小极不一致。兹将各墓所出列为下表。[①]

墓号	尺寸（公分）			墓号	尺寸（公分）		
	长	宽	高		长	宽	高
128	?	?	5	515	39.5	25	5.6
130	?	20	6	515	33	20.5	5.5
130	?	19	5.5	515	33.5	19.5	5.5
161	33.5	21.4	5.2	176	34	21.5	6
161	35.2	20.2	5.7	515	35.5	18	5.5
161	40	18.2	5.7	501	39	22.7	4.5
167	?	22	6	560	36	23.2	6.5
167	32.5	18	6	656	35.8	15.3	5.2
167	33	20	6	666	35	20	6
171	34.7	24	6	656	35.5	14.2	5.4
171	36	25.5	5.8	669	38	21.5	6.3
176	34	22	5.8	669	35	22	6.8
176	38.5	25	6	677	38.5	23	5
365	31.8	18.5	4.5	677	38.5	23	4
365	34.5	24	6	677	?	21	5
505	35	21	6	800	31.4	22	4.8
505	33	19	5.5	900	32	19.5	5.5
505	34	20.5	5.5	901	34.5	20.7	5.4
505	?	21.5	5	901	34.5	19	6
515	33	21	5	930	34	21	6.5
515	34	22	6				

① 表中“?”系指砖之长或高或宽因残缺而不可估测者。

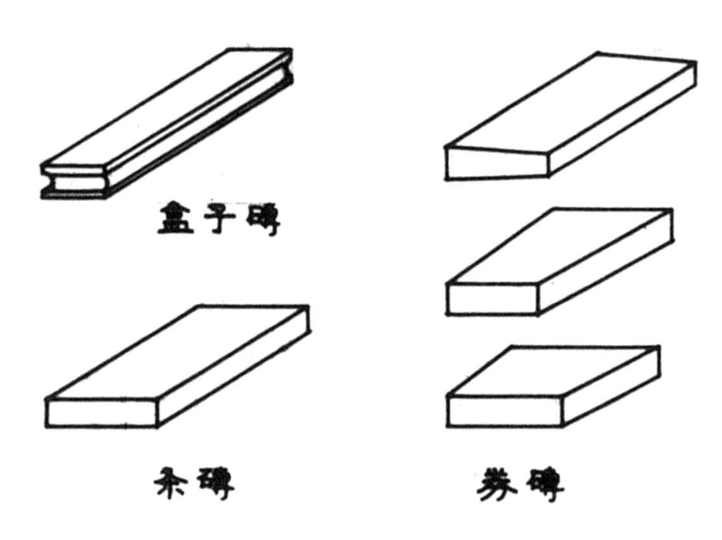

插图三〇　墓砖五种

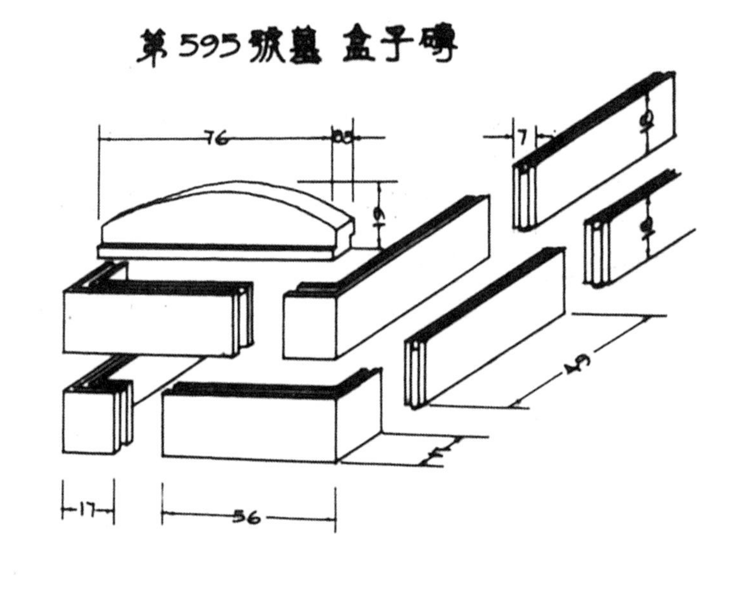

插图三一　595号墓盒子砖

砖之一侧、二侧或三侧多作几何花纹，无花纹之砖为数极少。砖墙多数用顺砌法［插图二九］，并有各层砖缝不互相错开者，亦有用一丁一顺砌法者于950号墓（砖墓）见之［图版93b、94］。

券砖　又可分为三种：甲、砖之两侧一厚一薄；乙、砖之两侧一长一短；丙、砖之两头一宽一狭。其较短或较薄之侧面有花纹。

券见682、901号二墓者为并列砌法，见于950号墓者为纵联砌法［插图二九］。

《营造法式》卷十五《窑作制度》：

> 牛头砖：长一尺三寸，广六寸五分，一壁厚二寸五分，一壁厚二寸二分。……趄条砖：面长一尺一寸五分，底长一尺二寸，广六寸，厚二寸。

盒子砖［图版97a］　长方形及L形之砖，砖四周有凹入或凸出之榫。名之曰“盒子砖”，乃从当地农人之称也。45、128、505号三墓各出一块，595号墓有数百块，另有半圆状者数十块。此半圆形砖之长适与L形砖之长面加短面相等。据此以各式砖叠合，可得插图三一之形。考《礼记·檀弓》：

夏后氏堲周。火熟曰堲，烧土冶以周于棺也。……冶土为砖，四周于棺。

岂即此物欤！

（二）瓦

筒瓦　127、168、152、550、601、666 号诸墓有之，为半圆形之瓦，直径在 16 公分左右，长约 45 公分，厚 1.3 公分。瓦背有粗绳纹，一端收缩为较小之口径，以便与他瓦衔接。其用途唯见 661 号一墓，用以封砌墓门也［插图三二、三三，图版 97b］。

瓦当　各墓中皆有瓦当一二片，仅 169 号墓有九片，为数之最多者。诸瓦当率皆

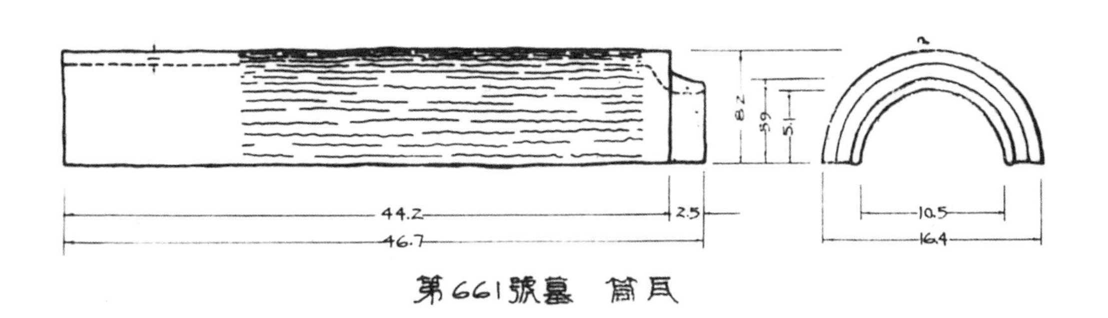

插图三二　661 号墓筒瓦

插图三三　661 号墓筒瓦墙砌法

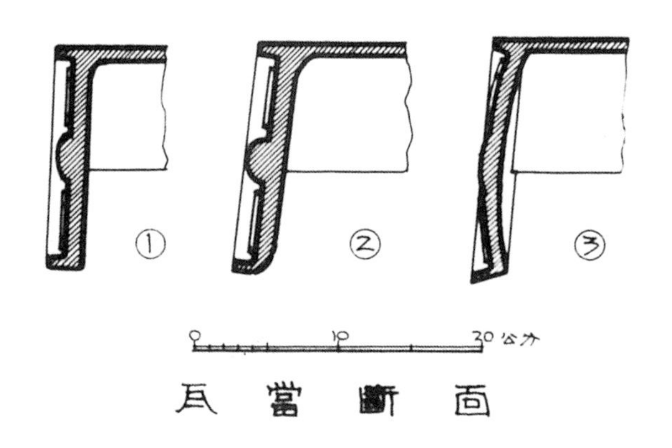

插图三四　瓦当断面三种

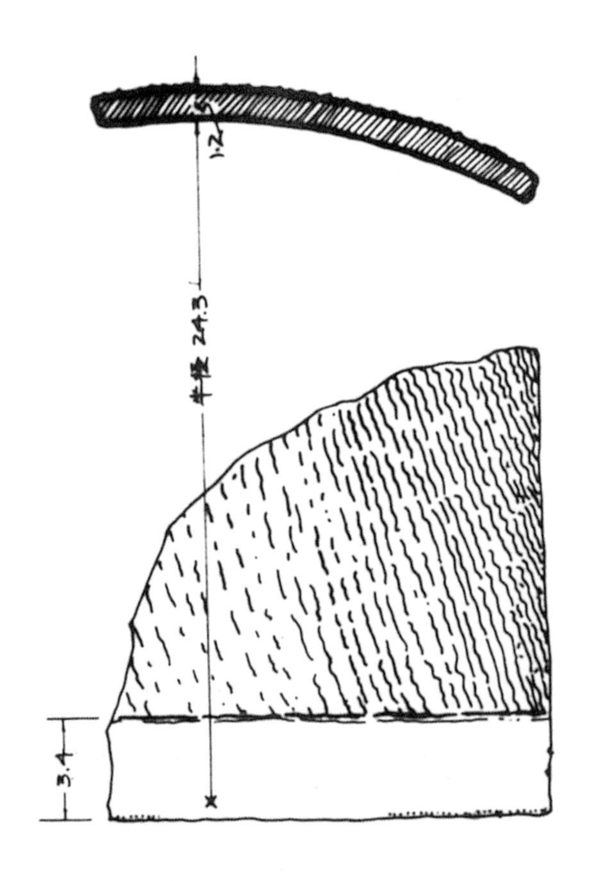

插图三五　168 号墓板瓦

仅存其前面之圆盘，直径亦以 16 公分者为多。亦有 17 公分者（666 号墓）、14 公分者（900 号墓），边缘部分厚 2.1 公分，中心作半球形凸起之物，周圈作几何花纹或间以文字［插图三四］。

板瓦　几每墓皆有，但无一完整者。据 168 号墓所出较大之片求得其半径为 24.3 公分，厚 1.2 公分［插图三五］。边缘部除于瓦背留平整之边一道外，全为粗绳纹。若板瓦之厚大为圆周四分之一，其宽当为 34 公分，约为筒瓦宽之二倍。205 号墓门部浮雕之瓦当径 10 公分，两瓦当间之距离 17 公分。930 号墓门部浮雕之瓦当径 11 公分，两瓦当间之距离 21 公分。亦皆与此比例相近也。

（三）水管

水管，大多数墓皆有之，而完整者亦甚稀少。据 168 号墓所得者长 41 公分，大

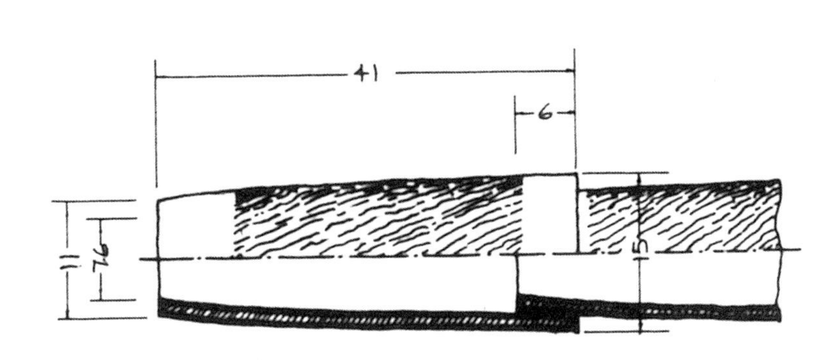

插图三六　168 号墓水管

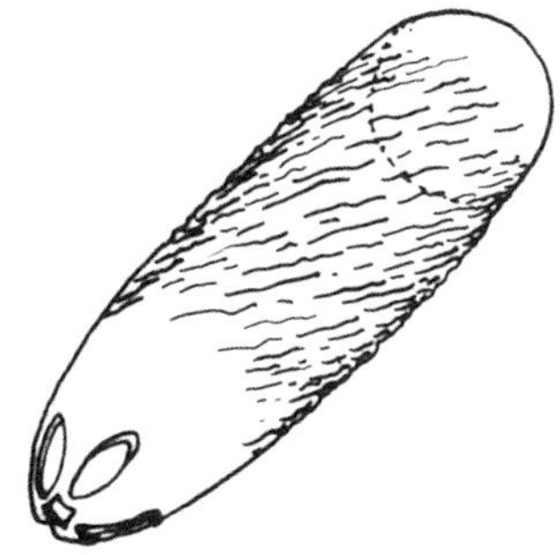

插图三七　水管末节

头径 15 公分，小头径 11 公分，壁厚 1.7 公分。以大头套于上一管之小头上互相衔接。接头处长 6 公分，表面平整，其余部分皆为极粗之绳纹［插图三六，图版 97c］。最末一节水管作炮弹形，较小一端仅开孔五，计 1 公分宽、3 公分长之孔四，1 公分见方之孔一［插图三七］。

作者原注

一、材分之“分”读上声，符问切，本文姑且作“份”。

二、插图存吴、高处。

“吴、高”指吴金鼎、高去寻二先生。——整理者注

第四章　装饰及雕刻

一、砖及瓦当花纹

砖侧均以阳文线条组成连续性几何纹饰，唯682号墓有砖系以文字为装饰［图版101之12］。此种几何形之花纹有：

甲、方格纹［图版101之6］；

乙、菱纹，为砖上最常使用之花纹，变化至繁，图版98至101之5止，均由菱纹组成，其组成之单位有插图三八所示各种；

丙、连壁纹［图版101之8及10］；

丁、结纹［图版101之7］；

戊、云气纹［图版101之11］。

除最后两种花纹为稀见之例外，均为汉代惯用之图案。在950号墓中更有以人物故事作于砖面者，已由高去寻先生另文叙述，此处不再赘叙。

瓦当以蕨纹为主要题材。蕨纹之外及内更作几何图案之边缘。其使用之蕨纹不同及层次之多寡，形成若干不同之组织。

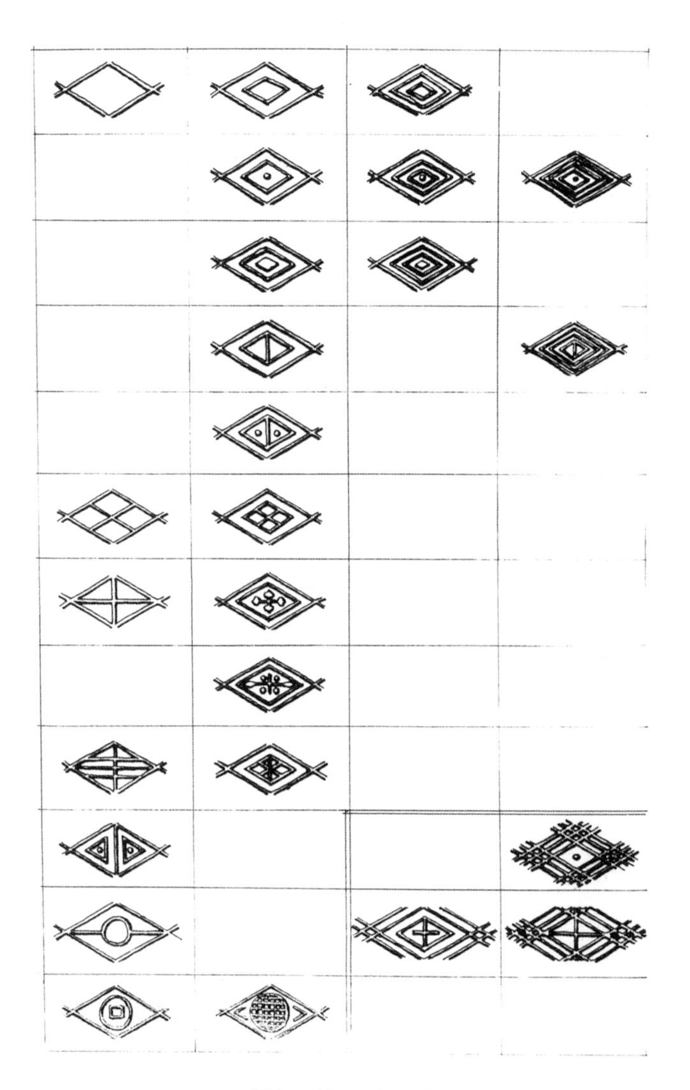

插图三八　菱纹种类

或更于花纹中间以文字，遂有图版102至103诸式之异。归纳其不同之单位，蕨纹有插图三九之1至6六种，边缘之纹有插图三九之7至11五种。

插图三九　瓦当花纹种类

二、雕刻

雕刻多在墓之门部，少数系在堂中。虽皆具祥瑞、厌胜之意，亦兼装饰之用。富有之家以自示华贵，贫者可不必为之，墓之有雕刻者在比数上甚少，想即此故。

彭山所见浮雕较少，大多为剔地起突雕，立体雕刻仅45号墓一羊、169号墓一蹲兽［图版113］[①]。所有雕刻皆极粗率豪放，但不因此而损及汉代一贯之作风。如355号墓墓门浮雕之虎［图版70a］、460号墓之羊［图版74a］、550号墓之人像及朱雀［图版81］、166号墓之蹲兽［图版58b］、176号墓之羊与鱼［图版65b］，皆其中之佳者。尤以355号墓之虎与550号墓之朱雀极具古拙雄劲之气韵，与诸墓阙所见者如出一辙。

550号墓门楣刻高仅40公分之双人像，其面貌特征为方面、阔额、丰颊，与诸陶俑面貌均属一类。所以特加赞赏者，为其仅及17公分之头像着以极简略之刀法即足示男女脸像之分别也；而其安静之表情，更深有余味。此像之雕刻技巧实可云臻于化境。

陶俑均神情敦厚、沉着，骤视之，觉索然无味，久之反觉意味深长，令人起大智若愚之感［图版115］[②]。多数俑像皆嘴角凹入、略呈微笑，已启六朝造像之先声。而头部特大，全身高度仅及头之五倍。衣纹则草率为之，若全部雕刻之精力均集中于头部，故此不注重头部以外应有之比例及意运也。然亦有例外，如661号墓出土之“哺子

[①] 原稿图版113“甲、45号墓明器　石羊一种，乙、169号墓明器　石兽一种”佚，整理者未找到可替代资料，付之阙如。

[②] 原稿图版115“661号墓明器　陶俑三种”佚，此三件陶俑正与《四川彭山汉代崖墓》所载图27、17、32相似，故以此代替图版115之甲、乙、丙。

俑”［图版116a］[①]，衣纹简约而表现充足、处理得当，无繁杂不适之感而颇有六朝造像之意味。

汉代雕塑素以雄劲著称，但非可视为定律。如550号墓所出某物之座［图版114a］，不但较柔弱，且有琐碎之感。若与560号墓所出同样之器物相较［图版114b］，前者觉其单薄，后者觉其敦厚。[②]此器若非出于汉墓，将不信其为汉代物矣。同时代之物相异若此，岂匠人习作之异欤！

三、雕刻题材

各墓雕刻题材虽互有异同，然大体皆祥瑞、厌胜之意。此处仅为简略之记述，于较特异之作则略加解释以示梗概。至于详细论述则非本文所能容纳，当另为专文论之。

（一）四神

355号墓门楣上龙虎各一［图版69b、70a］。530号墓方柱左右侧龙虎各一，为极粗略之线雕［图版79a］。550号墓门檐上朱雀一［图版81b］。

（二）力神

169、175、460号三墓门檐有之。前二墓者皆方面、大腹、右手举于头上承托一瓜形物［图版63a、64b］。后一墓者承托一梁头［图版74c］。166号墓门檐上及169号墓所出为长耳、尖嘴之蹲兽，双手举起以肩背承托梁头［图版58b、113b］。此数者与阙上角神相类，当为力神之属。

[①] 原稿图版116“甲、661号墓明器　陶俑一种，乙、166号墓明器　瓦制器座一种”佚，经整理者分析，图版116甲与《四川彭山汉代崖墓》所载364号墓出土之同一题材陶俑相似（该书图7），故以之暂代，而图版116乙正是该书所载之图1。

[②] 原稿图版114“甲、550号墓明器　瓦制器座一种，乙、560号墓明器　瓦制器座一种”佚，据整理者分析，560号墓出土之瓦制器座，应与现藏于南京博物院之176号墓出土瓦制器座相似，暂以此代替，图版114甲则付之阙如。

（三）蛤蟆

355号墓门外柱础雕为蛤蟆形［图版71a］，明器中亦有以蛤蟆为器物座者。

（四）鱼

插图四〇　高颐阙栌斗上雕饕餮

176号墓门檐上作双鱼图［图版65b］。考武梁祠祥瑞图中有鱼，故当为祥瑞之意。但530号墓内栱上作鱼一，鱼上有圆形之兽，虽已剥蚀，而兽头下之双爪尚清晰可见［图版19］，与汉阙上所见口中含鱼之饕餮似有同一意义［插图四〇］。

（五）犬

作于550号墓堂左侧，仅头部保存较完整，明器中常有之［图版35］。

（六）马

50号墓堂左侧仅隐约见其轮廓，明器中亦有之。

（七）象

作于535号墓堂左侧，头部损坏［图版80c］。

（八）羊

45、168、169、175、176、460、535、550号等墓皆有之［图版113a、61a、63a、64b、65b、74c、34、81a］。均作跪卧之形，唯176号墓仅作一正面之羊头，且雕刻较精细，其形状及位置颇令人联想及昆明至今有住宅悬羊角于门以为厌胜之习俗。以此为题材之雕刻既如是之多，不得不略举关于羊之故事。《论衡·遭虎篇》：

> 会稽东部都尉礼文伯时，羊伏厅下，其后迁为东莱太守。

故羊为升迁之征。《论衡·是应篇》：

儒者说云：觟䚦者，一角之羊也，性知有罪。皋陶治狱，其罪疑者，令羊触之，有罪则触，无罪则不触。斯盖天生一角圣兽，助狱为验。故皋陶敬羊，起坐事之。此则神奇瑞应之类也。

故羊为能辨邪恶、亲贤善之兽。唐刘赓《稽瑞》：

羊衔其谷，鸟让其庭。《广州记》曰：裴渊于广州厅事梁上画五羊像，又作五谷囊随羊悬之，云，昔高固为楚相，五羊衔草于其庭，于是图其象。《南越志》曰：任嚣、尉佗之时，有五仙骑五色羊执六穗秬以为瑞，因而图之于府厅，交州亦然。

是羊为祥瑞且与农事有关，但此说之时代较晚于前二者耳。

（九）璧

305、355号二墓门楣有之［图版68b、70a］。

（十）金胜

45、166、168、169号诸墓门楣上及530号墓栌斗上有“▷○◁”形物［图版58b、61a、63a、19］。考武梁祠祥瑞图亦有之，为相连之勒形物二，泐存玉胜二字［插图四一］。玉字上半亦泐，不悉究为玉胜抑金胜。《宋书》卷二九《符瑞志（下）》：

金胜，国平盗贼、四夷宾服则出。

唐刘赓《稽瑞》：

金胜明功，根车表德。孙氏《瑞应图》曰：世无盗贼则金胜出。

插图四一　武梁祠祥瑞石上金胜

金胜虽有如此祥瑞，究不似羊之能辨邪恶，悬于墓门于义未洽。上二说亦为时较晚，疑其义尚不止此。考《论衡·讕时篇》：

世俗起土兴功，岁月有所食。所食之地，必有死者。假令太岁在子，岁食于酉，正月建寅，月食于巳，子寅地兴功，则酉巳之家见食矣。见食之家，作起厌胜，以五行之物悬金木水火。假令岁月食西家，西家悬金，岁月食东家，东家悬炭，设祭祀以除其凶。

故五行之物皆可悬以厌胜，非特金玉也。

（十一）乐人

见于166号墓［图版58b］，作吹箫状，俑中亦有之。

（十二）男女拥抱之像

550号墓门上作男女拥抱之像［图版81a］。此种像汉代遗物中殆不可多得，然非作之者不多也。余尝与高去寻先生[①]探讨此类问题，获益匪浅，兹录其见示记载一则以证之。明沈德符《万历野获编》卷二十六《春画》：

春画之起，当始于汉广川王。画男女交接状于屋，召诸父姊妹饮，令仰视画。及齐后废帝，于潘妃诸阁壁图男女私亵之状。至隋炀帝乌铜屏，白昼与宫人戏影，俱入其中。唐高宗镜殿成，刘仁轨惊下殿，谓一时乃有数天子。至武后时，则用以宣淫。杨铁崖诗云："镜殿青春秘戏多，玉肌相照影相摹。六郎酣战明空笑，队队鸳鸯浴锦波。"而秘戏之能事毕矣。后之画者大抵不出汉广川、齐东昏之模范。惟古墓砖石画此等状，间有及男色者，差可异耳。

是墓中固常有此等画，或士大夫阶级之不欲道，或幽雅之士不肖收藏，遂致不传。今所知者，乐山崖墓亦有之；广仓学会《艺术丛编》第十五期载"元狩元年"砖，上作两男一女交接之状［插图四二］；同书第二十四期载周镏金方匣上，亦作男女之状。[②]此

[①] 高去寻（1909—1991年），著名考古学家，先后参加安阳、彭山考察。1948年去台湾后，成为梁思永先生所遗留殷墟建筑遗址发掘工作的事业继承人。又，查此处所说雕像在发掘时经多数人商议（陈明达反对）切凿作标本，移入中央博物院，今藏于北京故宫博物院。

[②] 广仓学会系在华经商之犹太人哈同出资并创办，下设艺术学会和古物陈列会。所编《艺术丛编》等收录大量珍稀文献资料，今已成稀缺文献。作者此处所指"元狩元年"画像砖，今无从查证，根据所述内容，为"秘戏图"类画像砖，今暂以重庆中国三峡博物馆所藏一帧类似题材之画像砖作替代品。

插图四二 重庆中国三峡博物馆藏东汉画像砖《秘戏图》(原图稿佚，整理者据相似文献资料补阙)

等怪异之题材，今虽未有定论，其可能之意义当不出下列三者：

甲、华北诸商店多秘供春画，以为可以避火灾也。《论衡·谢短篇》：

> 除墙壁书画厌火丈夫，何见？

虽不知“厌火丈夫”为何状，但以某像为有厌火之效，古今皆同。从今之以春画为厌火，而推古亦同然也。

乙、以示阴阳调和、子孙蕃殖之意。《风俗通义·祀典》“桃梗、萎茭、画虎”篇：

> 《传》曰：“萑苇有藂。”《吕氏春秋》：“汤始得伊尹，祓之于庙，熏以萑苇。”《周礼》：“卿大夫之子，名曰门子。”《论语》：“谁能出不由户。”故用苇者，欲人子孙蕃殖，不失其类，有如萑苇。茭者，交易，阴阳代兴也。

既以苇茭草木以象交易，宁以男女象交易阴阳之为切耶！

丙、欲人之避讳远离，以免墓之遭盗掘也。世俗讳见人之交接，见之以为不祥之甚也。虽无直接佐证，类似之旁证甚多，如《论衡·四讳篇》：

> 三曰：讳妇人乳子，以为不吉。将举吉事，入山林、远行、度川泽者，皆不与之交通。乳人之家亦忌恶之，丘墓庐道畔，逾月乃入，恶之甚也……实说讳忌产子乳犬者，欲使人常自洁清，不欲使人被污辱也。

俑中有哺婴儿者［图版 116a］，或为乳子之间接表示，亦墓中所常有也。宋郭彖《睽车志》卷四：

> 宋左藏覞尝言家故泽州，有第宅园圃，墙角有古冢，因治地发之，得一石志，题曰“郡守李公之墓”。垒石为藏，棺中朽骨一具，无他物，而棺之侧斫石为乳婢抱哺一婴儿，不知其何为也。

此殆以乳子为不清洁而讳之。他如自黄巾迄太平天国，以妇人亵物为厌胜之事，不胜枚举也。

（十三）930号墓堂左侧作头着异冠、圆目、吐舌至胸、左手斧、右手执曲杖之像［图版93a］

50、480号二墓亦有类似之作，冠及手虽不同，皆吐舌甚长［图版54a、75a］。陶俑作此状者甚多。营城子汉墓（见《东亚考古学会丛刊》）亦有类似之画在门额上［插图四三］，一手执蛇，一手执旗，虽舌不吐出，奇异之冠则完全相同，另于门侧画一虎，似为神荼、郁儡之故事。此故事见于《独断》《论衡》及《风俗通》，文辞大体相若，而并及虎。旧传东汉蔡邕《独断》有记云：

插图四三　营城子汉墓壁画

> 海中有度朔之山，上有桃木，蟠屈三千里。卑枝东北有鬼门，万鬼所出入也。神荼与郁儡二神居其门，主阅领诸鬼。其恶害之鬼，执以苇索食虎。故十二月岁竟，常以先腊之夜除之也，乃画荼、儡并悬苇索于门户，以御凶也。

营城子墓门之侧并绘虎，即此之故。此吐舌之人既与营城子所画有相同之点，当亦有为荼、儡故事之可能：荼、儡为神，故作奇异之貌也。另一可能则似为方相，考《周礼·夏官》：

> 方相氏狂夫四人。方相，犹言放想，可畏怖之貌。
>
> 方相氏掌蒙熊皮，黄金四目，玄衣朱裳，执戈扬盾，帅百隶而时难，以索室驱疫。蒙，冒也。冒熊皮者以惊驱疫疠之鬼，如今魌头也……大丧，先柩，及墓，入圹，以戈击四隅，驱方良。

故方相为驱鬼者，荼、儡为执鬼者。方相执戈扬盾与930号墓所见相若：长舌、异冠、怖畏之貌，盖魌头也。《太平御览》卷九百五十四《柏槐》篇：

> 《风俗通》曰："墓上树柏，路头石虎。"《周礼》：方相氏入墟驱魍像，魍像好食亡者肝脑，人家不能常令方相立于墓侧以禁御之，而魍像畏虎与柏。

是方相有入驱方良（魍像）之职，荼、儡仅为守门户之神。为方相不能常立墓侧，以虎、柏代之，则雕刻方相之形于墓岂不更佳？故二说虽同有可能，终以后者之成分为高也。

荼、儡与方相之职相仿，亦同为鬼所惧，且与虎皆有相连之关系，则荼、儡与方相亦必有相连之关系，此可注意之点也。

（十四）166号墓所出某器之座［图版116b］

座圆形，下宽上狭。下作双龙，中间以璧。上作三人像，中一人坐，头上有圆形发髻，髻下有覆至额际之发，面呈微笑，左手垂手心向内，右手举手心向外，衣纹作平行之横曲线，旁两人侍立。此坐像与陶俑有显著之不同点五：

甲、头上作发髻不戴冠；

乙、俑之面部作方形，此则为圆形，笑容尤其显著；

丙、平行之衣纹为俑中所无，而与早期佛教造像相近似；

丁、两手之姿势似佛之施无畏印，亦俑中所无；

戊、左右二人侍立，与佛像中一佛二尊者之布局相合。

总此五点，可确断其非普通偶俑，则不为佛像即为道像。然道教虽渊源甚早，初不以教名。道教之名始于北魏，汉之方士、阴阳家虽皆道流，并无专一之崇奉如后世之尊老聃、三清者，自亦无造像之事。故此像当以佛像之成分为高。若然，庶几为国内佛教造像之最早者矣。[1]

（十五）560号墓所出某器之座［图版114b］

此器与505号墓所出者略同，为同一模造成，故其确实年代为永元十四年（公元102年）前后。座为圆筒形，最下作联璧。联璧之上为一有翅之兽，其首下垂至前肢

---

[1] 此座现藏南京博物院。

之间。又，其首有双角，尾庞大，背驮一蛤蟆。蛤蟆现仅存四肢、下颌及背之一部分，背负一细圆之管。

余幼读先秦两汉典籍，尝见有宫廷镌铸铜人并天禄、蛤蟆之记载（今困于战乱，无从详查，寄望战后得弥补之）。[1] 如所记无误，似若天禄与蛤蟆有相连不可分之关系。若能获得佐证，则天禄辟邪一角二角之聚讼，于此可得一解焉。

[1] 陈明达生前曾嘱整理者代查所记一句“后修玉堂殿，铸铜人四及天禄、蛤蟆”之出处，然终未得其所。此当属整理者核对不勤，亦不排除作者记忆有误。

第五章 明器

一、瓦屋

瓦屋系以厚约一公分之薄板状陶片依建筑物之形式粘合而成。因其本身甚为脆弱，极易破碎，以致竟无一完整者可得，即勉强可粘合复原者亦为数无几。但其对研究古代建筑之价值正未因此减低，零散之残片中常有可贵之资料。诸墓既皆经盗掘，物品之位置非复原有状况，仅据365及901号两墓，知此类瓦屋多集中于墓堂尽端。365号墓为出瓦屋较多且较完整者，于所出五件瓦屋，中有大门、廊及其他式样之屋，令人揣想当时系依一般建筑之平面，将各瓦屋排列于堂屋尽端，房侧更配以陂池、田沼。兹依各物之形制，分述于下。

（一）门

365号墓所出［图版40甲、104a］[①]。面阔34.5公分、进深18.5公分、高26.5公分。以与脊平行之墙隔为内外两半，墙正中辟门，门三面有凸出之门方。下槛有半圆形槽二，或为断砌造之表示。门中线上内面台边有宽2公分、厚1公分之凸起物，显然其上截断脱，不能知其原物为何物。山墙上划横直线数条以示檐柱、中柱及穿梁。屋顶残碎甚剧，仅可知为悬山式。

---

① 原稿图版104“365号墓明器　瓦屋二种（甲、瓦屋门，乙、瓦屋残件）”佚，今从《四川彭山汉代崖墓》中补充图版104a，仅供参考，见该书图86。图版104b则付之阙如。

（二）廊

有两种：

甲、狭长之廊　下有地栿，柱头有栌斗，斗上有高大之橑檐方。于45、166、176号三墓中有之［插图四四］，皆残缺甚剧。前者似为庑殿悬山顶，后二者为平顶。此外176号墓有平屋顶一，167号墓有庑殿顶一［插图四五丙、丁］，就其长宽比例言，当亦为廊顶类之顶。

乙、凹形廊　于901号墓有四件，其中一件大致可粘合完整。图版43所示：正面阔51.3公分，分为两间；侧面宽20.7公分；通高35.5公分；廊深7.6公分；底盘置于高5.5公分之台上，台三面设钩阑[1]。柱为方形，正面外檐正中柱头上用斗栱一朵，两角柱上各用半朵；侧面两角柱上亦各用半朵；内檐正面中柱上用斗栱一朵，其栱较外檐所用者特大，柱上有粘合他物之长方形痕迹，以另一廊内檐中柱上有圆形扁平片一［插图四五戊］，可知此柱上当亦有相似之物。内檐两角柱，上仅有栌斗，无栱。两侧面内檐则于墙上开门。栱斗之上设高大之橑檐方，上承屋顶，三面屋顶均一面坡式，转处用斜瓦一垄，致其外观与庑殿式相似。正脊扣筒瓦一列，两端翘起。橑檐方及屋顶均见残存鲜明之朱色。

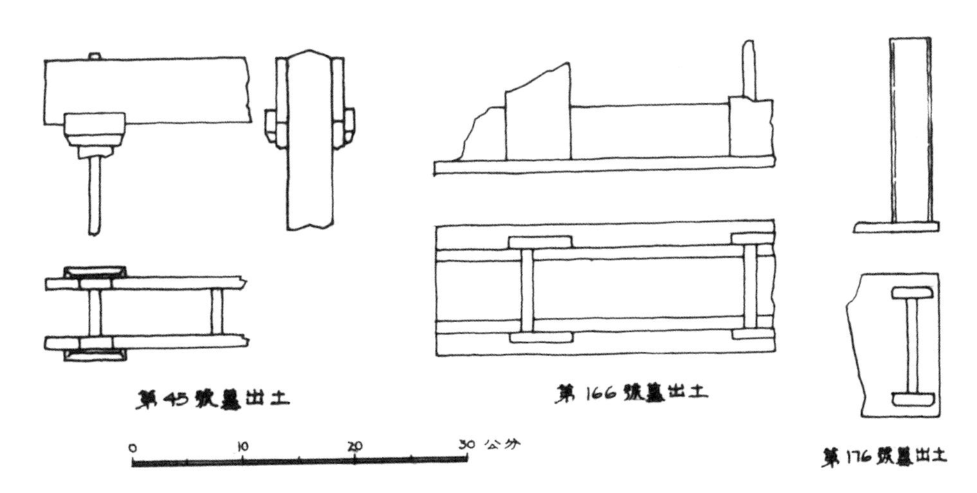

插图四四　瓦廊残件　45、166、176号墓

[1] 原稿用字为“勾阑”，后依据《营造法式》统一作“钩阑”。

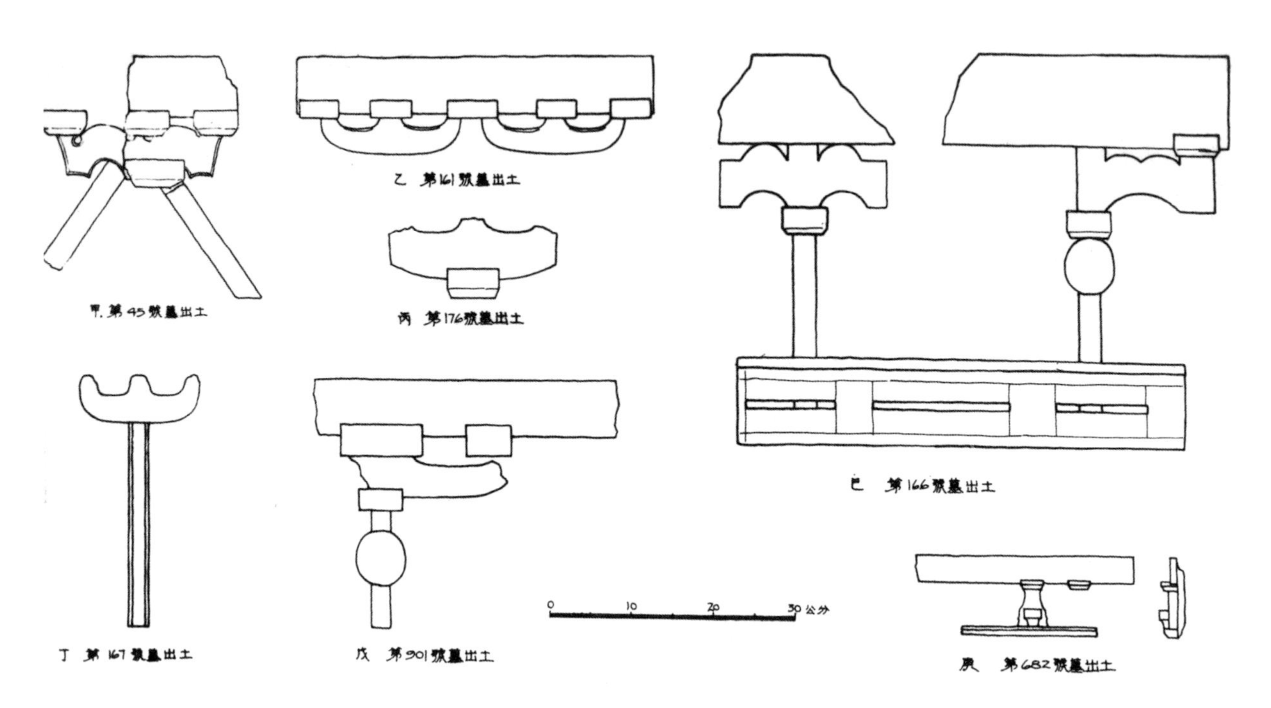

插图四五　瓦斗栱残件　45、161、166、167、176、682、901 号墓

另一件残缺特甚，但可知全部形制与前者一致。其内檐中柱上栱较前者更大，栌斗下柱身上有圆形扁平片一［插图四五戊］，与 166 号墓所出者同一形式［插图四五己、图版 109a］[①]。

第三、四件均仅存内檐正面柱、栱并钩阑之一部分。此二者斗栱之下以人形斜柱支撑［图版 43、108a］[②]。由此可知汉代已知使用人字形支柱，为建筑史上之重要资料也。

666 号墓中亦有同样之廊，仅存檫檐方及屋顶之一部分。檫檐方上原有朱色彩画，尚隐约可辨［图版 52］。

（三）屋

较完整者计有八件：

[①] 原稿图版 109“甲、166 号墓明器　瓦屋残件一种，乙、176 号墓明器　瓦屋残件一种，丙丁、666 号墓明器　瓦灶两种”佚，整理者未找到可替代资料，付之阙如。

[②] 原稿图版 108“甲、901 号墓明器　瓦屋残件一种，乙、45 号墓明器　瓦屋残件一种”佚，今从《四川彭山汉代崖墓》中补充图版 108a，参阅该书图 88，图版 108b 付之阙如。

甲、550 号墓出者［图版 42 丙、105b］[①] 正面阔 32.4 公分、侧面阔 10.2 公分、高 28.9 公分之平顶屋。正面明间设门一，两山设圆窗各一。平顶上亦设正脊。正面刻划横直线条以表示地栿、额、柱、门桯等。柱头并各贴栌斗一枚。

乙、550 号墓出者［图版 42 甲、106a］[②] 面阔 43.7 公分、进深 15.9 公分、通高 40.4 公分。屋身正面较台收进 3 公分，山面收进 4.3 公分。三面皆有板状钩阑，两山钩阑平面为弧形，钩阑上刻划线条表示蜀柱等物，角柱上有瓜形柱头。屋正面敞开无门窗，以中柱分为两间。柱上设有方栱一具，其齐心斗特大，几与栌斗相等。栱上有刻划之纹，或为彩画之表示。两角柱上各用栌斗一枚。再上为高大之橑檐方，其两端出头长，同山面出檐深。屋顶为庑殿式。

丙、685 号墓所出者［图版 44 丙］ 面阔 44 公分、进深 26 公分、通高 35 公分。正面设门，平面隔为两间，外间较内间宽大，隔墙上亦辟一门。门上下皆有伏兔可安设门扇。屋顶为悬山式，仅有正脊，无瓦垄，山面刻划三架梁脊瓜柱，正面刻划地栿、门桯、中槛、蜀柱等。

丁、365 号墓出者［图版 41、104b］ 面阔 40.5 公分、进深 21 公分、高 15.5 公分。门设于山面右侧，门内大室一间，左右并设方窗。大室之后并列小室两间，左面小室之后有方形如烟囱之物，高与屋齐。门窗皆有伏兔以装门扇。屋顶残存一小部分，亦为悬山式。

戊、365 号墓出者［图版 41 乙、105a］ 面阔 36.07 公分、进深 27 公分、高 27.3 公分。正面有门廊，左右各设小室一间。正门左侧门桯上有半球形之纽，安于圆孔中，可以转动。右侧墙面上有刻划之曲线条。正面、山面刻划柱方。屋顶残缺，亦为悬山式。

己、365 号墓出者［图版 40 乙］ 面阔 38 公分、进深 23 公分、高 21.8 公分。隔为两间，右面一间较大，前面敞开，左一间较小，正面设门，山面开窗，门内左面有高

[①] 原稿图版 105“甲、365 号墓明器　瓦屋一种，乙、550 号墓明器　瓦屋一种”佚，整理者未找到可替代资料，付之阙如。

[②] 原稿图版 106“甲、550 号墓明器　瓦屋一种，乙、365 号墓明器　瓦井亭一种”佚，今从《四川彭山汉代崖墓》中补充，仅供参考。见该书图 10、87。

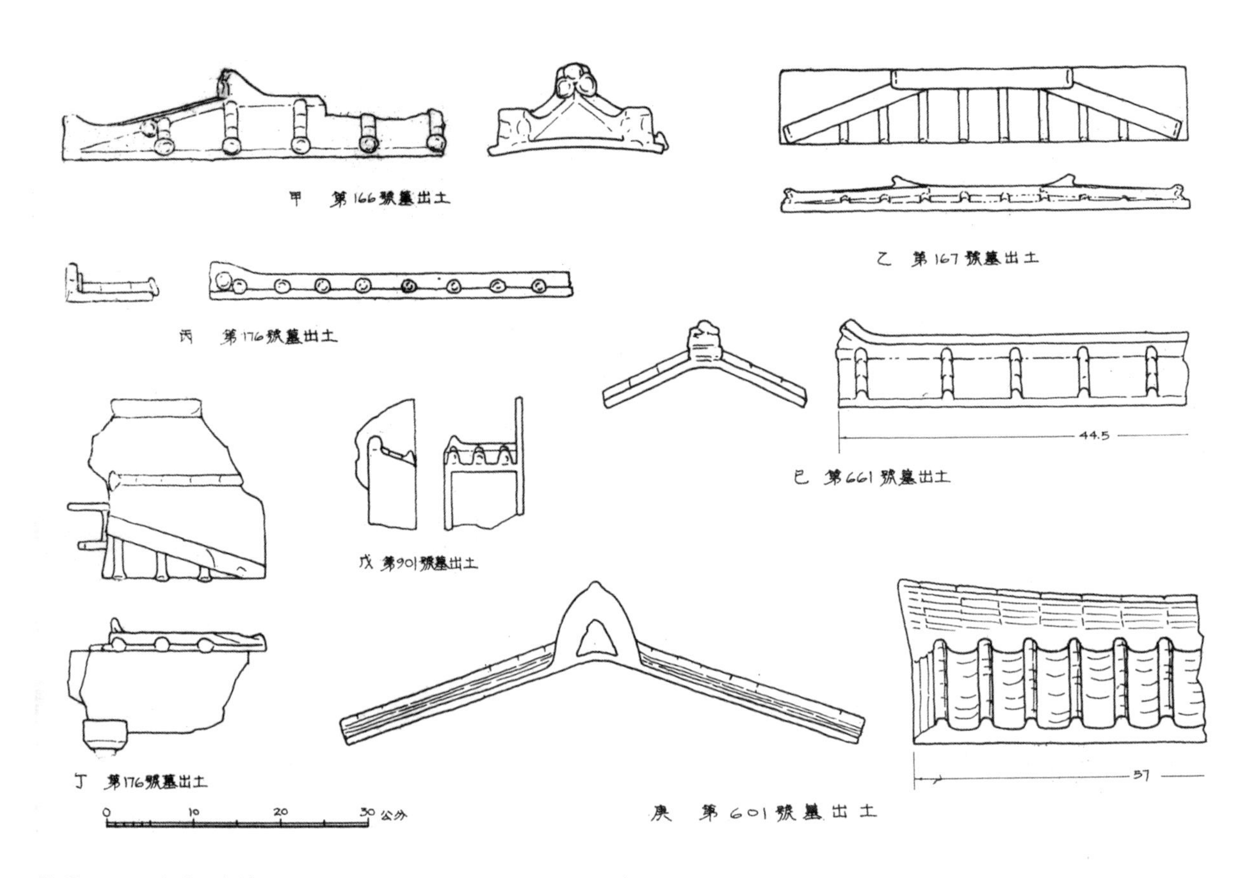

插图四六 瓦屋顶残件 166、167、176、601、661、901号墓

起之台。

庚、365号墓出者［图版40丙］ 仅存长13公分之一段，山面阔21公分、高28.5公分。门上有凸出之门桯，左面有小室，山墙上刻划柱及梁等。屋顶亦为悬山式。

辛、601号墓出者［插图四六庚］ 现存屋顶全部及一面山墙。山墙上画柱梁、蜀梁等。屋顶为悬山式，正脊上扣筒瓦，脊身作细密之平行线，似垒瓦屋脊之式。

（四）舂房

550号墓出者［图版42乙、107d］[①] 为长22.7公分、宽9.6公分、高10.5公分之平顶

[①] 原稿图版107“甲乙、666号墓明器 瓦井亭残件两种，丙、666号墓明器 瓦井亭一种，丁、550号墓明器 瓦舂房一种”佚，今从《四川彭山汉代崖墓》中补充图版107d，参阅该书图11，其余皆付之阙如。

房。四角用扁方形柱四，长面两柱上施阑额。地面一侧施地栿，一侧安圆形舂及脚踏之杵。今西南各省舂房尚多与此式相似。

（五）井亭

仅601号墓所出可粘合完整［图版44甲、106b］。底盘长40公分、宽24.5公分、高20.2公分，上立长方柱四。长面两柱间有阑额，阑额出头向内斜杀，额上施普拍方，方上置方桁五。横面一端两柱间有矮栏。地盘中并列凹下之圆槽二，一大一小，以示井之位置。

此器与682号墓所出一器皆为方柱。370号墓所出为椭圆柱，其他各墓所出皆圆柱。666号墓中有井亭二［插图四七］：其一有六柱［图版107b］，井在长方形台上；另一件有四柱［图版107a］。二井在地盘之一侧，复以短垣分隔之，残存之阑额尚有朱色彩画［图版52］。682号墓一残存之井亭圆柱，上有半圆形孔洞二［插图四八］，不悉作何用途。

（六）661墓所出者，不知为何物［图版44乙、107c］

底盘长17公分、宽7.7公分、高15.4公分。上立扁方柱两条，柱上有凹形额方，

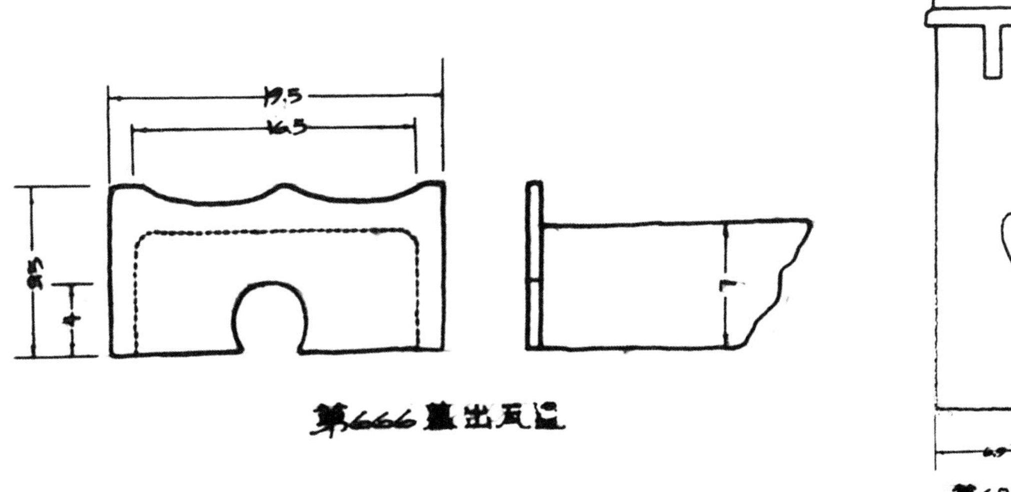

插图四七　井亭底盘　666号墓

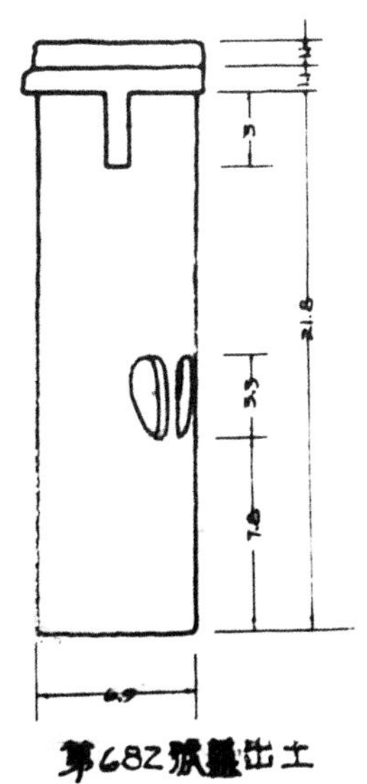

插图四八　井亭圆柱　682号墓

两柱间有矮垣，柱上有小圆孔一。

（七）其余各部分之残件

以上就较完整尚可辨知其全部形状者而言。其余各部分之残件尚多，则按其种类分述之。

踏跺［插图四九］ 901 号墓中有两件，皆三级，无垂带石之表示。176 号墓见有厚一公分之薄片，上刻划踏跺三级及垂带石两条。

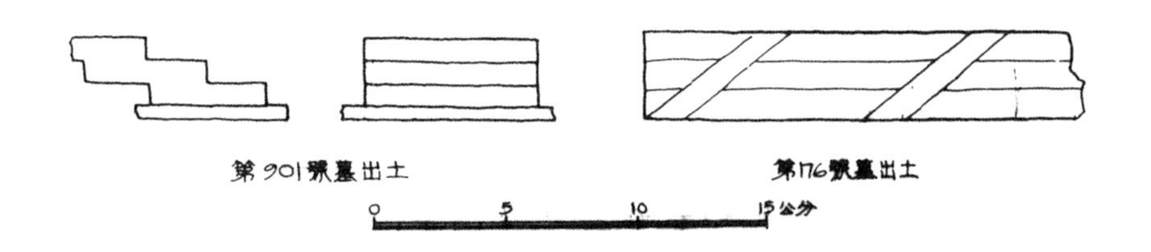

插图四九 瓦踏跺 176、901 号墓

钩阑 167 号墓中残碎之钩阑甚多，其形制与前述 901 号墓瓦廊上者相同。

柱栱阑额 有插图四五所示各件。其中 45 号墓一件，栱下用人字形支柱［图版 108b］，与 901 号墓者相似[①]。166 号墓者一柱上设方栱一具，另一柱上设方栱半具［插图四五己，图版 109a］。167 号墓者柱为八角形［插图四五丁］。682 号墓之栱置于阑额上［插图四五庚］。

屋顶 插图四六甲、乙二者为庑殿顶，正脊两端垒置瓦当或做成象鼻子脊形式，四角脊翘起如擶头之属。插图四六丙、戊二者为一面坡式屋顶，己、庚二者为悬山顶，正脊上显然为有扣脊筒瓦之式。插图四六丁为 176 号墓出，前半为庑殿式，后半为平顶［图版 109b］。凡屋顶之有瓦垄者，亦有瓦当之表示，于 682 号墓所出残片更作有瓦当纹［插图五〇］。

门窗 166 号墓所出山墙残件有窗两层［插图五一甲］，上层用斜櫺组成斜方格，

[①] 原稿此处有作者眉批“901 号墓明器应扩充详谈”，并作该器物中人字支柱草图。

下层作长方孔洞三。此式 176 号墓亦有之。901 号墓出槛墙残件［插图五一乙］，窗槛上残存直檽八条。501、601 及 901 号诸墓并有门扇形瓦片，皆具上下转轴［插图五二丙］。

彩画　多数瓦屋皆涂有朱色，唯以剥落过甚，不能判明为彩画抑全部涂朱。可确知为彩画者计八件。

甲、167 号墓出栱作平行朱色弧线七条。［图版 51 甲］

乙、167 号墓出斗栱及阑额。额上作交叉朱线两条。齐心斗作平行线五条。［图版 51 乙］

丙、501 号墓出阑额一段，于浅粉绿色地上作朱色曲线，似为云气纹，或朱雀之尾部。［图版 51 丙］

丁、501 号墓出钩阑残片，四周作黑色边缘，中心粉绿地上用朱线作菱纹。［图版 51 丁］

戊、666 号墓所出阑额，于浅黑地上以朱线绘交叉斜线两道，斜线上下绘半环状纹数道。［图版 52 甲］

己、666 号墓出土钩阑残件，以朱线绘长方形框，并作对角线一条，分长方框为三角形二，一三角形框中以粉绿色线作菱纹。［图版 52 丙］

庚、666 号墓出土阑额并屋顶之一部

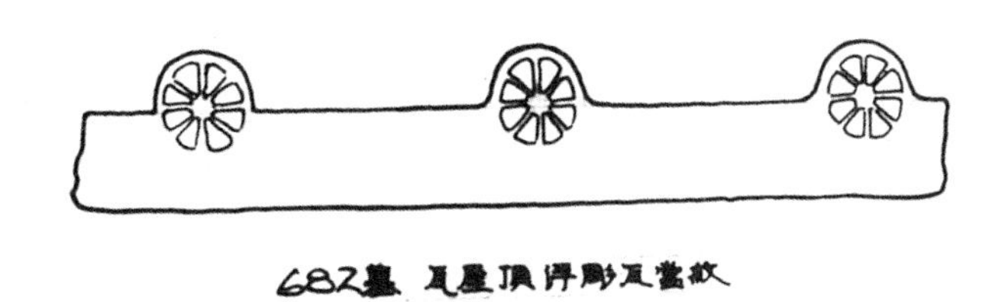

插图五〇　瓦屋顶浮雕瓦当纹　682 号墓

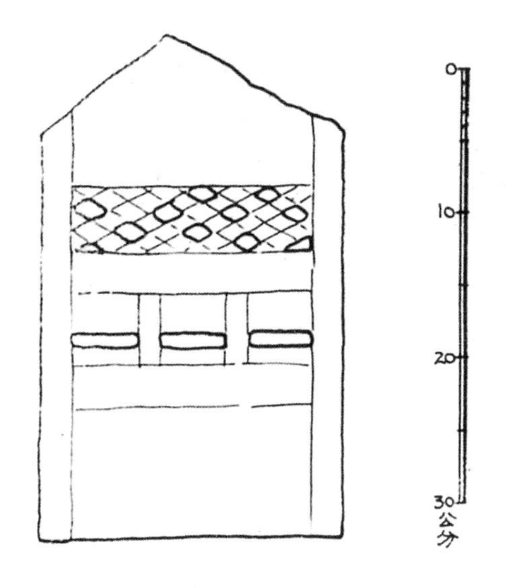

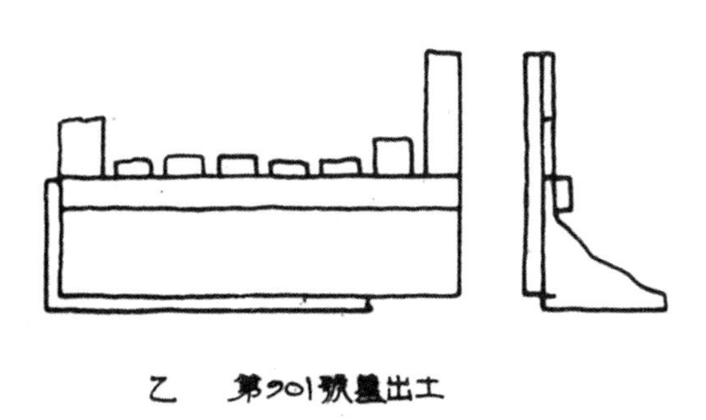

插图五一　瓦窗残件　166、901 号墓

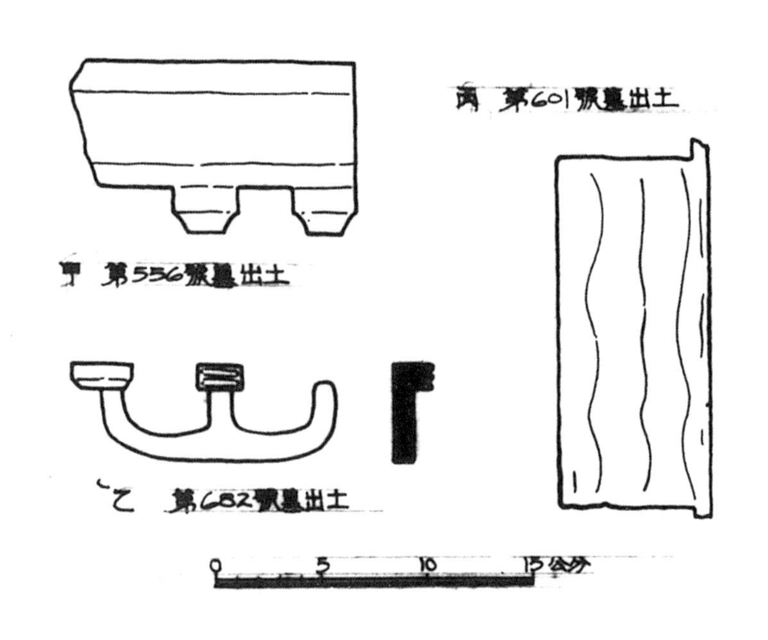

插图五二　瓦屋残件上刻纹　556、601、682号墓

分，就其形式观之，似与901号墓出瓦廊为同一形之物。其全部皆有黑色地一层，正脊一端留有少许朱色。额上以朱线作花体X形纹。［图版52乙］

辛、666号墓出阑额残件，于深褐色地上以朱线绘菱纹。菱纹中并绘云气纹。其色彩颇与漆器相似。［图版52丁、戊］

此外，556号墓所出阑额，上画平行线二条［插图五二甲］；682号墓出斗栱残件之齐心斗，上刻凹入之槽两道［插图五二乙］；601号墓出门扇上画木纹三道［插图五二丙］；365号墓出瓦屋，其右侧墙面刻划曲线。此等或皆为建筑彩画之表示。

总括上述各条，于明器中所表现之全体建筑方式殆与今日中国式建筑相去不远。若就有斗栱抑无斗栱之形式，亦可列为大木大式以及大木小式两种。以屋顶之不同，可列为庑殿式、悬山式、一面坡式、平顶式、棚式。其中无歇山及硬山式。大式中斗栱无出跳者，与崖墓中石作之栱同一原则，栱中无曲栱。方栱及普通形之栱甚多，斗下亦无皿板之表示。而人字形支柱之形则实已启后代人字形栱之先声，允为重要史实。栱坐于柱头上，皆承广大之橑檐方，仅682号墓所出有坐于阑额之栱，似当时阑额之使用不甚通行。小式形之瓦屋所刻划柱、梁之表示，颇与现在西南诸省所用加泥墙及镶装木板墙相似。屋脊形式亦与现代习见者接近。至彩画之使用，典籍所载实已频繁，营城子汉墓亦已有之，惜此中材料过少，未能对汉代建筑彩画作深切之认识耳。

尚有若干明器碎片，就制造之方式言，可断定为瓦屋类之碎片，然尚不能判明其用于何处，兹就形状之不同者，作插图五三以盖一般。

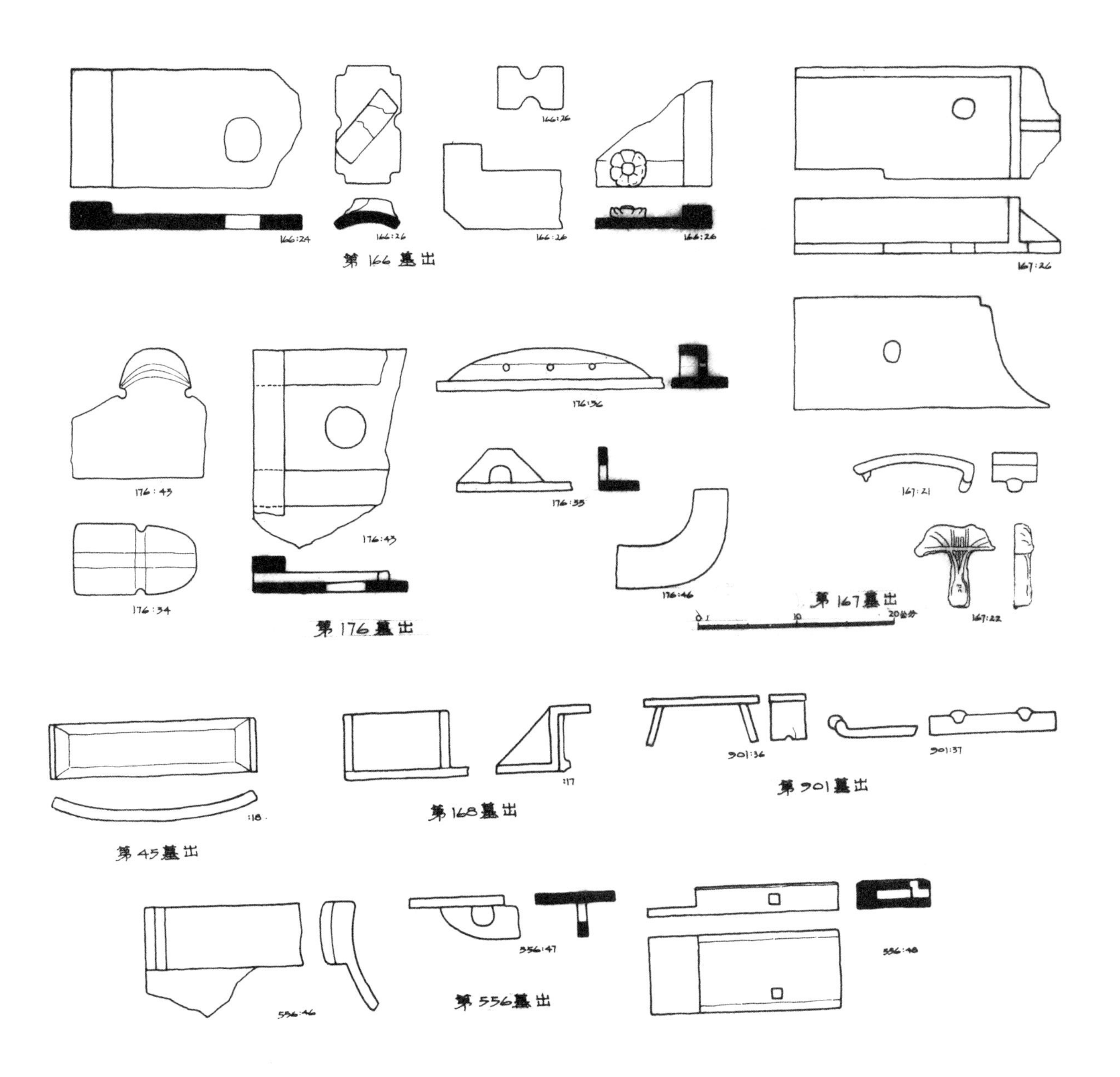

插图五三　瓦窗残件　45、166、167、168、176、556、901号墓

二、水池田园

中国建筑好间以庭园池沼，自古已然，汉代宫廷之有园囿，亦已习见于史乘。士大夫为之者如《后汉书·樊宏传》：

> ……至乃开广田土三百余顷。其所起庐舍，皆有重堂高阁，陂渠灌注。又池鱼牧畜，有求必给。

故池园为附属于建筑之物。明器中此项瓦制池园必与瓦屋组列一处，以示庭园之地位也。其形有三。

第一，176 号墓所出者［图版 45 甲、110a］。[①] 长 60.8 公分、宽 40 公分、高 4.6 公分，边缘甚宽，底部稍向内收小。池中有鲇鱼、鲤鱼各二，并花数朵。550 号墓亦见有此类之残件，其中有鸭。560 号墓者有螺。167、666、901、45 号诸墓者皆有鱼。

第二，长方形池皆划分数部分。661 号墓出者［图版 46 乙、110b］长 5.78 公分、宽 395 公分、高 45 公分。自中分为左右两栏，左栏较宽，有三角形凸出部分；右栏较狭，又以较矮之条分为三栏，中一栏较狭，其一端有圆孔通至左栏之三角形部分。所有表面皆平整光滑。901 号墓［插图五四乙］及 501 号墓中皆见有同此之残件。

601 号墓出者［图版 45 乙］。长 51 公分、宽 40.6 公分、高 4.4 公分。与前者大体相似，唯左方较狭之栏内无三角形部分，右方两侧两栏各以弧线划分为两部分，底上密布小孔。685 号墓亦见相类之残件［插图五四甲］。

661 号墓出者［图版 46 甲、111a］[②]。长 59 公分、宽 40 公分、高 3.1 公分，与前式大体相同。其通连两栏之圆孔两侧粘有环状物，底亦密布小孔。

682 号墓出土二件：其一长 44.5 公分、宽 36.5 公分、高 4 公分，以横竖弧线划分六栏［图版 47 甲］；其二长 54 公分、宽 42 公分、高 3 公分［图版 47 乙］。二者底部亦皆密布小孔。

[①] 原稿图版 110“甲、176 号墓明器　瓦水池一种，乙、661 号墓明器　瓦水池一种”佚，今从《四川彭山汉代崖墓》中补充图版 110b，参阅该书图 89，图版 110a 则付之阙如。

[②] 原稿图版 111“甲、661 号墓明器　瓦水池一种，乙、365 号墓明器　瓦屋一种”佚，现以《四川彭山汉代崖墓》之图 54、53 补阙。

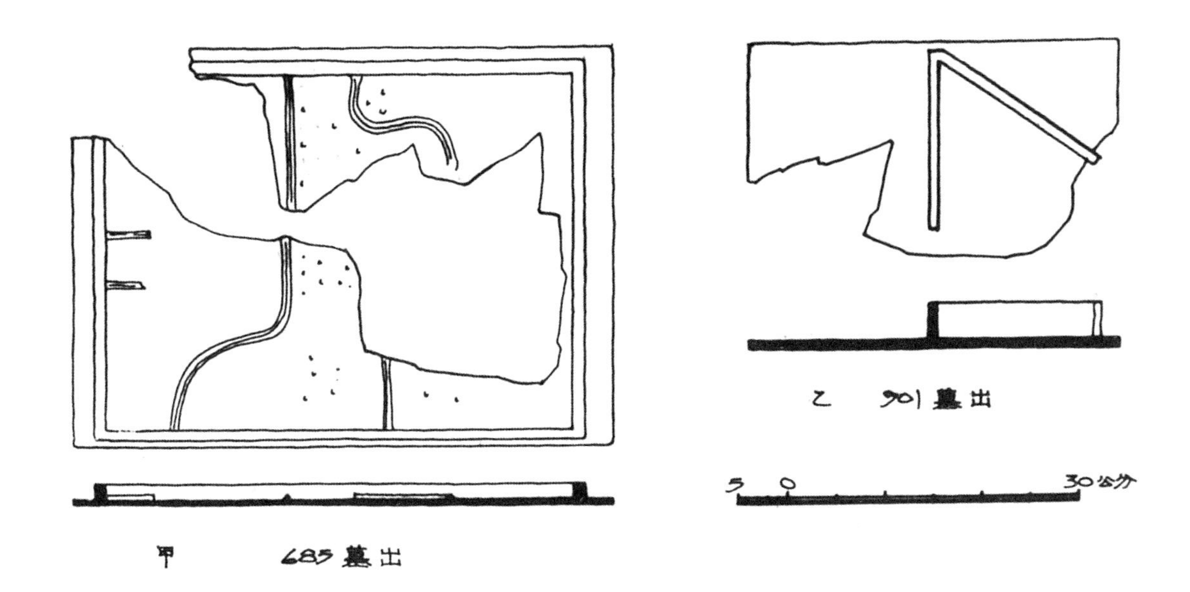

插图五四　瓦水池残件　685、901号墓

第三，365号墓出者，长55.5公分、宽42公分、高3公分，以曲线划分为十五栏，中栏有龟一。其全貌似水田，各栏亦密布小孔洞。一角有长25公分、宽17.5公分之高起之台，上有圆孔、尖锥形小柱及弯曲之条状物［图版48甲、111b］。

三、瓦灶

灶为墓中之必有物，或就崖凿成（见前文），或为瓦灶。666、900、901号诸墓皆有瓦灶，以901号墓出者稍为完整［图版48乙］，其长32.5公分、宽19.5公分、高7.7公分。上有火口二，一端为火门，另一端为烟囱。火门之上方及左右方有高于灶面之栏墙。666号墓有灶二：其一与上述者相似［图版48丙、109d］，另一仅存火门处之一段［插图五五，图版109c］。900号墓所出者至为残碎，仅可见火口处之一小部分耳。

四、瓦案[①]

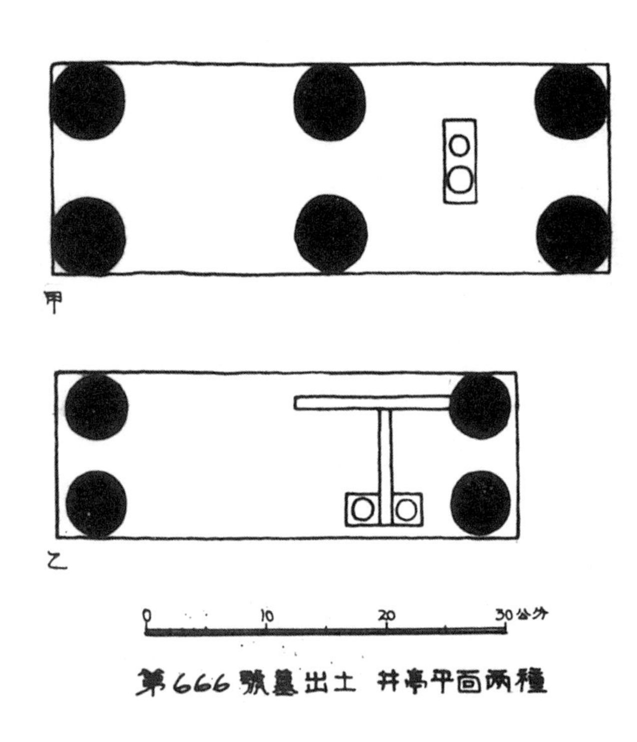

插图五五 瓦灶残件 666号墓

瓦案亦每墓必具之物，皆长方形，四边有高起之边沿，四角下有足。足分固定者与不固定者二种。前者如661号墓所出，案长55公分、宽38公分、高7公分，四足之平面为直角之L形，固定于案下［图版49丙、112b］。此种案足于各墓所出者亦稍有不同，其高自4.8公分至2.9公分不等，如插图五六所示三种。

不固定之案足，高自128至74公分不等，含三种不同之构造。其一如370号墓出者［图版49戊、50辛］为长方形，承托于案下。364号墓亦见同此之案足［图版50戊］。666号墓出者为扁形，但于上加一方形盘以承托案面［图版50丙］。第二种系于案四角作圆孔，案足上出圆榫以承之，如685号墓所出者即其一例［图版49己］。此类制法最为常见，图版50甲、乙、丙、丁、戊、己、庚、辛皆是。或更于案下加横带二条，如图版49丁及112h是。第三种则系于案之四角及案足上各为圆孔另以插销固定之，如图版50庚及图版112f即其一例。此种瓦案形制与乐浪彩匣冢、王光墓所出木制者同一形式，尤以王光墓木制案足花纹及大小均与此接近［插图五七］。

各墓陶俑作据案剖鱼者甚多，案之形式则与此稍异，如161号墓所出之残件最为醒目［图版112c］。案作平板状，四周无边缘，案足二，为板状，与案宽同长，表面划

[①] 原稿图版112（甲、666号墓明器 瓦案一种——博局，乙、661号墓明器 瓦案一种，丙、161号墓明器 俑残件一种，丁、128号墓明器 瓦案足一种，戊、685号墓明器 瓦案足一种，己庚、900号墓明器 瓦案足两种，辛、176号墓明器 瓦案足一种，壬、515号墓明器 瓦案足一种）佚，现依据南京博物院《四川彭山汉代崖墓》插图及整理者搜集的类似残件，参考性补充图版112b，其余空缺。这部分内容还可以参阅图版49、50。

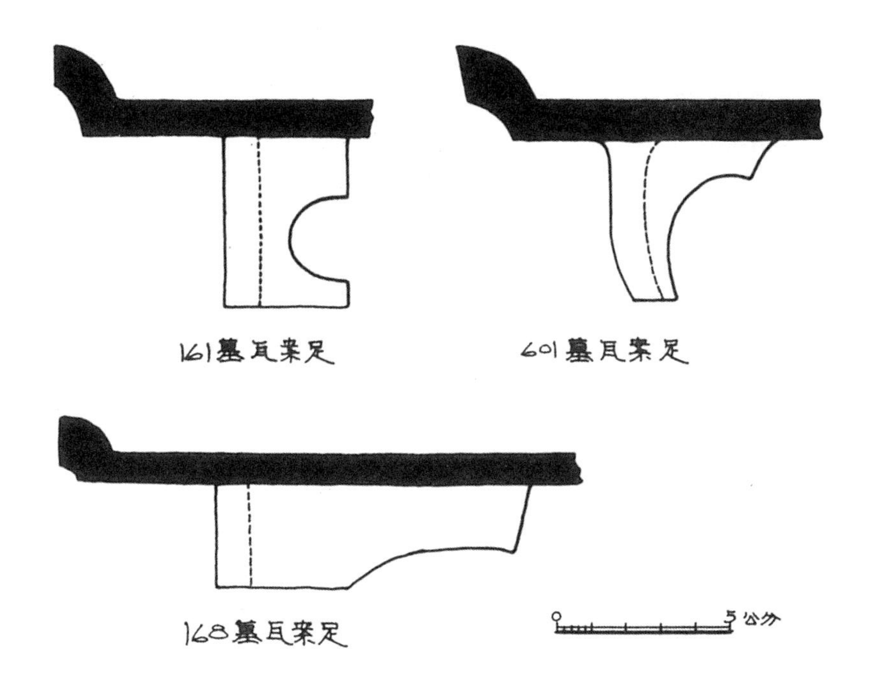

插图五六　瓦案足三种　161、168、601号墓

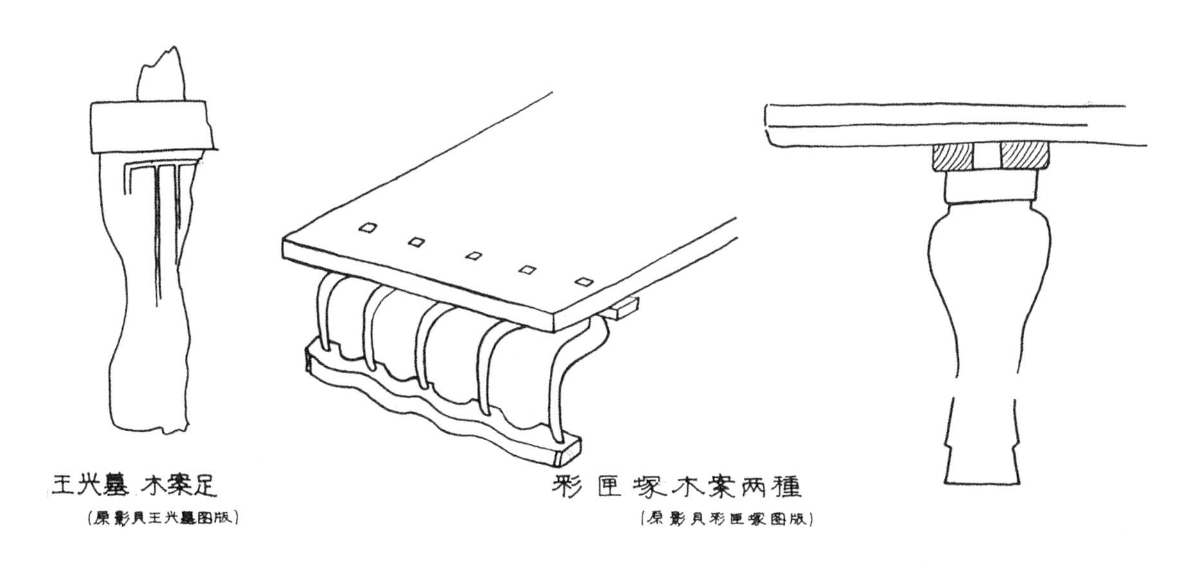

插图五七　彩匣冢及王光墓木案

垂直纹数道，其下有横木一。于彩匣冢中另一木案之形与此甚相近，其足有五根弯曲之直檽，檽下以较粗大之横木连系之［插图五七］。此陶俑之所见者，或因制造之便连直檽为板，刻划其上以表示之也。

五、其他

666号墓出有两件类似案几之物：其一为长22.9公分、宽21.5公分、厚1公分之平板状物，表面划平行纹六条［图版49乙］；其二为20.4公分见方、厚1公分，下四角有高2.5公分之足，表面划方形及L形、T形纹［图版49甲、112a］。日本国东京帝室博物馆所藏汉画像石中亦有之（见《中国山东省汉代坟墓之表饰》）［插图五八］，为二人对坐，中置此状之盘。日人谓为博戏，殆棋盘、博局之属也。

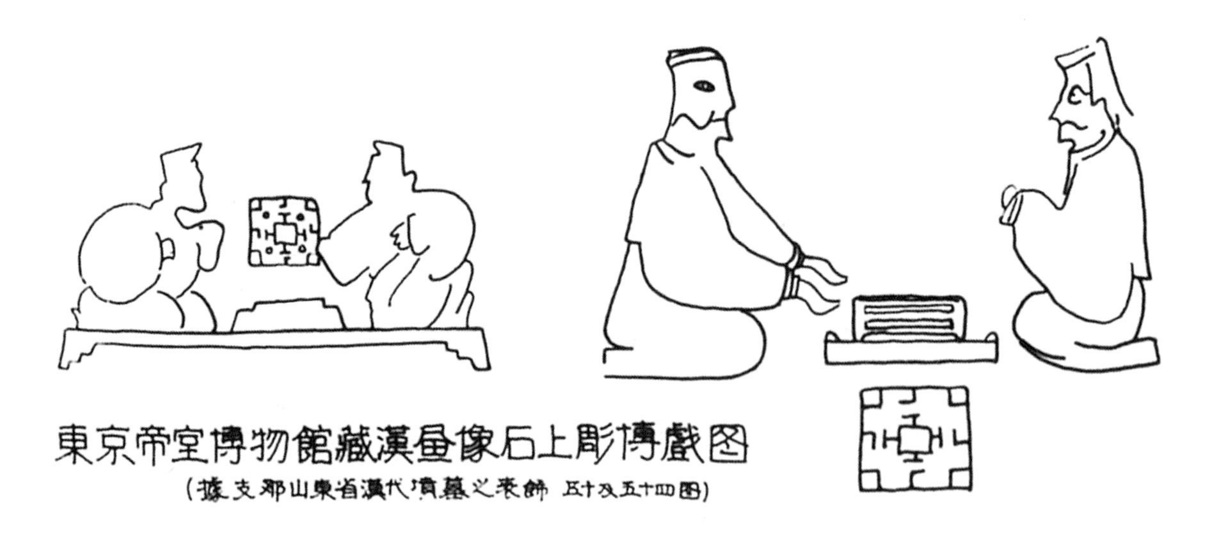

東京帝室博物館藏漢畫像石上彫博戲图
(據支那山東省漢代墳墓之表飾 五十及五十四图)

插图五八　东京帝室博物馆藏汉画像石上雕博戏图（摹本）

第六章 结论

一、彭山崖墓之特点及重要史实

综合上文所述，彭山崖墓建筑之特点有六：

（一）凿山为狭长之墓堂，然后自堂向左右作内。平面以直向为主，即墓之总进深较总宽为大。堂、隧、门、墓道必在一中线上。

（二）墓内之高度与一人高相上下。

（三）全墓皆有向外排水设备。

（四）墓中就崖作匮、灶、棺。

（五）墓门作叠涩檐并加祥瑞、厌胜等题材之雕饰。

（六）墓外可作坛、穿、穴等。

由彭山崖墓所贡献吾人以汉代建筑之重要知识为前所未知者五：

（一）汉代喜用二开间式建筑，此于明器为最明显，证以山东诸墓祠如郭巨、朱鲔、武梁等，尤足征信。

（二）汉代已知使用人字形支柱以承栱。

（三）汉代已有皿板。

（四）曲栱、方栱于墓或明器皆惯用之，川省诸阙亦然，而此制未见于中原诸省。此究系地方特有之制，抑此种不合理形制于中原诸省摒弃不用，而边远之地犹未能改？尚待后证。

（五）平面诸名词如“内”为室之通称得一实证，并知墓中亦往往沿用阳宅之名词。

由崖墓建筑可间接推测丧葬风俗之特点二：

（一）墓可重开增葬。如《张宾公妻穿中二柱文》所记之墓，本为张宾公之墓，其孙元益后开墓增造内及崖棺以葬其父及弟是也。又本文第一章述及666号墓之情形，则似先已预计墓中需再葬入数棺，故于第一棺葬入后，以石板隔断，以为重开增葬之时可不必开启此部分计也。

（二）第一章所记崖棺内部之最小宽度仅为38公分，此在彭山虽为数不多，然嘉定诸墓则累见之。崖棺中势难再加瓦棺或木棺，则有四种可能：

甲、舆尸至墓，始入崖棺；

乙、先殓以椤椟，如墓易入崖棺；

丙、侧身葬，其瓦棺或木棺甚狭；

丁、仅葬骨殖。

二、崖葬制之来源

崖墓在埃及、波斯、印度、南洋群岛皆有之。埃及、波斯之墓，其时代多早于中国之汉代，此即色伽兰等西方学者主张崖墓之制系由埃及、波斯经印度、南洋群岛而至中国之理由。然埃及崖墓之简单者如BENI-HASAN地方之墓［插图五九甲］，外

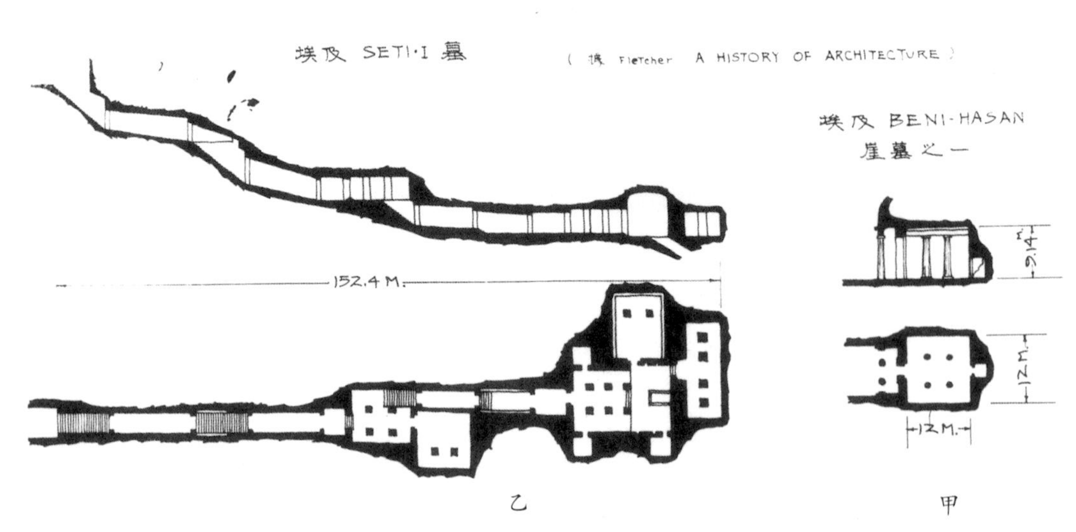

插图五九　埃及崖墓

观与嘉定、宜宾之部分较大之墓颇为接近，而其内部方形四柱之平面与中国崖墓大异其趣。复杂者如SETI一世之墓［插图五九乙］，平面似与彭山诸墓相似，而各室配列复杂，主要之室亦不与门、隧在一条中线，与前述彭山崖墓平面之特征不相符合。且此二墓内部之最大高度皆在9公尺以上，与彭山所见高仅2公尺左右者相去甚远。又，其墓无排水处置，尤以后者层层向下之断面与彭山所见内高外卑之原则适成反映。波斯NAKSH-I-RUSTAM墓全部建筑皆在墓外十字形外表［插图六〇］[1]，内部仅足藏棺，与中国崖墓更不相干。而无论埃及或波斯之墓，观其柱之形式及细部雕饰，适见中西各自成一系统，并无相同之点。故就形制言，并无崖葬制源自西方之痕迹也。

插图六〇　波斯崖墓（原图稿佚，整理者据相似文献资料补阙）

汉代墓葬建筑前所知者，以其材料及建筑方式之不同，可列为五：一为乱石垒砌之简单墓，二为井幹式木构墓，三为以石或砖砌垒叠涩券式墓，四为发券墓，五为空心砖式墓。

其一为蒙古、朝鲜常有之，盖贫寒之家无力营葬，即就漠滩以石块叠砌。其五则迄今尚未见完全之墓，唯就传世空心砖之多，知其必曾盛行一时，其空心砖除习见之长方砖外，各特殊部分如柱、门等，皆范砖为特种形式，惜无从知此种墓之平面耳。而自二、三、四式，似可窥知建筑形式改变之顺序［插图六一］。井幹式木构殆沿用周秦遗制，观乎载籍，知帝后陵墓多为此制。其形为方或长与宽在2∶1之内之长方形，盖受木材之限制，不可过长也。

[1] 原稿缺NAKSH-I-RUSTAM图，现插图六〇系整理者补配。作者自注“图及参考书存吴、高处”。高即高去寻先生。高去寻（1909—1991年），著名考古学家，1948年迁居台湾。有《侯家庄》等专著。吴即吴金鼎先生，见本卷第9页注。

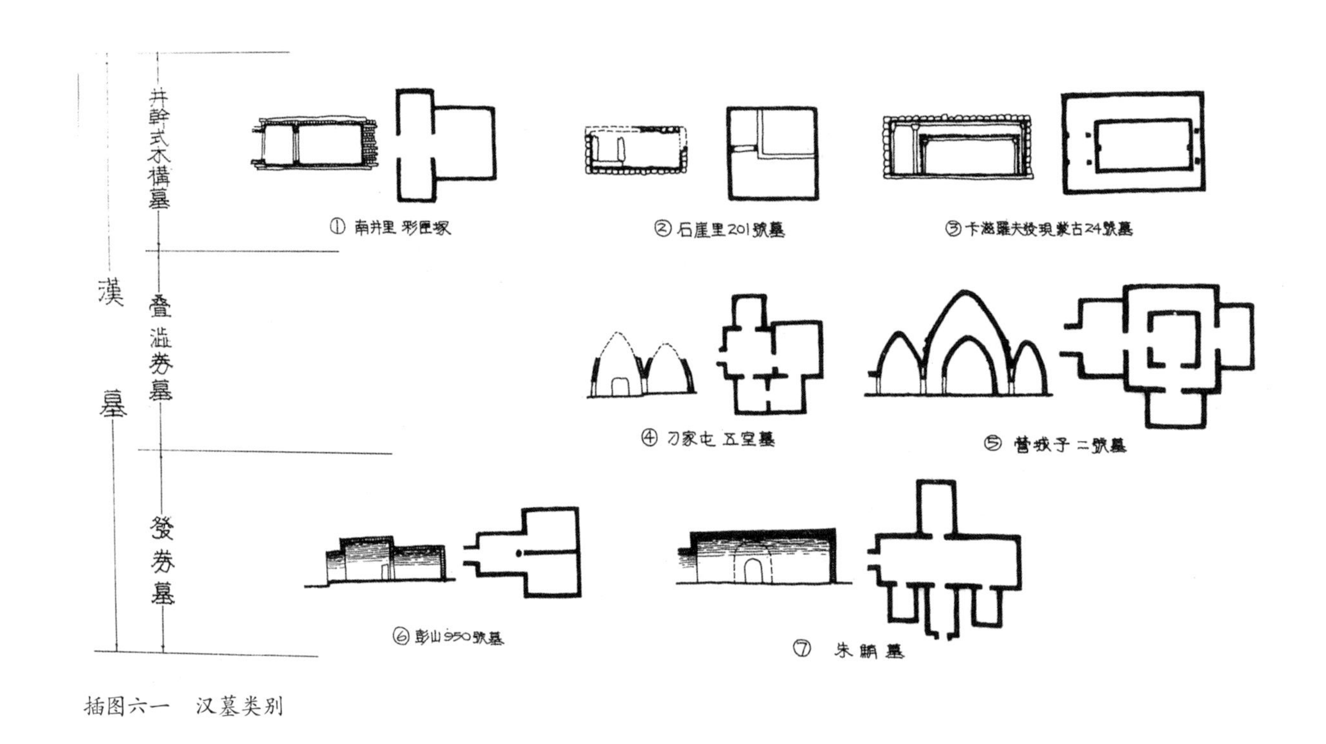

插图六一　汉墓类别

洛阳有八角形墓，然未得证其年代。此种墓之特点：于墓中以木材分隔为若干部分或以大小两层相套［插图六一之①至③］。直至使用砖作叠涩券之时，仍不失井幹式之平面原则，如营城子、刁家屯诸墓皆为良好之例。

刁家屯五室墓［插图六一之④］各室仍以方形为原则，与石崖里201号墓相较［插图六一之②］，仅墓室增多耳。营城子2号墓［插图六一之⑤］与卡滋罗夫发现之蒙古第24号墓［插图六一之③］显然皆双层相套之制。

至如南井里彩匣冢［插图六一之①］之制，于汉代砖石构诸墓中，唯彭山950号墓［插图六一之⑥］发券墓似与之略有相似，而较晚之朝鲜诸墓实尚保存此种形式，如真池洞双楹冢即此一例［插图六二］[1]。殆以真实之发券筑墓之时，墓之形式为之一变而为狭长之形，其长宽之比超过2∶1［插图六一之⑦］，此实因券之性质可任意引长而不受限制，于此狭长之券内再向左右作券以为内，彭山950号墓之形制为汉代发券式墓之孤例，双层相套之制在发券墓中则绝无之矣。故此墓形系因建筑方式之变更，由方形

[1] 原文如此。“真池洞双楹冢”可能是作者抄录错误，也可能是插图六二所绘“肝城里莲花冢”之别称，待考。

而趋狭长，由将墓中区隔为若干部分变为由狭长之墓中线向左右发展。至于双层相套之制渐趋消灭，则疑系使用方法之改变所致。

由是反观崖墓之形制，与用发券之制本具同一原则，仅建筑方式与材料有别：非以砖石垒砌拱券，而系开凿洞穴于山崖。950号墓系于崖石开圹穴砌砖券，更足启发建筑方式改变之过程。故此崖墓仍沿袭发券式墓之形制，因地理环境之不同，遂建筑方式有所更改耳。况其柱、栱、砖、瓦、雕刻、明器与豫鲁诸省汉墓不乏共同之点，更无由谓崖墓为某一种族之特有文化，与中原文化别成一系统。

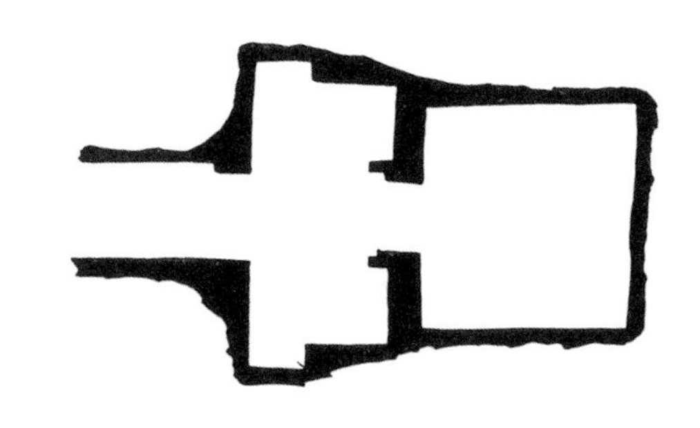

插图六二 肝城里莲花冢平面

上古之时，丧制原甚简单，《易经·系辞》：

古之葬者，厚衣之以薪，葬之中野，不封不树，丧期无数。后世圣人易之以棺椁，盖取诸大过。

厥后葬制日趋奢华，此奢华之演进之情形，赵咨于其遗敕中言最为简要。《后汉书·赵咨传》：

《易》曰：古之葬者，衣以薪，藏之中野，后世圣人易之以棺椁。棺椁之造，自黄帝始。爰自陶唐，逮于虞、夏，尤尚简朴，或瓦或木。及至殷人而有加焉。周室因之，制兼二代，复重以墙翣之饰，表以旌铭之仪，招复含敛之礼，殡葬宅兆之期，棺椁周重之制，衣衾称袭之数。其事烦而害实，品物碎而难备。然而秩爵异级，贵贱殊等。自成、康以下，其典稍乖，至于战国，渐至颓陵，法度衰毁，上下僭杂。终使晋侯请隧，秦伯殉葬，陈大夫设参门之木，宋司马造石椁之奢。爰暨暴秦，违道废德，灭三代之制，兴淫邪之法，国赀糜于三泉，人力单于郦墓，玩好穷于粪土，伎巧费于窀穸。

是墓葬奢华之风至秦而违其极。亡秦既覆，墓乃被发，虽时人心恨暴秦，掘以泄愤，要亦以多藏珍宝以至之。西汉睹亡秦之惨，未尝不以为戒，然不知废厚葬之风，但求固密墓葬。故文帝临于霸陵，有以北山石为椁之叹。张释之进言曰："使其中有可欲，虽固南山犹有隙；使其中亡可欲，虽亡石椁又何戚焉？”（见《汉书·张释之传》）文帝虽悟此言遂薄葬不起山坟，而后之权贵不能深悟。浸假之间，反浮奢有加，乃至刻金镂玉，檽梓楩柟；良田造茔，黄壤致藏；都埋珍宝偶人车马；积土成山，列树成林。西汉既亡，赤眉乃发诸陵墓。光武鉴之，遂有薄葬之诏。《后汉书·光武帝纪》：

（建武）七年春正月，……又诏曰：“世以厚葬为德，薄终为鄙，至于富者奢僭，贫者殚财，法令不能禁，礼义不能止，仓卒乃知其咎。”

此语实由目睹坟园被发之惨而发，创后汉力主薄葬之风，故洛阳诸陵规模皆简于长安。赵咨辈力倡薄葬，张奂、赵岐且以身作则（原注一），皆深知仓卒之咎之所致也。

故墓葬由简约入于奢华，由奢华而遭发掘，因发掘而生之影响有二：一为固密墓葬，一为薄葬。固密之道又为石棺椁而已，石椁之制，宋司马用之于前，文帝言之而未知其用否，至后汉明帝确已用之。《后汉书·明帝纪》：

帝初作寿陵，制令流水而已，石椁广一丈二尺，长二丈五尺，无得起坟。

当时或皆对石椁有“其安岂可动哉”之感，益以蜀土本有石棺石椁之制。《华阳国志·蜀志》：

周失纪纲，蜀先称王。有蜀侯蚕丛，其目纵，始称王。死，作石棺石椁，国人从之。故俗以石棺椁为纵目人冢也。

汉人入蜀者，自易效尤也。

至崖葬之俗，五溪蛮有之。唐张鷟《朝野佥载》卷二：

五溪蛮父母死，于村外阁其尸，三年而葬。打鼓路歌，亲属饮宴舞戏一月余日。尽产为棺，于临江高山半腰凿龛以葬之。自山上悬索下柩，弥高者以为至孝，即终身不复祠祭。初遭丧，三年不食盐。

向觉明[①] 先生曾引此条并宋朱辅《溪蛮丛笑》（原注二）、元周致中《异域志》（原

[①] 向觉明，即向达（1900—1966 年），现代著名考古学家。此处系指向先生所作《蛮书》校注工作。因《蛮书校注》迟至 1962 年方正式出版，故此处未注明出处。又，时值抗战，向的工作尚存疏漏，近由云南大学木芹先生增补校订，可参阅云南人民出版社 1995 年版《云南志补注》。

注三）及清许缵曾《东还纪程》（原注四）等所记沅水流域诸崖窟情形，证川省崖葬制乃源于五溪蛮之风俗。此项记载虽出于唐代，然考五溪蛮石窟之记载曾见于《后汉书·马援传》：

（建武）二十四年，武威将军刘尚击武陵五溪蛮夷，深入，军没，援因复请行……三月，进营壶头。贼乘高守隘，水疾，船不得上。会暑甚，士卒多疫死，援亦中病，遂困，乃穿岸为室，以避炎气。《武陵记》曰："壶头山边有石窟，即援所穿室也。室内有蛇如百斛船大，云是援之余灵也。"

又《后汉书·郡国志·荆州》"长沙郡醴陵"条下注云：

《荆州记》曰："县东四十里有大山，山有三石室，室中有石床、石臼，父老相传，昔有道士学仙，此室即合金沙之臼。"

又《后汉书·南蛮传》：

帝不得已，乃以女配盘瓠。盘瓠得女，负而走入南山，止石室中。所处险绝，人迹不至。今辰州卢溪县西有武山。黄闵《武陵记》曰："山高可万仞，山半有盘瓠石室，可容数万人，中有石床，盘瓠形迹。"今案：山窟前有石羊、石兽，古迹奇异尤多。

此项记载皆与崖墓不无关系。马援之穿岸为室，究为自行开凿，抑其发现此种墓葬之石室，遂启为避暑之所，至为疑问，盖行军之中何得如许石匠开凿山洞耶？道士学仙之说系父老相传，真实成分究有若干，亦自可疑。至盘瓠之事，实为神话，窟前石羊、石兽，尤足令人意其为墓前之物。且崖葬之俗，初不限于五溪蛮，亦不限于沅水流域也。《隋书·地理志》：

《尚书》："荆及衡阳惟荆州。"……南郡、夷陵、竟陵、沔阳、沅陵、清江、襄阳、舂陵、汉东、安陆、永安、义阳、九江、江夏诸郡多杂蛮、左。其与夏人杂居者，则与诸夏不别；其僻处山谷者，则言语不通，嗜好、居处全异，颇与巴、渝同俗。……其左人则又不同，无衰服，不复魄，始死，置尸馆舍，邻里少年，各持弓箭，绕尸而歌，以箭扣弓为节，其歌词说平生乐事以至终卒，大抵亦犹今之挽歌。歌数十阕，乃衣衾棺殓，送往山林，别为庐舍安置棺柩，亦有于村侧瘗之。待二三十丧，总葬石窟。长沙郡又杂有夷蜒，名曰莫徭，自云其先祖有功，尝免徭役，故以为名。其男子但着白布裈衫，更无巾袴。其女子青布衫、班布裙，通无鞋屩。婚嫁用铁钴鉧为聘财。武陵、巴陵、零陵、桂阳、澧阳、衡山、熙平皆同焉。其丧葬之节，颇同于诸左云。

故崖葬之风俗，左人、莫徭皆有之。其区域及于两湖之大部分，并江西边界。流风所播，及于巴、蜀，至为易矣。五溪蛮之发骨而出，易以小函，及左人之“待二三十丧，总葬石窟”之俗，亦与崖墓之丧葬风俗近似。盖汉人入蜀，沿袭一部分原有葬制及固葬防发掘之观念，受地理环境之影响，兼取蚕丛氏石棺石椁与蛮左崖葬之俗，遂成今所见汉代崖墓之形，实事理之至为可能者。

三、崖墓之原状

古之墓不起坟，《盐铁论·散不足》：

古者，不封不树，反虞祭于寝，无坛宇之居、庙堂之位。及其后，则封之，庶人之坟半仞，其高可隐。今富者积土成山，列树成林……

是墓坟兴于后世，初高不过半仞，更进乃至积土成山、列树成林矣。今长安、洛阳、乐浪诸汉代陵墓皆有崇坟，其形或方或圆。起坟墓作冢祠，盖盛行于汉矣。今之崖墓，未见有坟者，究系遭毁灭抑原即未尝起坟，虽属疑问，而细察现存情形，似可得“原无墓坟”之理三：

（一）墓葬密集，设每墓一坟，几无可容之地矣；

（二）有坛之墓如作坟，必覆坛于坟下，则失坛之作用矣；

（三）作于悬崖之棺，虽欲作坟，不可为也。

假定此三理不谬，则其原状仅系以土填墓道，而墓道较短或无墓道之墓更作隧及二重门，实土于隧中以固其封，立石表于墓侧或临近之处以志之焉。

作者原注

一、《后汉书·张奂传》:“光和四年卒，年七十八。遗命曰:‘吾前后仕进十要银艾，不能和光同尘，为谗邪所忌。通塞命也，始终常也。但地底冥冥，长无晓期，而复缠以纩绵，牢以钉密，为不喜耳。幸有前窀，朝殒夕下，措尸灵床，幅巾而已。奢非晋文，俭非王孙，推情从意，庶无咎吝。’诸子从之。”

《后汉书·赵岐传》:“年九十余，建安六年卒。先自为寿藏，图季札、子产、晏婴、叔向四像居宾位，又自画其像居主位，皆为赞颂。敕其子曰:‘我死之日，墓中聚沙为床，布簟白衣，散发其上，覆以单被，即日便下，下讫便掩。’”

二、宋朱辅《溪蛮丛笑》“葬堂”条:“死者诸子照水内，一人背尸，以箭射地，箭落处定穴。穴中藉以木，贫则已。富者不问岁月，酿酒屠牛，呼团洞，发骨而出，易以小函，或架崖屋，或挂大木，风霜剥落皆置不问，名‘葬堂’。”

三、元周致中《异域志》:“五溪蛮即洞蛮，遇父母死，行鼓踏歌，饮宴一月，尽产为椁，临江高山，凿龛以葬，三年不食盐。”

又，未查明出处。——整理者注

四、清许缵曾《东还纪程》:“常德倒水岩仙蜕石，石皆壁立水滨，逶迤高广，上凿石窦者十，下临绝壑。内一窦中藏木椫五，旧传为沉香棺。土人云：水涨时健儿引絙上，棺朽，遗蜕尚存，舟人戏以竿撩之，雷辄怒击。亦未知何代所留。曩从军夔门时，有风箱峡者，数仞绝壁中迭置木匣，如风箱者甚多。仰望色如朽木，较棺形则小，其景象颇相类也。”

《东还纪程续抄》:“……过辰溪县二十里，浦市人烟稠密，鸡犬相闻，榜人估客俱停舟贸易。舟人曰：从此而下，好山好水应接不暇矣。又十里，白崖稍下，有石壁一带，峭立江右。其最高石罅中多架木为屋，参差点缀，舟行仰望，缥缈若神仙之居。不知其从何构屋，又从何出入。相传鼎革时人民避兵之地。数里上下皆有之。”

参考文献

[1] 十三经注疏 [M]. 北京：中华书局，1980.

[2] 王先谦. 汉书补注 [M]. 北京：中华书局，1983.

[3] 王先谦. 后汉书集解 [M]. 北京：中华书局，1984.

[4] 李诫. 营造法式 [M]. 上海：商务印书馆，1933.

[5] 宋书 [M]. 北京：中华书局，1974.

[6] 隋书 [M]. 北京：中华书局，1973.

[7] 嘉庆重修一统志 [M]. 北京：中华书局，1985.

[8] 华阳国志 [M]. 北京：中华书局，1958.

[9] 桑弘羊. 盐铁论 [M]. 北京：中华书局，1985.

[10] 王充. 论衡 [M]. 上海：中华书局聚珍仿宋版印.

[11] 蔡邕. 独断 [M]. 上海：商务印书馆，1937.

[12] 张鷟. 朝野佥载 [M]. 北京：中华书局，1979.

[13] 刘庚. 稽瑞 [M]. 上海：商务印书馆，1936.

[14] 洪适. 隶释 [M]. 北京：中华书局，1984.

[15] 郭象. 睽车志 [M]. 上海：商务印书馆，1936.

[16] 风俗通义 [M]. 上海：商务印书馆，1937.

[17] 太平御览 [M]. 北京：中华书局，1960.

[18] 周致中. 异域志 [M]. 上海：商务印书馆，1937.

[19] 沈德符. 万历野获编 [M]. 北京：中华书局，1959.

[20] 许缵曾. 东还纪程 [M]. 上海：商务印书馆，1939.

[21] 刘敦桢. 刘敦桢文集：第3卷 [M]. 北京：中国建筑工业出版社，1987.

[22] Victor Segalen. *Oeuvres Complètes* [M]. Editions Robert Laffont. Paris, 1995.

[23] 朱辅.溪蛮丛笑[M].夷门广牍丛书：第3册.明万历廿五年荆山书林刻本.

（原连载于清华大学出版社《建筑史论文集》第17、18辑，时囿于版面，仅选用少量插图。此次收录本卷，整理者作若干修订）

图 版[1]

[1] 原书稿图版部分配含图版 116 种，总计 183 张。其中原稿所附图照缺失者，计有第 64 甲、84 乙、86 乙、95 和 104 ~ 116 各张，凡 17 种 42 张。今整理者查阅相关资料，补阙其中 15 张，其余 27 张（涉及图版 13 种）仅保留名目，图照等则付之阙如。此图版目录中的一些整理者修订文字以（ ）作简要标示，较详细的说明则另见正文注释及相关图版之具体图注。

图版 62b 乙 第 169 号墓全景

图版 63a 甲 第 169 号墓门部雕刻

图版 63b 乙 第 169 号墓堂墙面嵌卵石

图版 64a 甲 第 169 号墓崖棺雕刻（佚）[1]

图版 64b 乙 第 175 号墓门部雕刻

图版 65a 甲 第 176 号墓门斗栱

图版 65b 乙 第 176 号墓门雕刻

图版 66a 甲 第 176 号墓灶匮

图版 66b 乙 第 176 号墓灶匮细部

图版 67a 甲 第 205 号墓全景

图版 67b 乙 第 205 号墓门部雕刻

图版 68a 甲 第 300 号墓侧详景

图版 68b 乙 第 305 号墓门部雕刻

图版 69a 甲 第 355 号墓全景

图版 69b 乙 第 355 号墓近景

图版 70a 甲 第 355 号墓门雕刻之一

图版 70b 乙 第 355 号墓门雕刻之二

图版 71a 甲 第 355 号墓石础

图版 71b 乙 第 360 号墓全景

图版 72a 甲 第 361 号墓全景

图版 72b 乙 第 361 号墓崖柱

图版 73a 甲 第 460 号墓外景之一

图版 73b 乙 第 460 号墓外景之二

[1] 原稿缺此照片，今仅保留名目，图版则付之阙如。下同。

图版 74a　甲　第 460 号墓墓门全景

图版 74b　乙　第 460 号墓内景

图版 74c　丙　第 460 号墓内崖柱

图版 75a　甲　第 480 号墓崖柱

图版 75b　乙　寨子山全景

图版 76a　甲　第 501 号墓全景

图版 76b　乙　第 505 号墓全景

图版 77a　甲　第 505 号墓坛穴全景

图版 77b　乙　第 515 号墓全景

图版 78a　甲　第 530 号墓八角柱

图版 78b　乙　第 530 号墓方柱

图版 79a　甲　第 530 号墓八角柱柱头斗栱

图版 79b　乙　第 530 号墓八角柱柱身雕刻

图版 80a　甲　第 535 号墓全景

图版 80b　乙　第 535 号墓灶匮

图版 80c　丙　第 535 号墓雕刻

图版 81a　甲　第 550 号墓门檐雕刻“秘戏”（取样现存于北京故宫博物院）

图版 81a（附）第 550 号墓门檐雕刻取样现状

图版 81b　乙　第 550 号墓门檐雕刻“朱雀”（取样现下落不明）

图版 82a　甲　第 571 号墓全景

图版 82b　乙　第 579 号墓道全景

图版 83a　甲　第 595 号墓全景

图版 83b　乙　第 600 号墓全景

图版 84a　甲　第 601 号墓全景

图版 97a　甲　第 505 号墓盒子砖

图版 97b　乙　第 661 号墓筒瓦

图版 97c　丙　第 168 号墓水管

图版 98　第 176、505、515、669、677、800、901 号诸墓砖十种

图版 99　第 161、171、176、365、505、515、560、800、901 号诸墓砖十一种

图版 100　第 167、171、176、505、515、669、800 号诸墓砖十一种

图版 101　第 161、167、176、501、505、515、656、682、800、900、901 号诸墓砖十二种

图版 102　第 169、601、661、682、900、901 号墓瓦当八种

图版 103　第 168、169、556、666、900 号墓瓦当八种

图版 104a　甲　第 365 号墓明器　瓦屋二种之一（佚，以南京博物院编《四川彭山汉代崖墓》之图 86 补阙）

图版 104b　乙　第 365 号墓明器　瓦屋二种之二（佚）

图版 105a　甲　第 365 号墓明器　瓦屋一种（佚）

图版 105b　乙　第 550 号墓明器　瓦屋一种（佚）

图版 106a　甲　第 550 号墓明器　瓦屋一种（佚，以南京博物院编《四川彭山汉代崖墓》之图 10 补阙）

图版 106b　乙　第 365 号墓明器　瓦井亭一种（佚，以南京博物院编《四川彭山汉代崖墓》之图 87 补阙）

图版 107a　甲　第 666 号墓明器　瓦井亭残件二种之一（佚）

图版 107b　乙　第 666 号墓明器　瓦井亭残件二种之二（佚）

图版 107c　丙　第 661 号墓明器　瓦井亭一种（佚）

图版 107d　丁　第 550 号墓明器　瓦舂房一种（佚，以南京博物院编《四川彭山汉代崖墓》之图 11 补阙）

图版 108a 甲 第 901 号墓明器 瓦屋残件一种（佚，以南京博物院编《四川彭山汉代崖墓》之图 88 补阙）

图版 108b 乙 第 45 号墓明器 瓦屋残件一种（佚）

图版 109a 甲 第 166 号墓明器 瓦屋残件一种（佚）

图版 109b 乙 第 176 号墓明器 瓦屋残件一种（佚）

图版 109c 丙 第 666 号墓明器 瓦灶二种之一（佚）

图版 109d 丁 第 666 号墓明器 瓦灶二种之二（佚）

图版 110a 甲 第 176 号墓明器 瓦水池一种（佚）

图版 110b 乙 第 661 号墓明器 瓦水池一种（佚，以南京博物院编《四川彭山汉代崖墓》之图 89 补阙）

图版 111a 甲 第 661 号墓明器 瓦水池一种（佚，以南京博物院编《四川彭山汉代崖墓》之图 54 补阙）

图版 111b 乙 第 365 号墓明器 瓦水池一种（佚，以南京博物院编《四川彭山汉代崖墓》之图 53 补阙）

图版 112a 甲 第 666 号墓明器 瓦案一种“博局”（佚）

图版 112b 乙 第 661 号墓明器 瓦案一种（佚，现据《四川彭山汉代崖墓》插图及整理者搜集之瓦案足残件，补参考示意图一张）

图版 112c 丙 第 161 号墓明器 俑残件一种（佚）

图版 112d 丁 第 128 号墓明器 瓦案足一种（佚）

图版 112e 戊 第 685 号墓明器 瓦案足一种（佚）

图版 112f 己 第 900 号墓明器 瓦案足二种之一（佚）

图版 112g 庚 第 900 号墓明器 瓦案足二种之二（佚）

图版 112h 辛 第 176 号墓明器 瓦案足一种（佚）

图版 112i 壬 第 515 号墓明器 瓦案足一种（佚）

图版 113a　甲　第 45 号墓明器　石羊一种（佚）

图版 113b　乙　第 169 号墓明器　石兽一种（佚）

图版 114a　甲　第 550 号墓明器　瓦制器座一种（佚）

图版 114b　乙　第 560 号墓明器　瓦制器座一种（佚，暂代以第 176 号墓之器物照片，资料来源为《四川彭山汉代崖墓》之图 6）

图版 115a　甲　第 601 号墓明器　陶俑三种之一（佚，以南京博物院编《四川彭山汉代崖墓》之图 27 补阙）

图版 115b　乙　第 601 号墓明器　陶俑三种之二（佚，以南京博物院编《四川彭山汉代崖墓》之图 17 补阙）

图版 115c　丙　第 601 号墓明器　陶俑三种之三（佚，以南京博物院编《四川彭山汉代崖墓》之图 32 补阙）

图版 116a　甲　第 661 号墓明器　陶俑一种（佚，以南京博物院编《四川彭山汉代崖墓》之图 7 补阙）

图版 116b　乙　第 166 号墓明器　瓦制器座一种（佚，以南京博物院编《四川彭山汉代崖墓》之图 1 补阙）

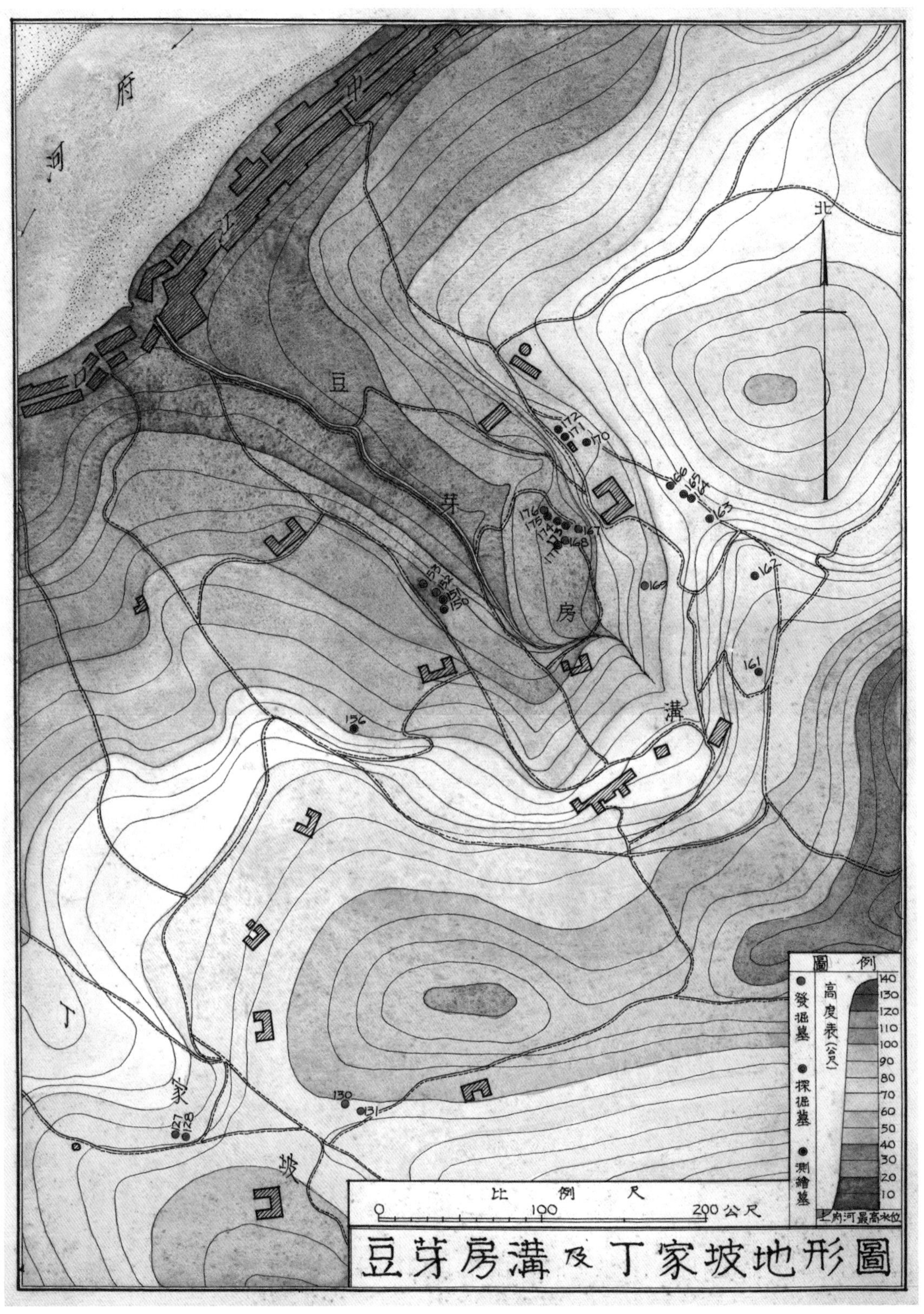

图版 1　彭山区豆芽房沟及丁家坡地形图

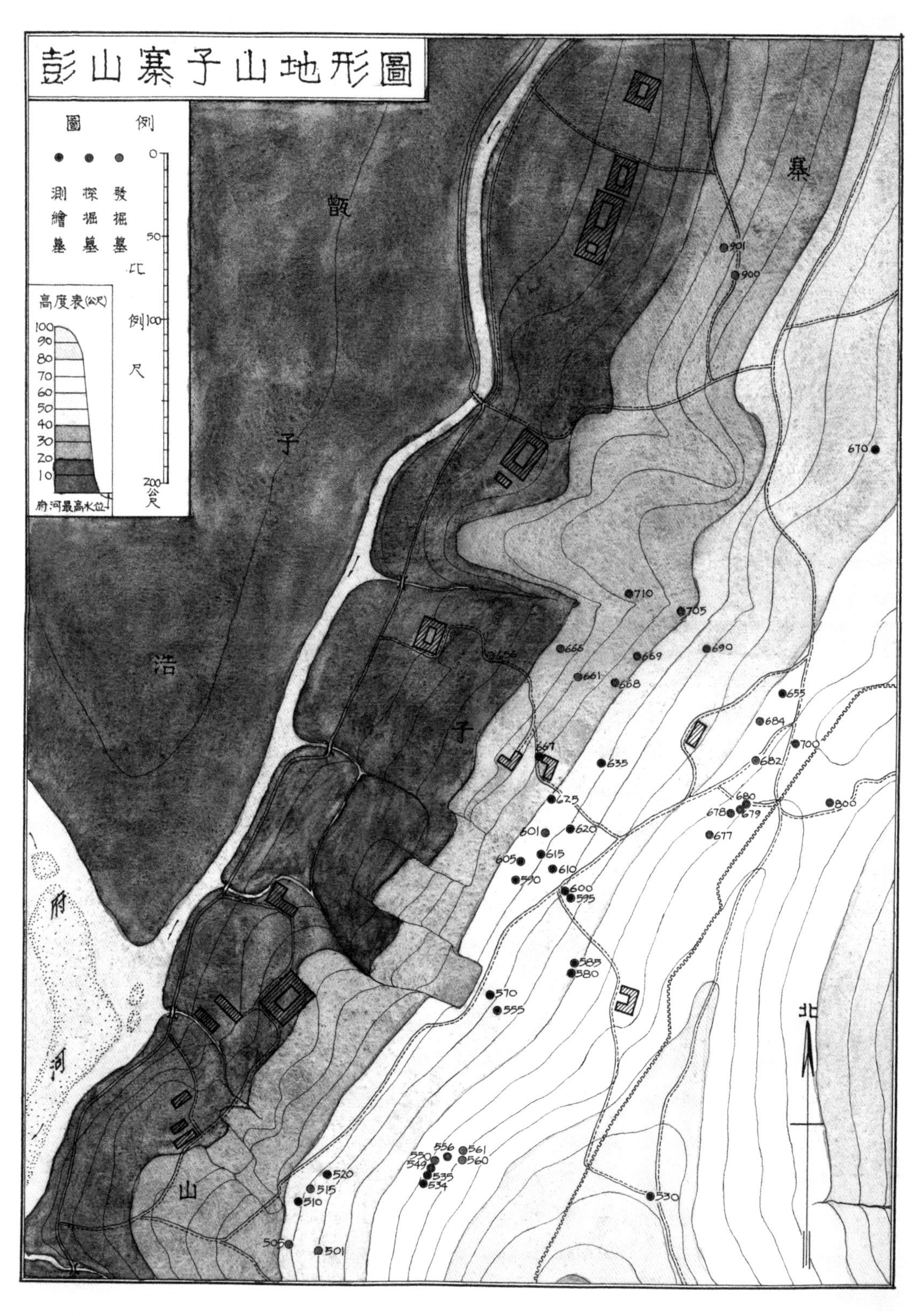

图版 2　彭山寨子山地形图

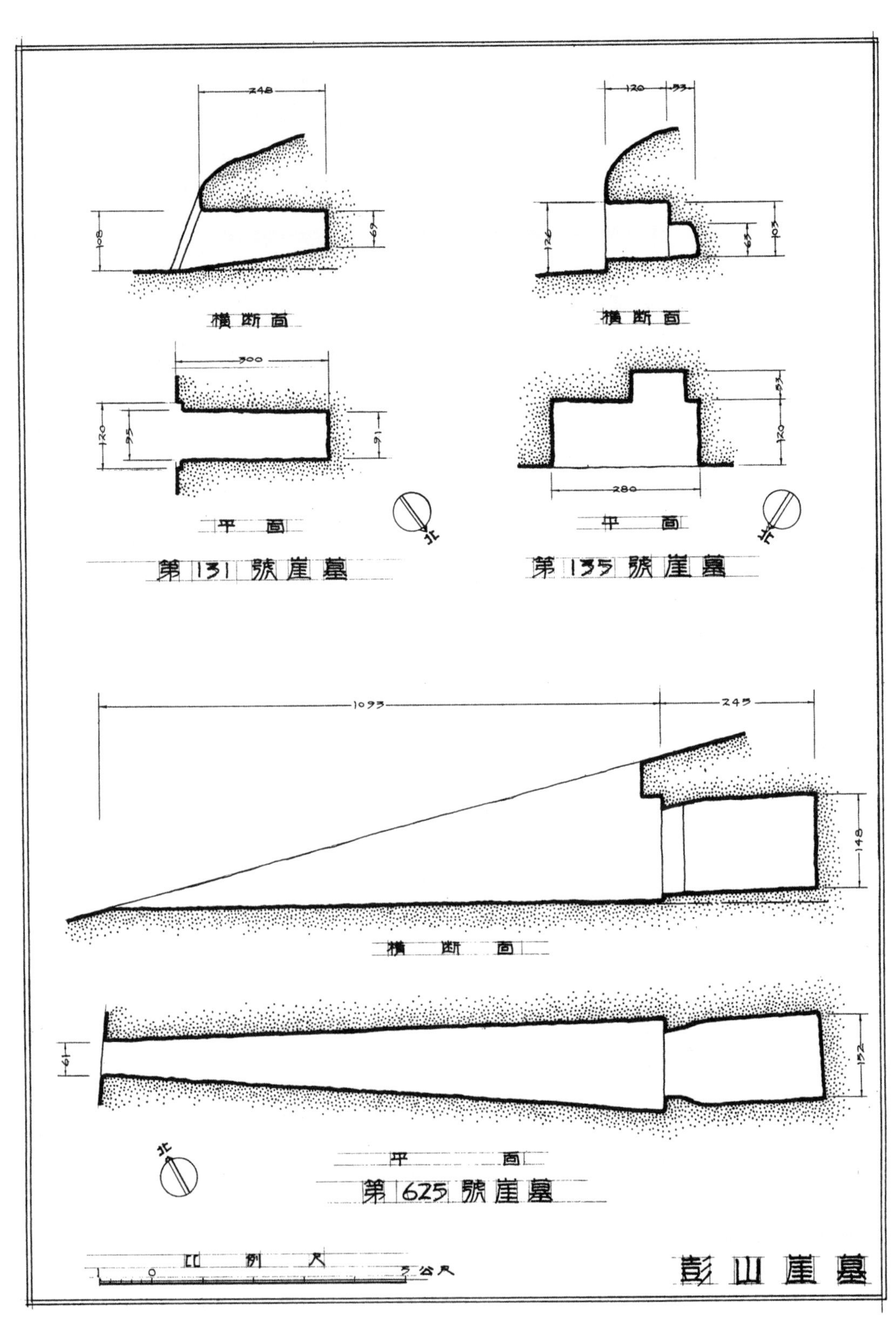

图版3 第131、135、625号墓平面断面图（前二墓已毁）

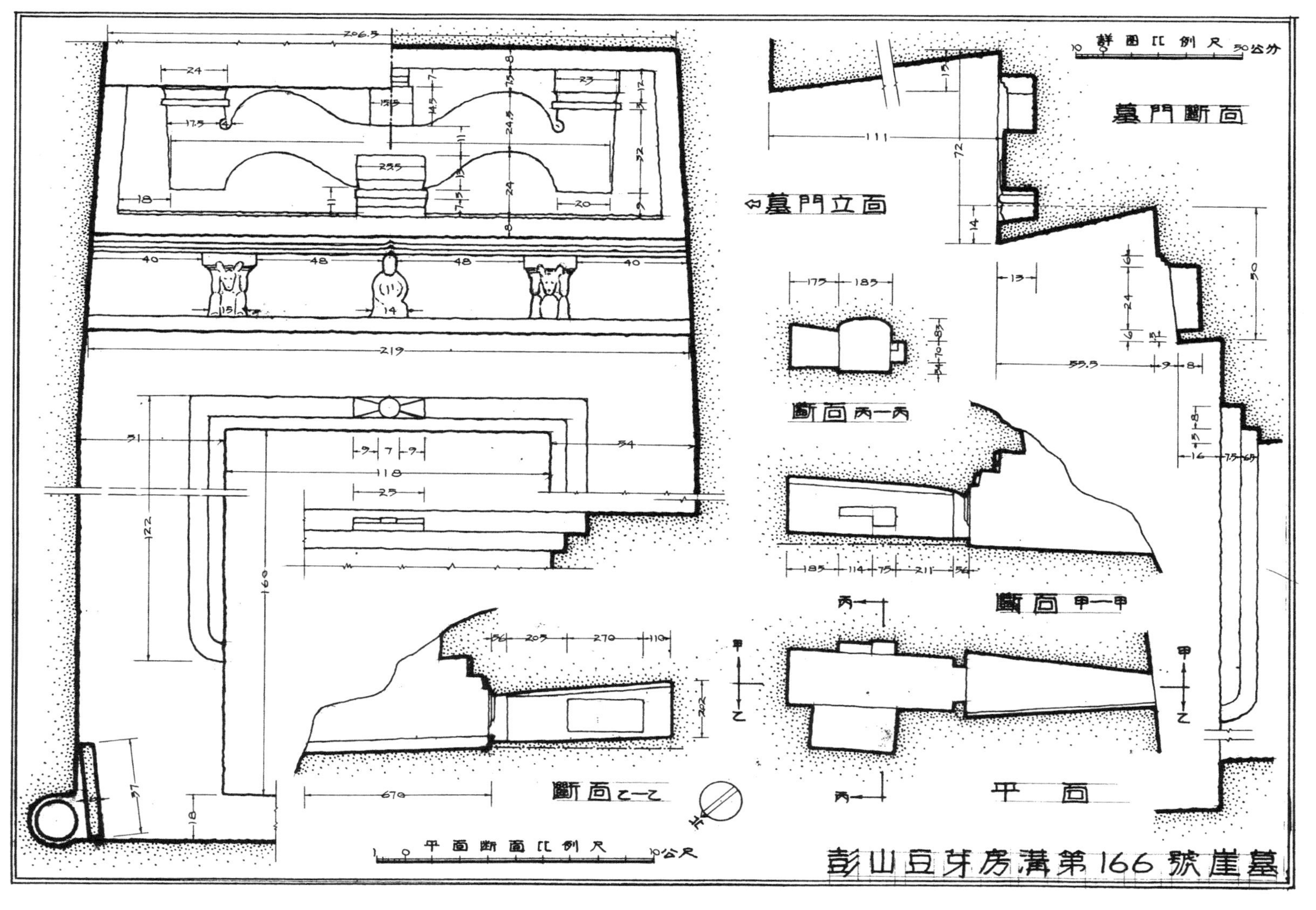

图版4 第166号墓平面断面及详图［门楣雕刻于考察时被切凿取样（下简称“取样”），现下落不明］

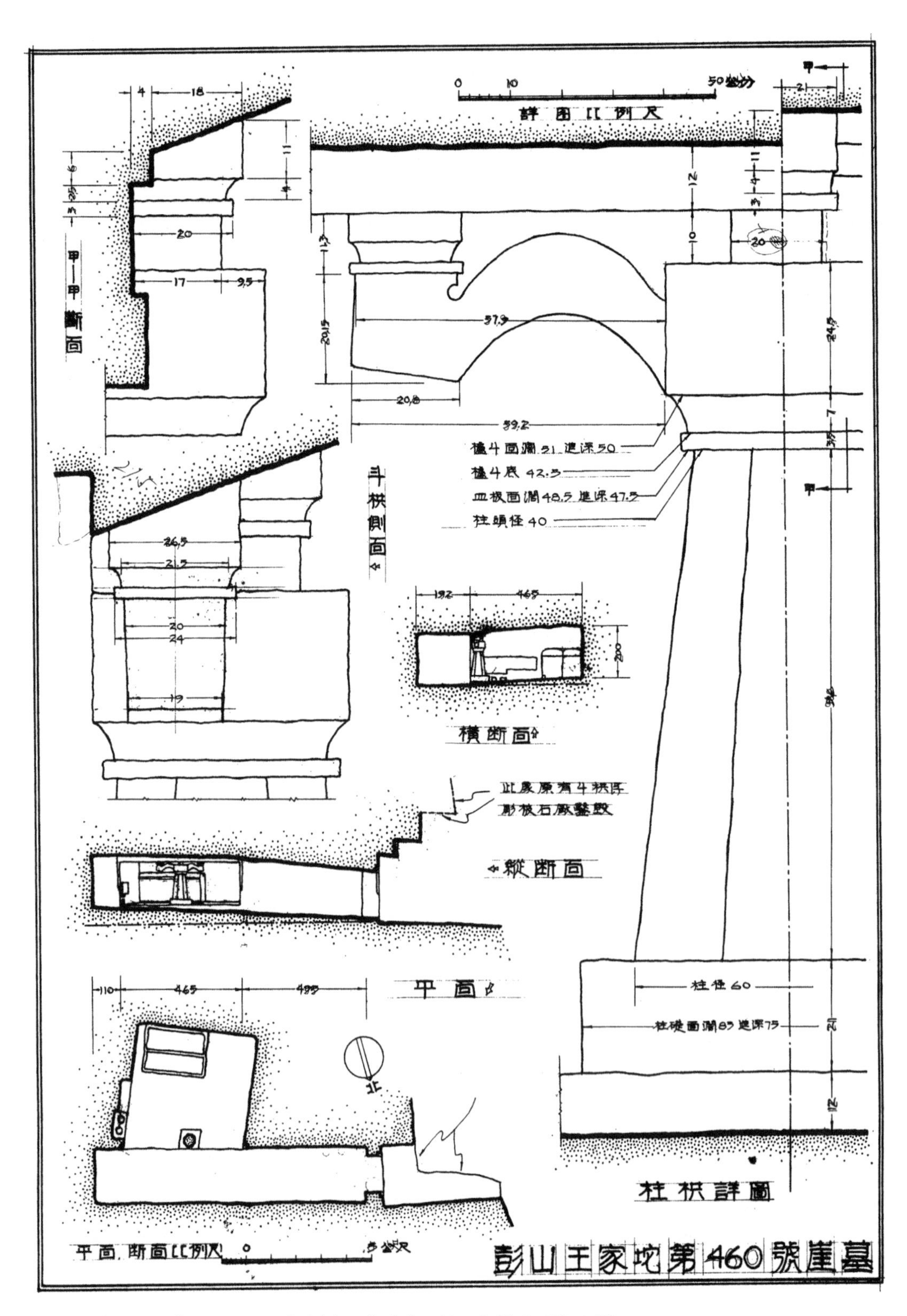

图版5 第460号墓平面断面及详图（今已夷为采石场，取样现下落不明）

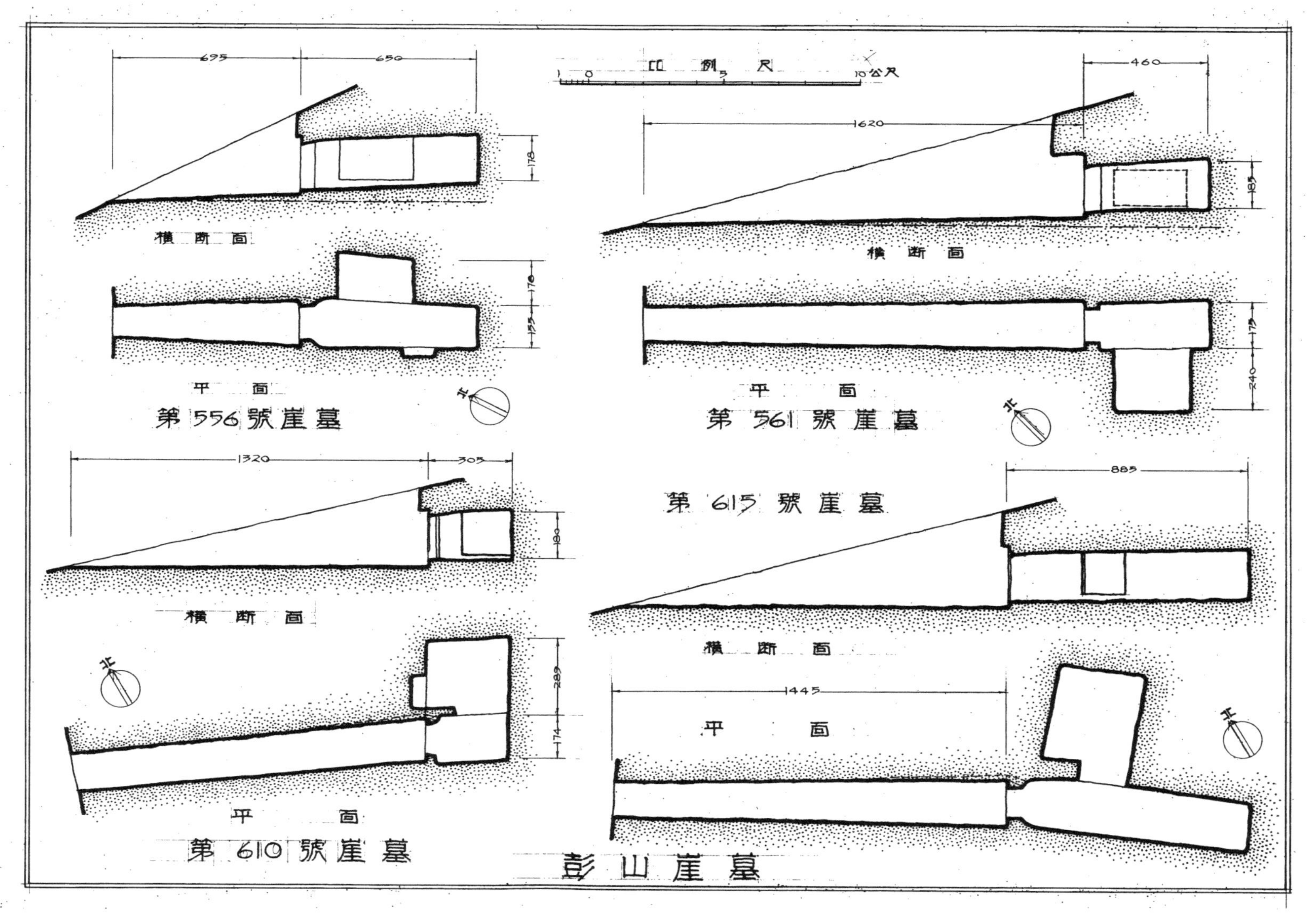

图版6　第556、561、610、615号墓平面断面图

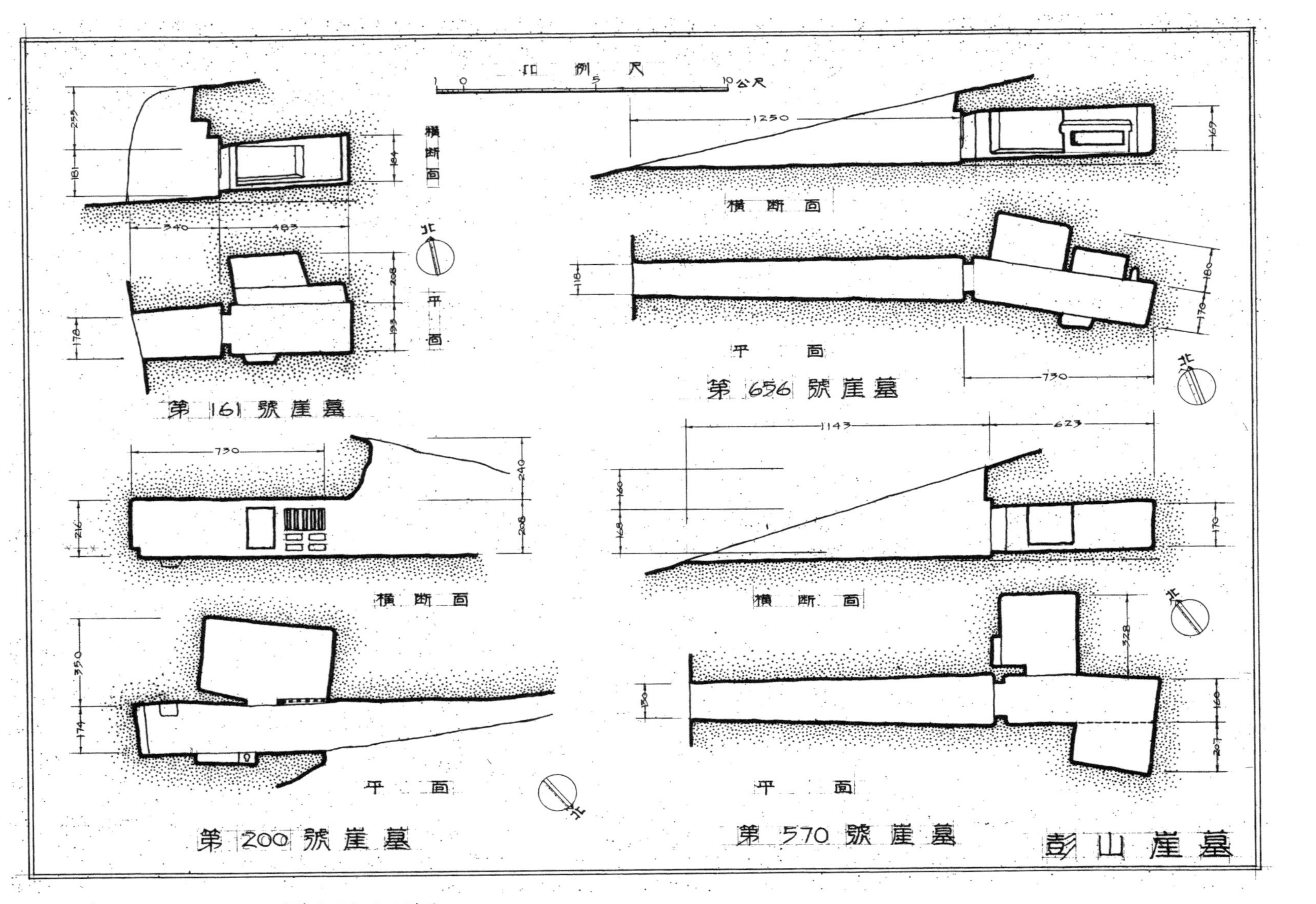

图版7 第161、200、570、656号墓平面断面及详图

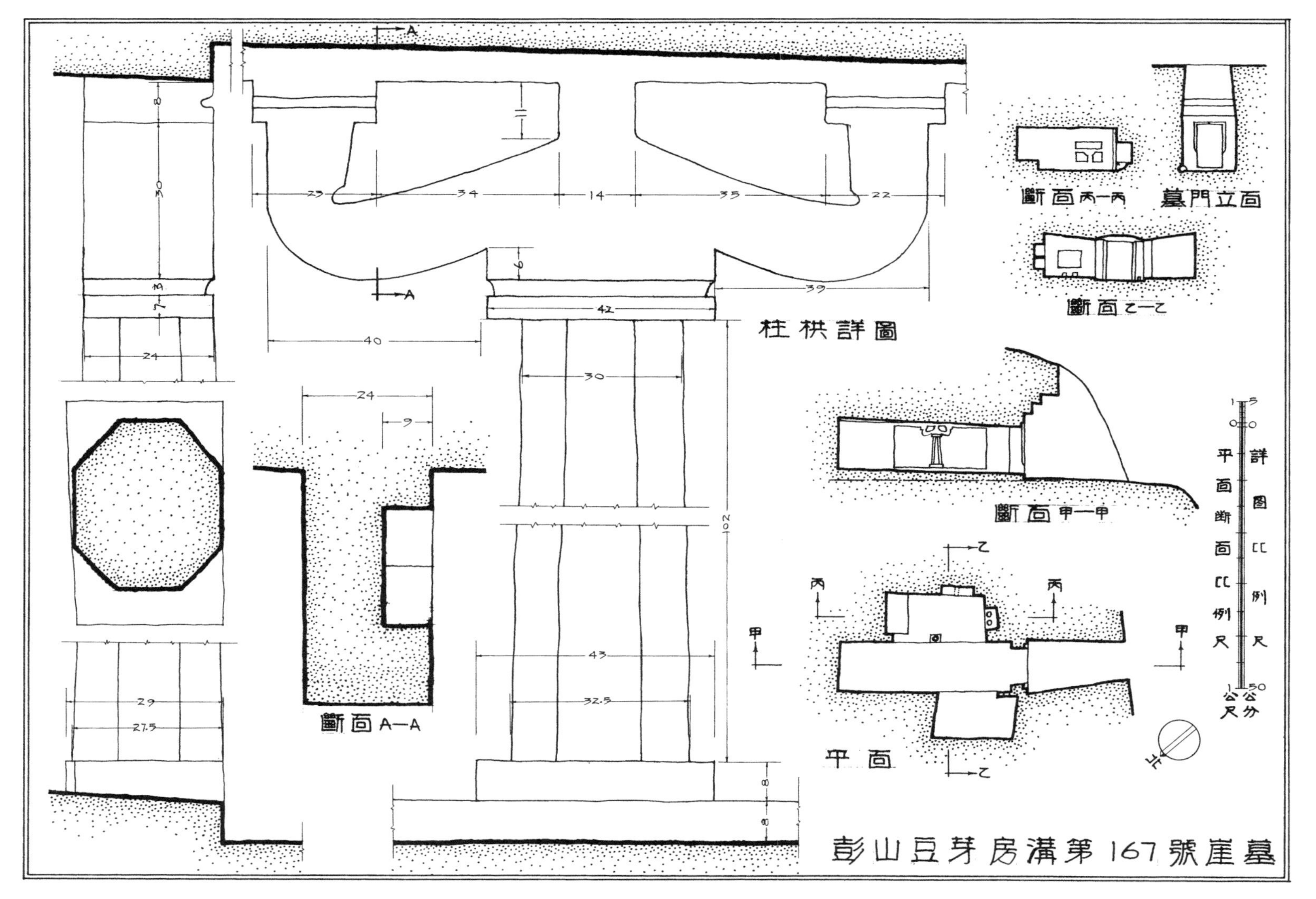

图版 8　第167号墓平面断面图（现保存完好）

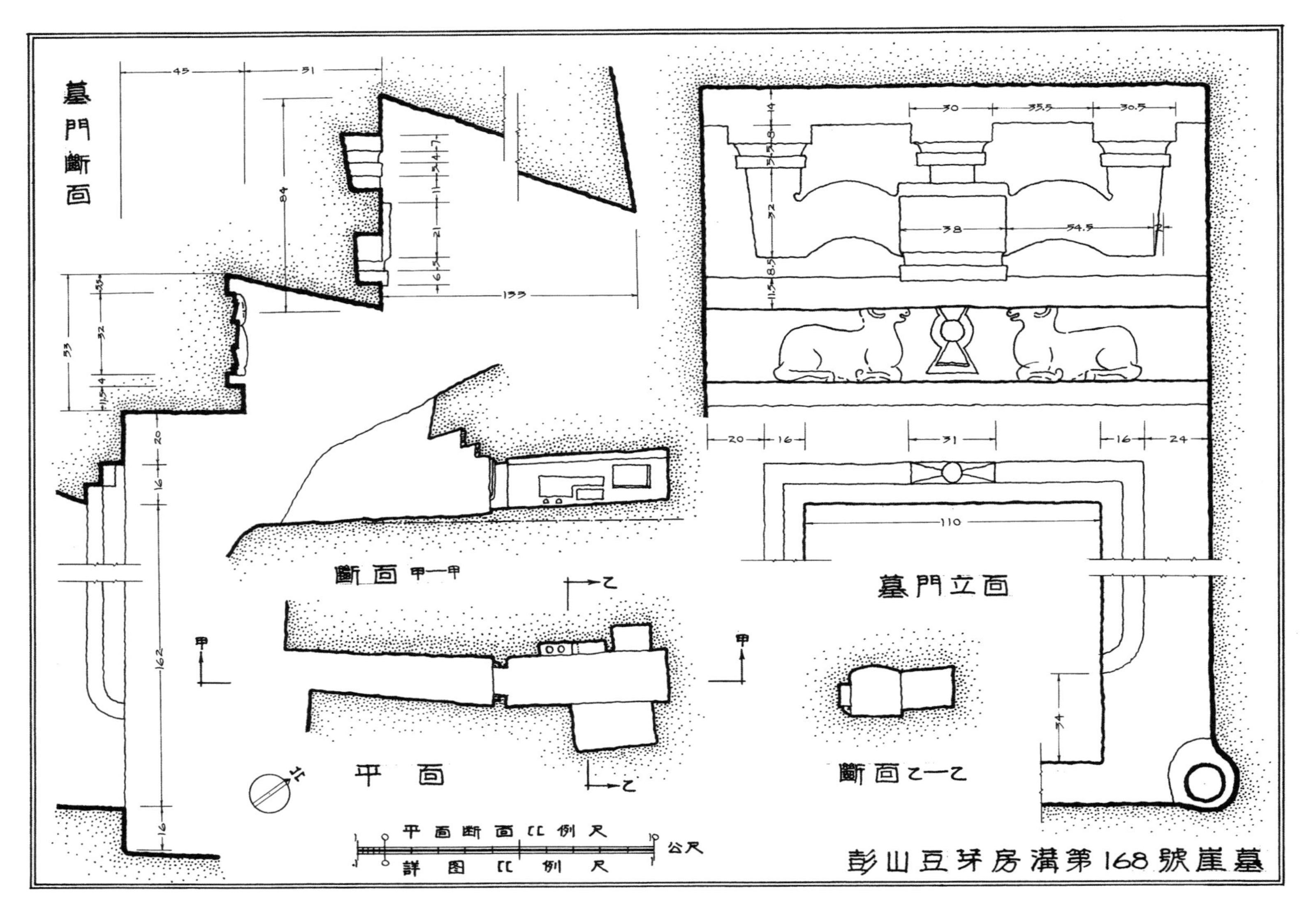

图版 9 第168号墓平面断面及详图（基本完好，取样现下落不明）

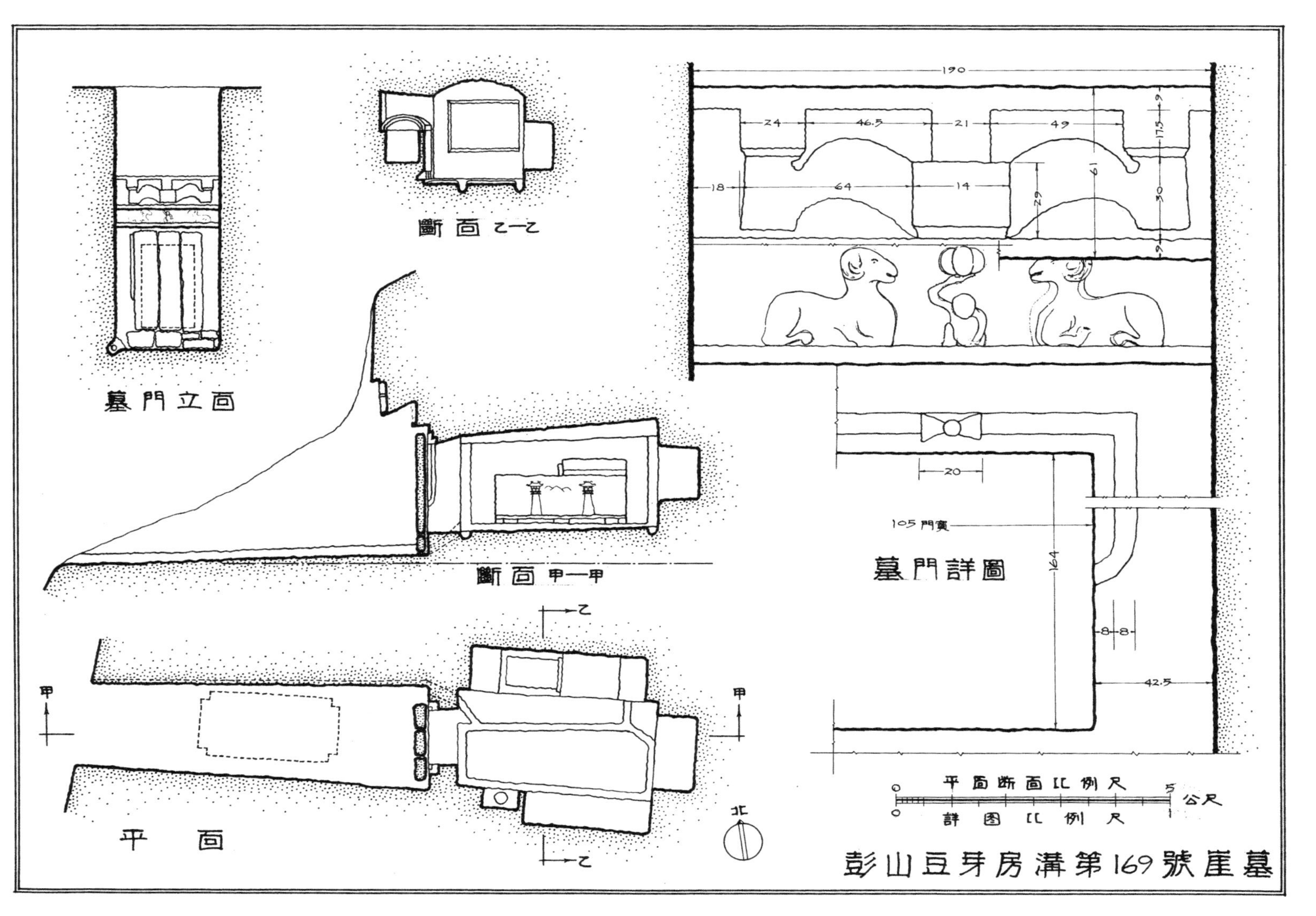

图版10　第169号墓平面断面及详图（残损）

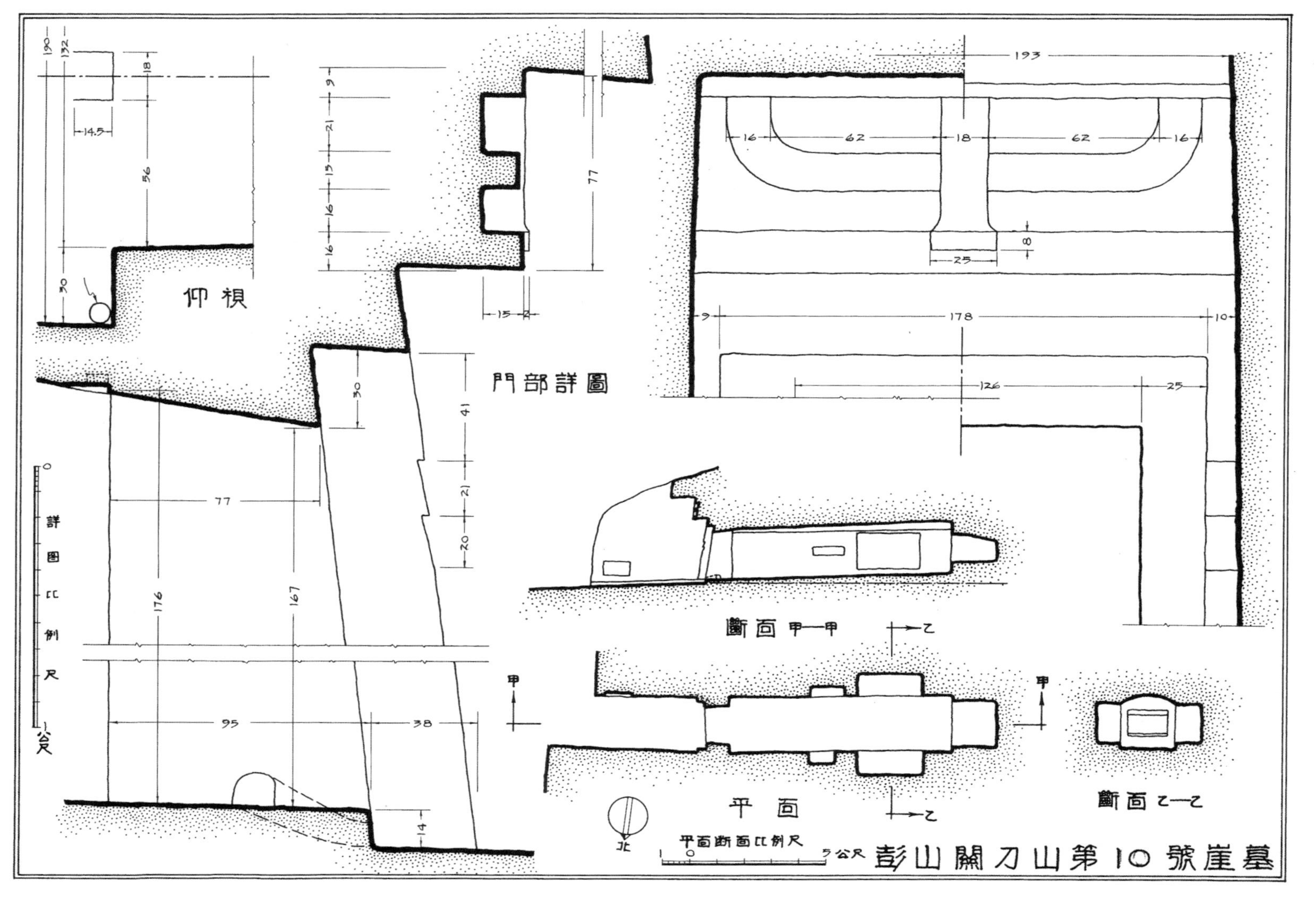

图版 11 第 10 号墓平面断面及详图（取样现下落不明）

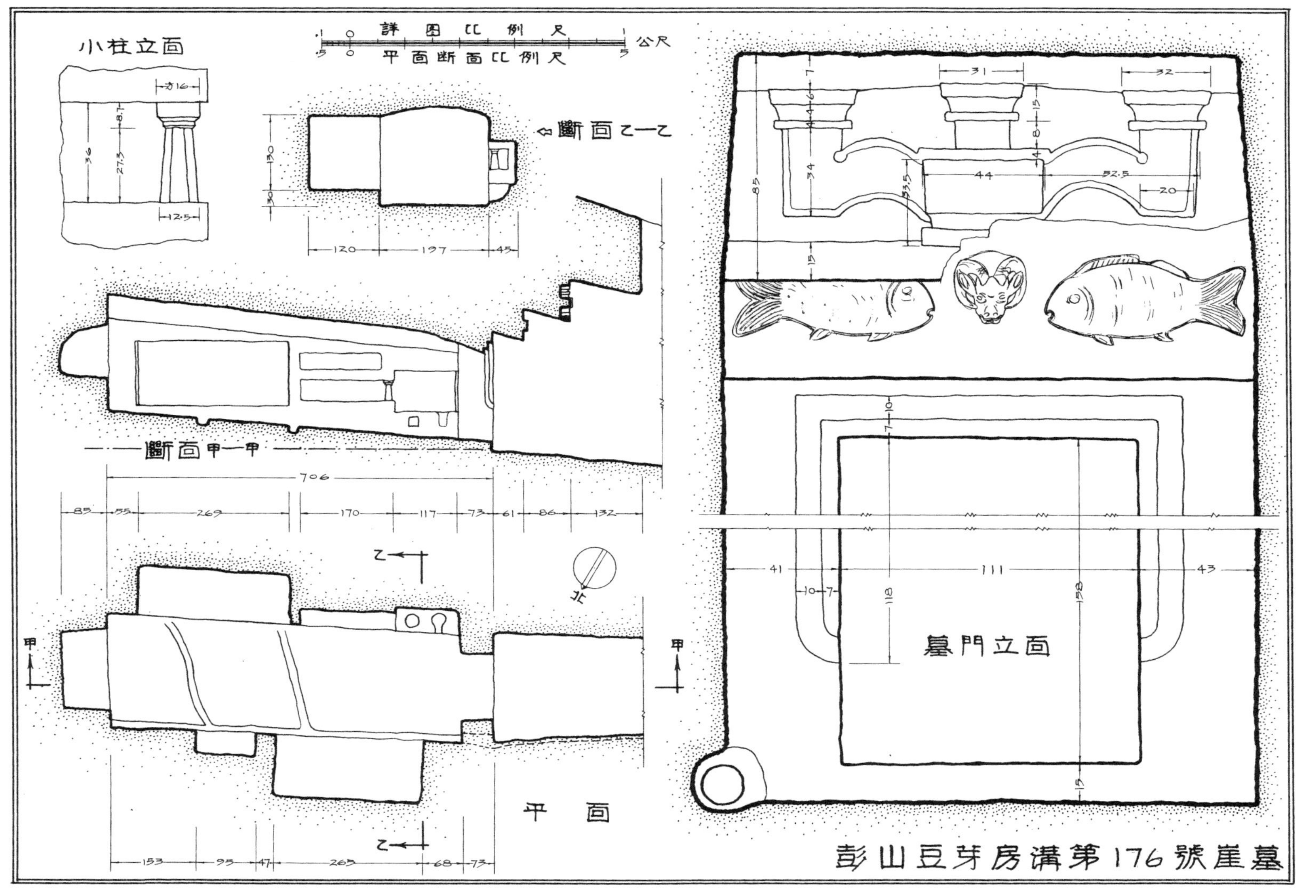

图版12 第176号墓平面断面及详图

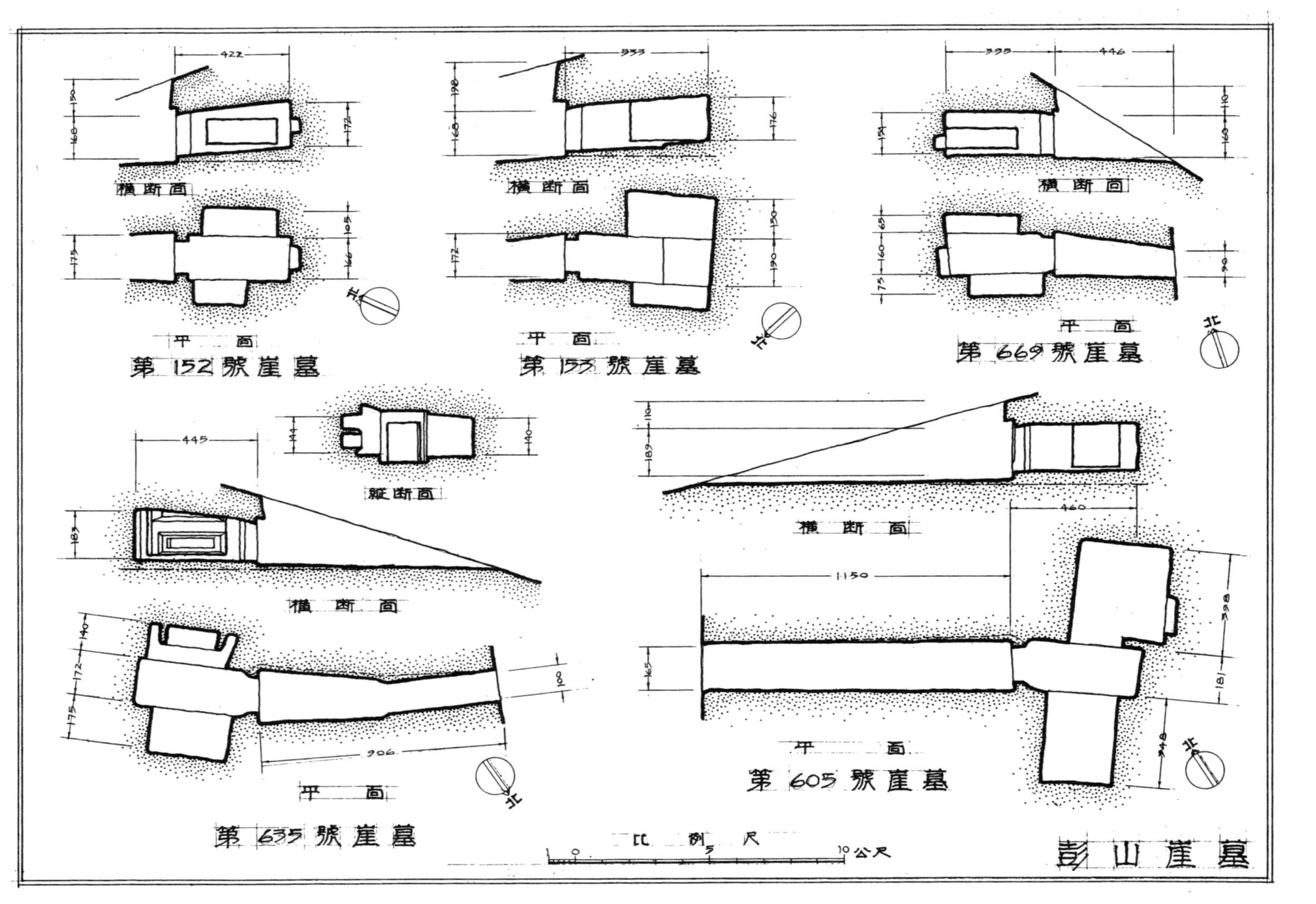

图版13 第152、153、605、635、669号墓平面断面图

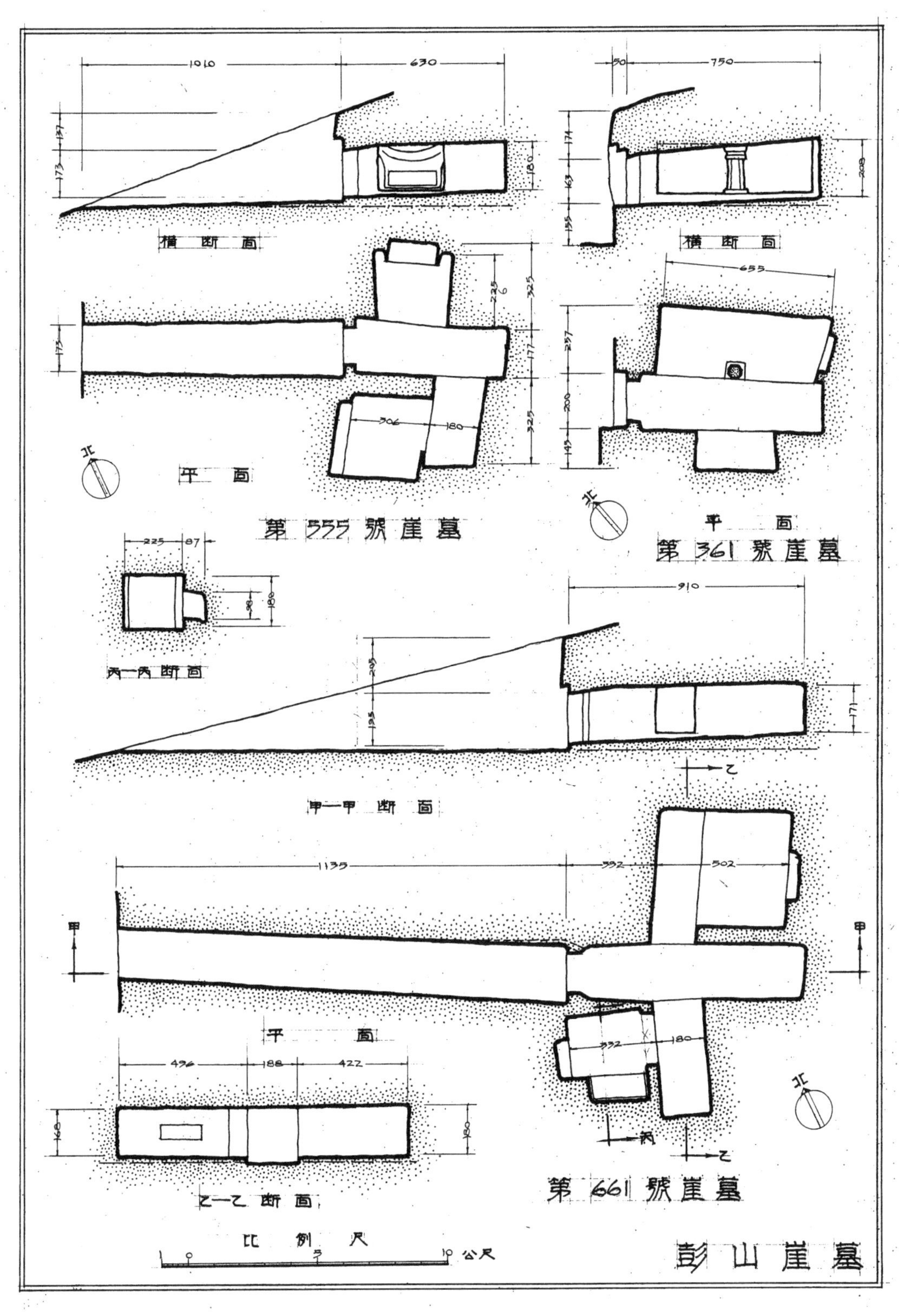

图版14　第361、555、661号墓平面断面图

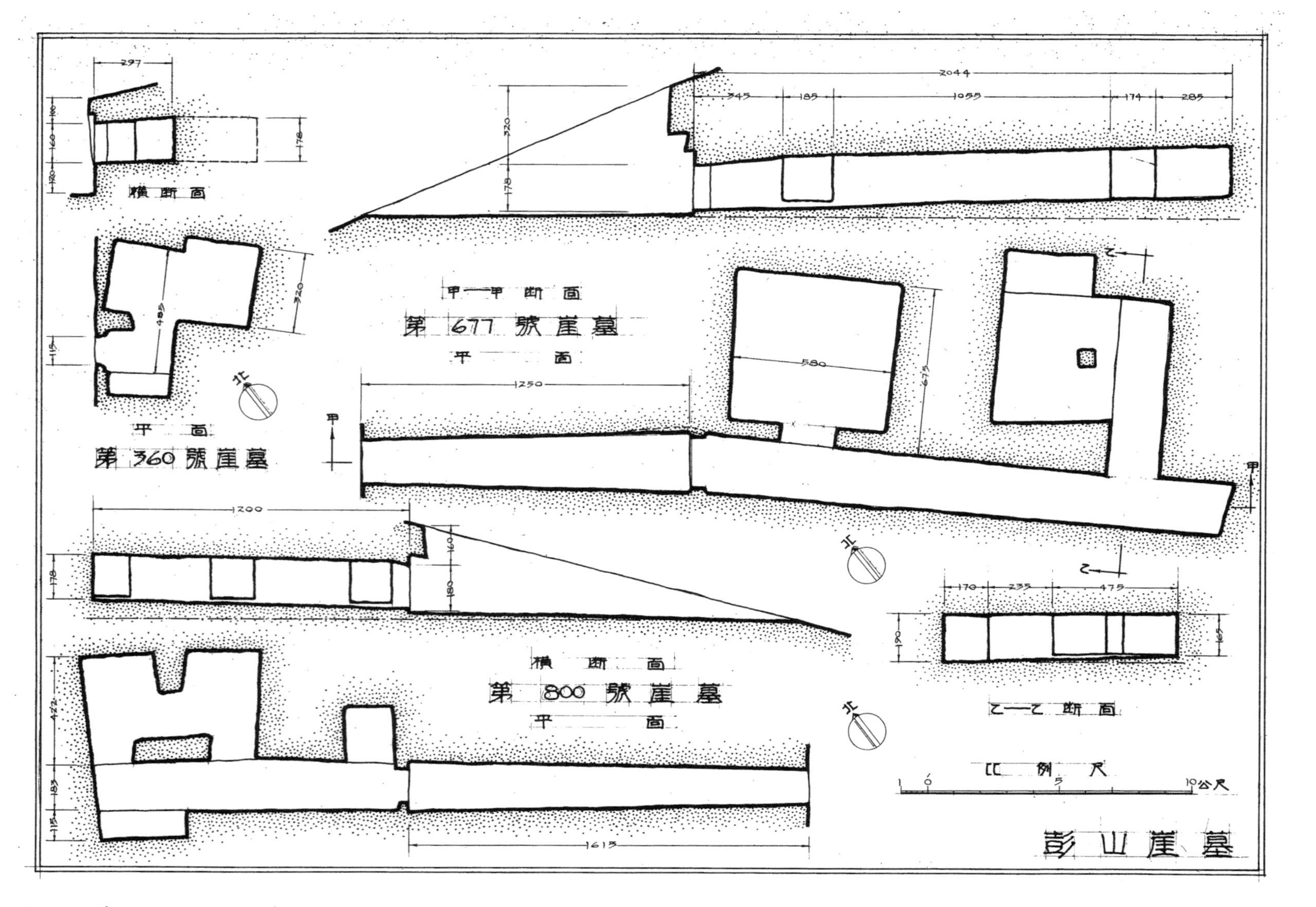

图版15 第360、677、800号墓平面断面图

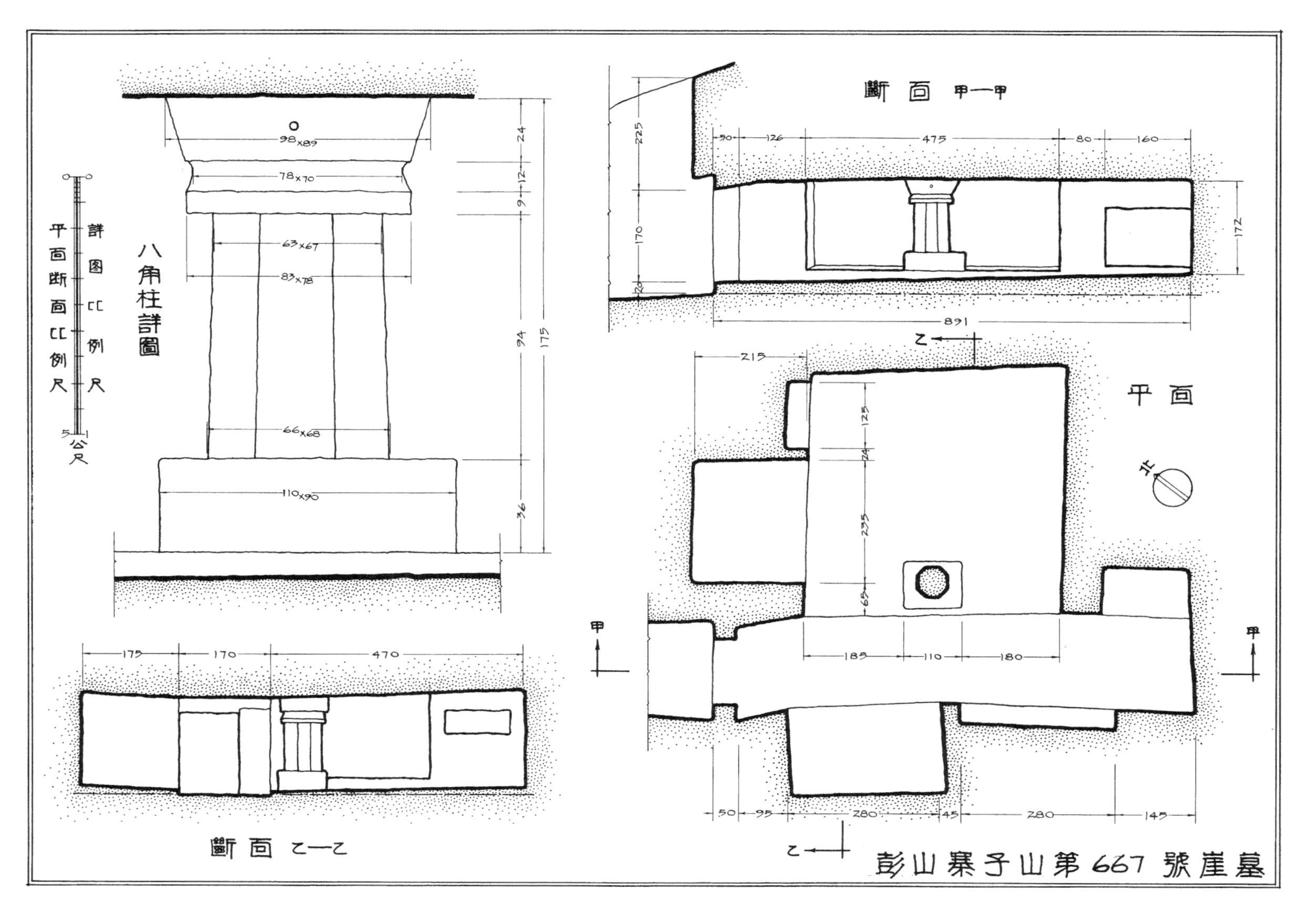

图版16 第667号墓平面断面及详图

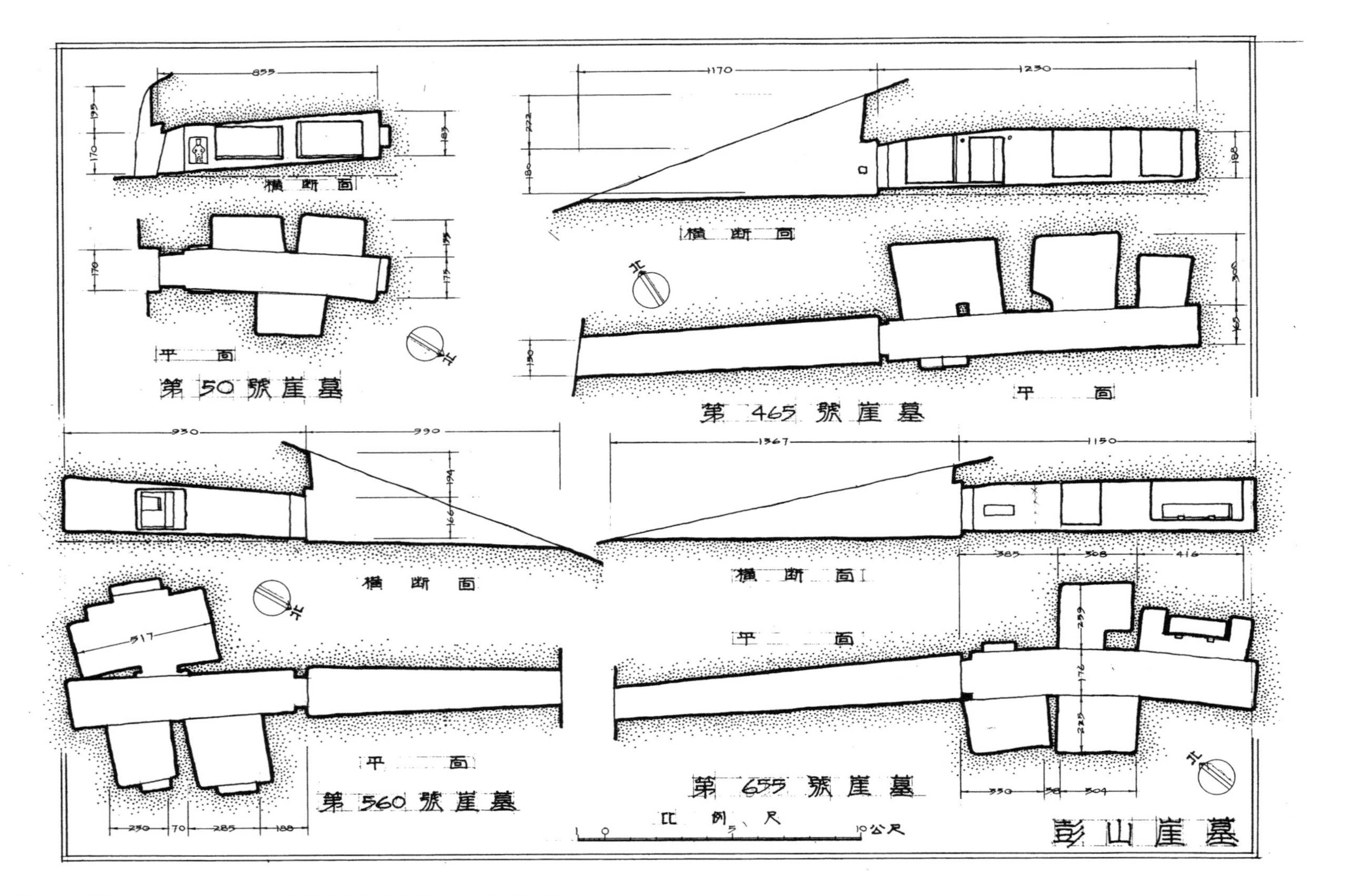

图版17 第50、465、560、655号墓平面断面图（第465号墓残损）

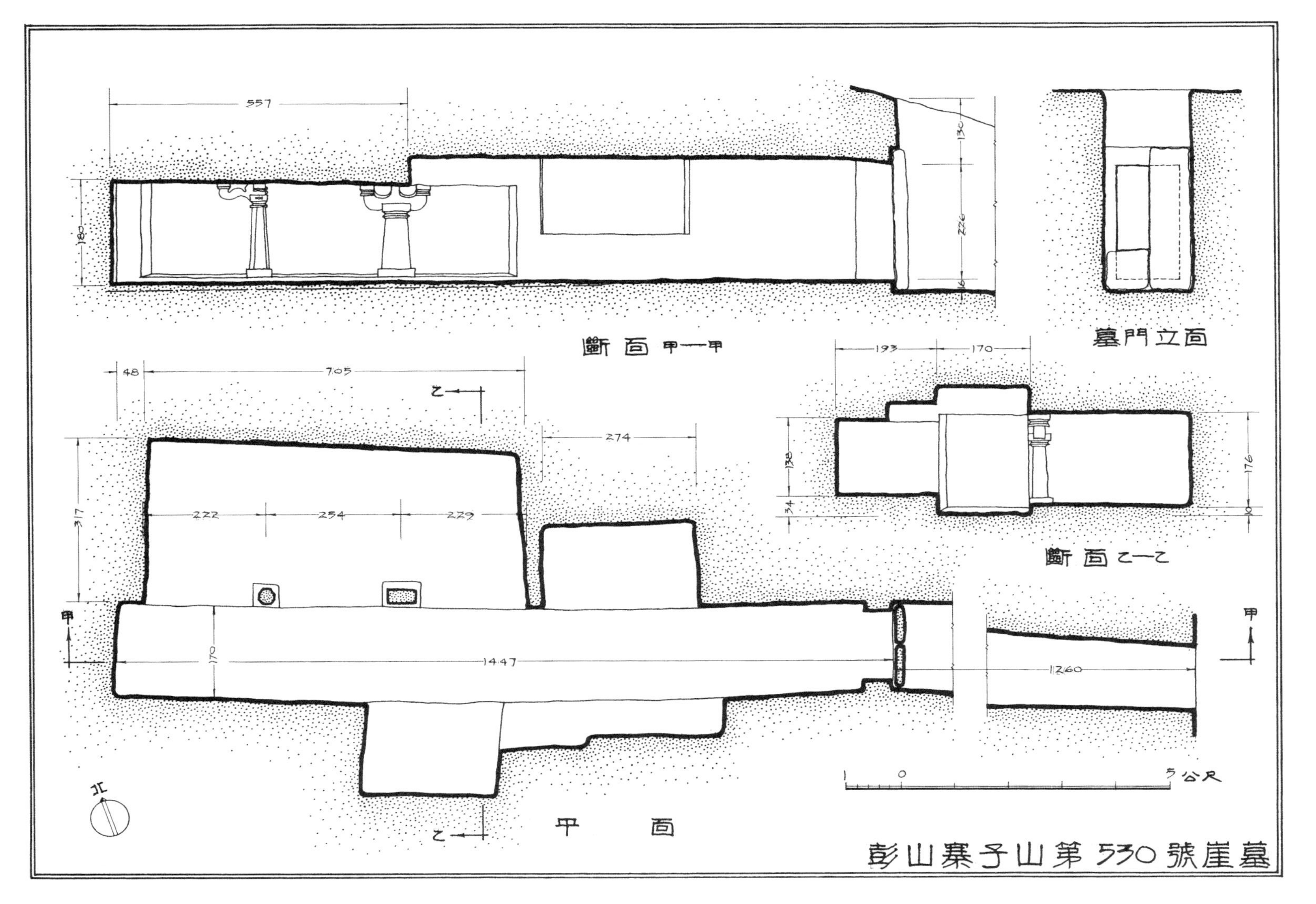

图版 18 第 530 号墓平面断面立面图（现保存完好）

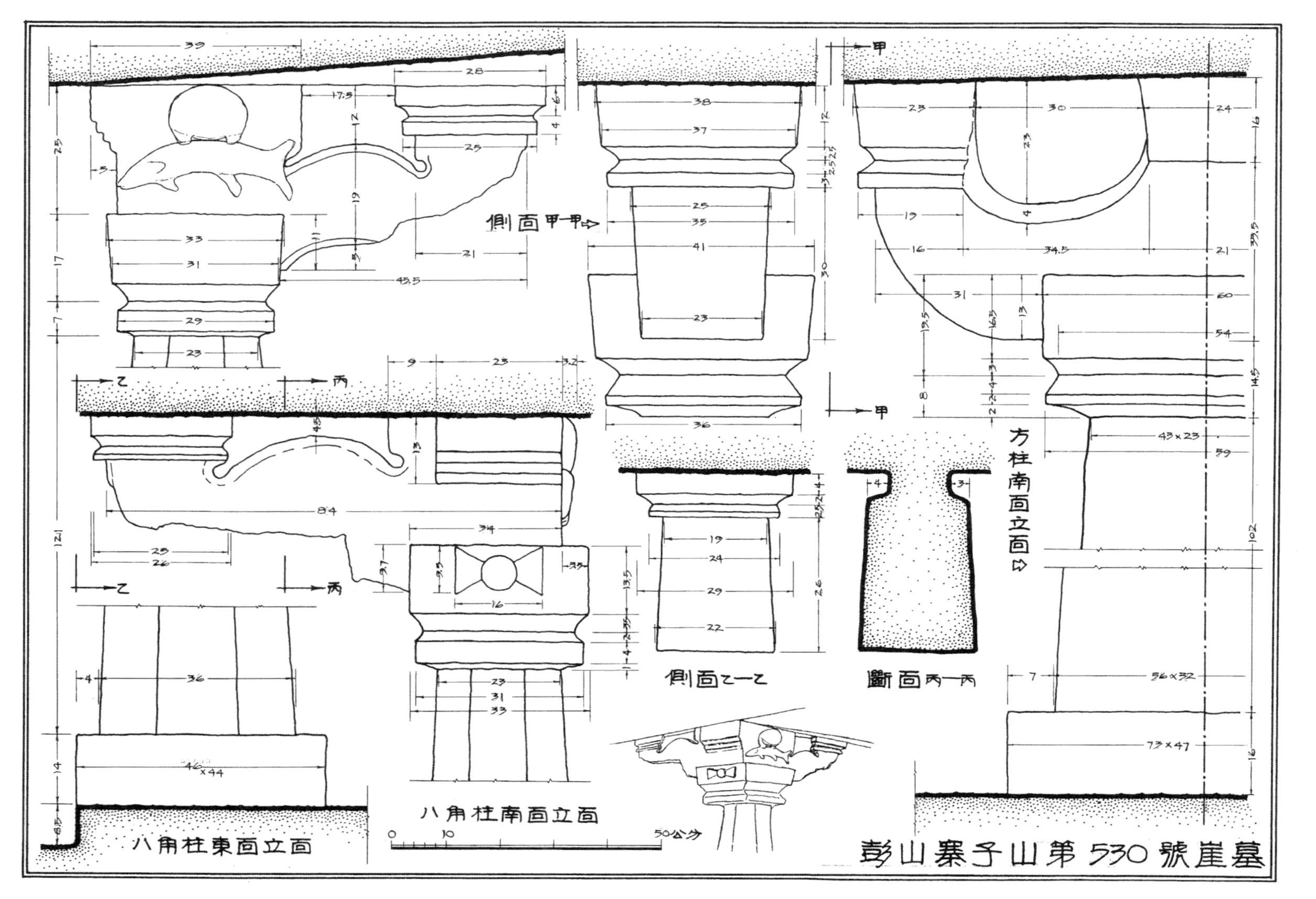

图版19 第530号墓柱拱详图

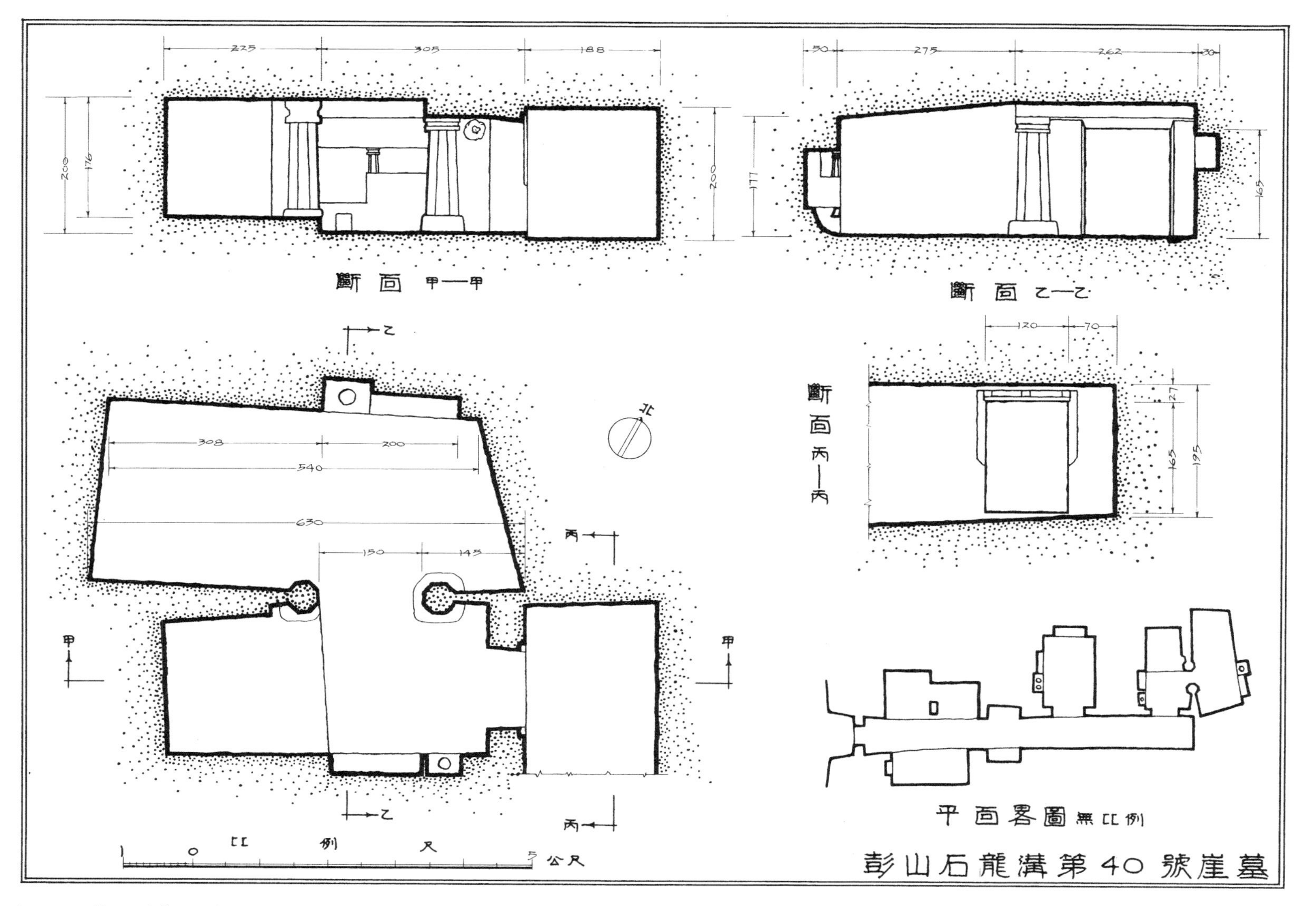

图版 20 第 40 号墓平面断面图

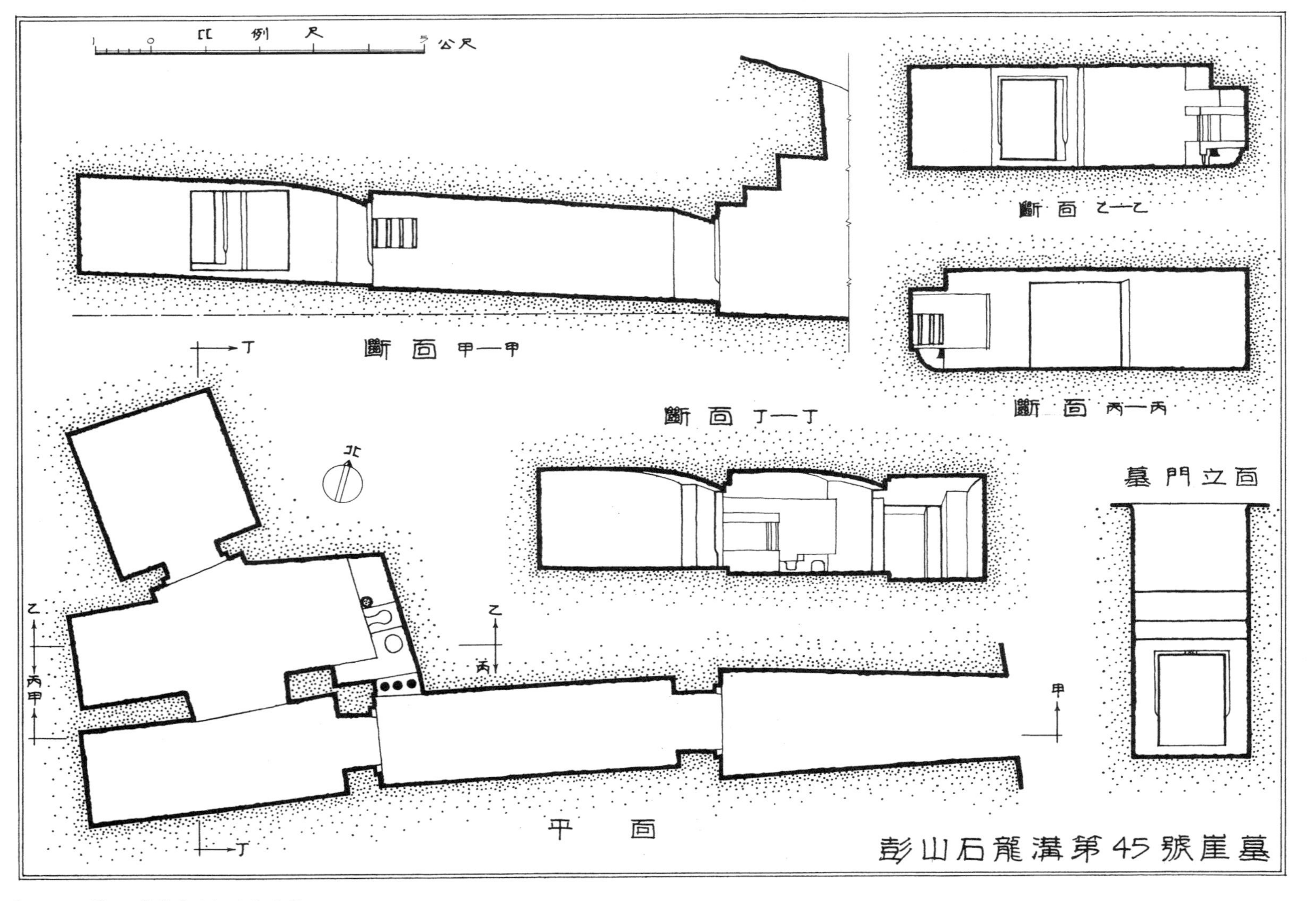

图版21 第45号墓平面断面立面图

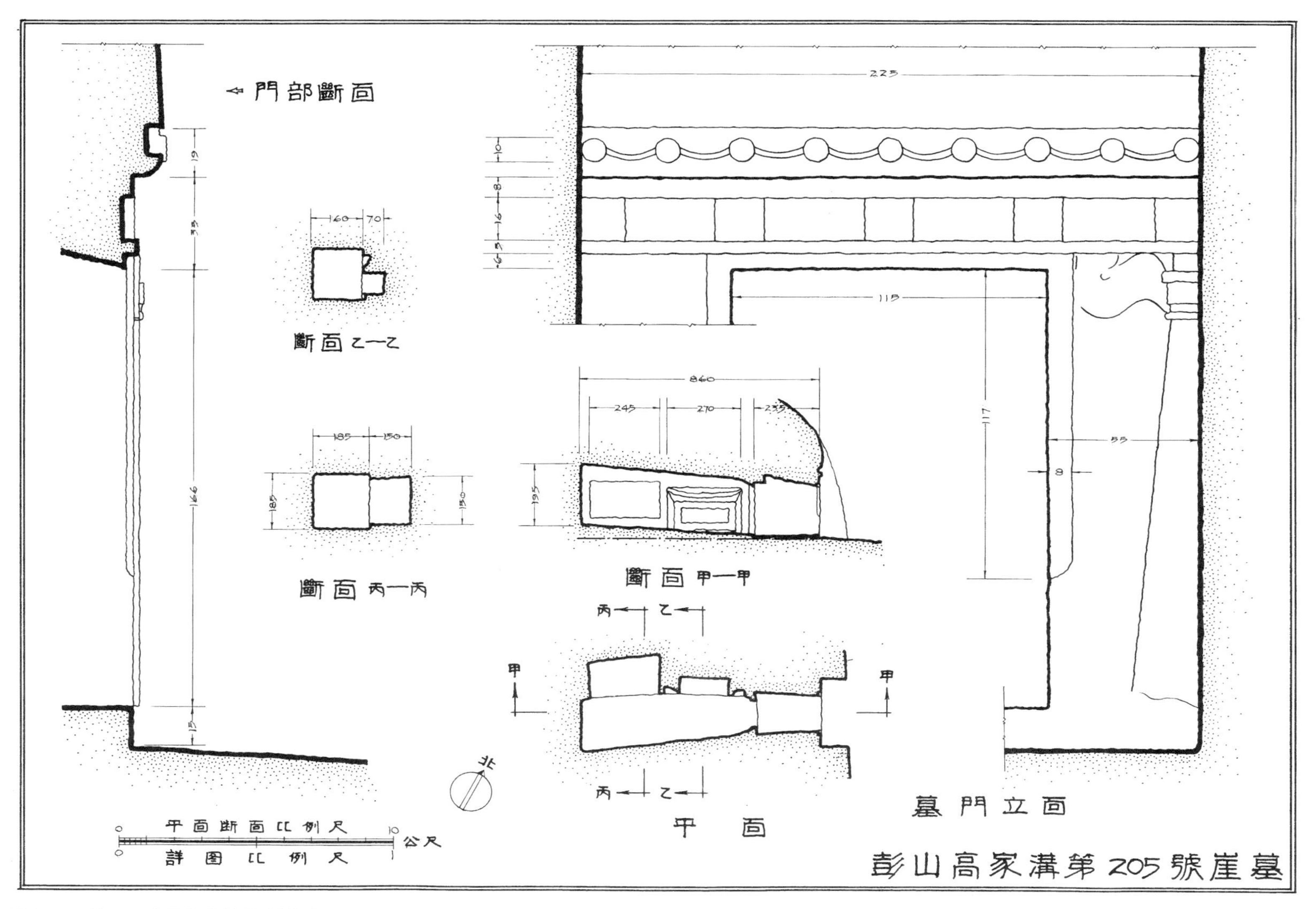

图版22　第205号墓平面断面及详图

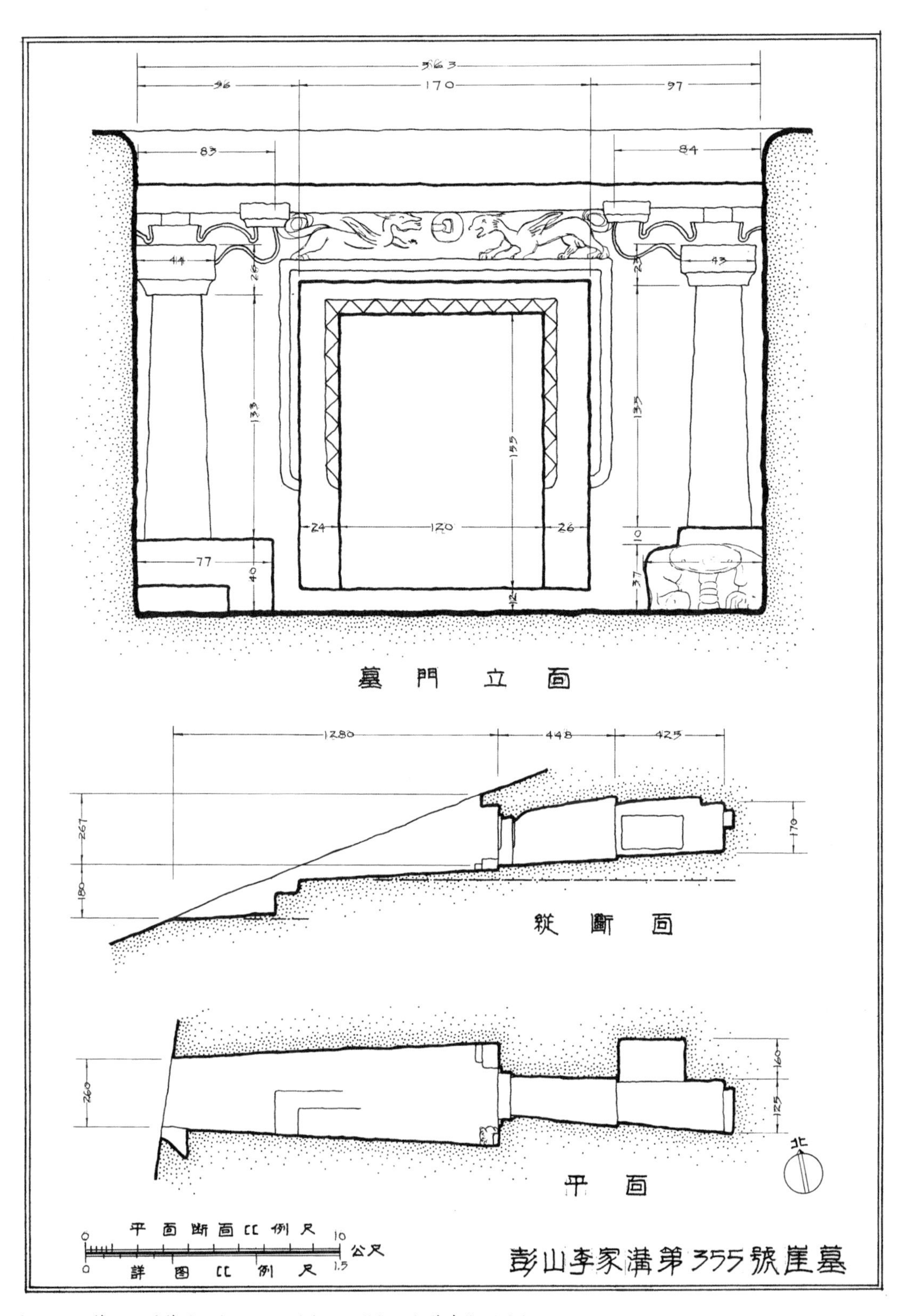

图版 23　第 355 号墓平面断面立面图（毁于“文化大革命”时期）

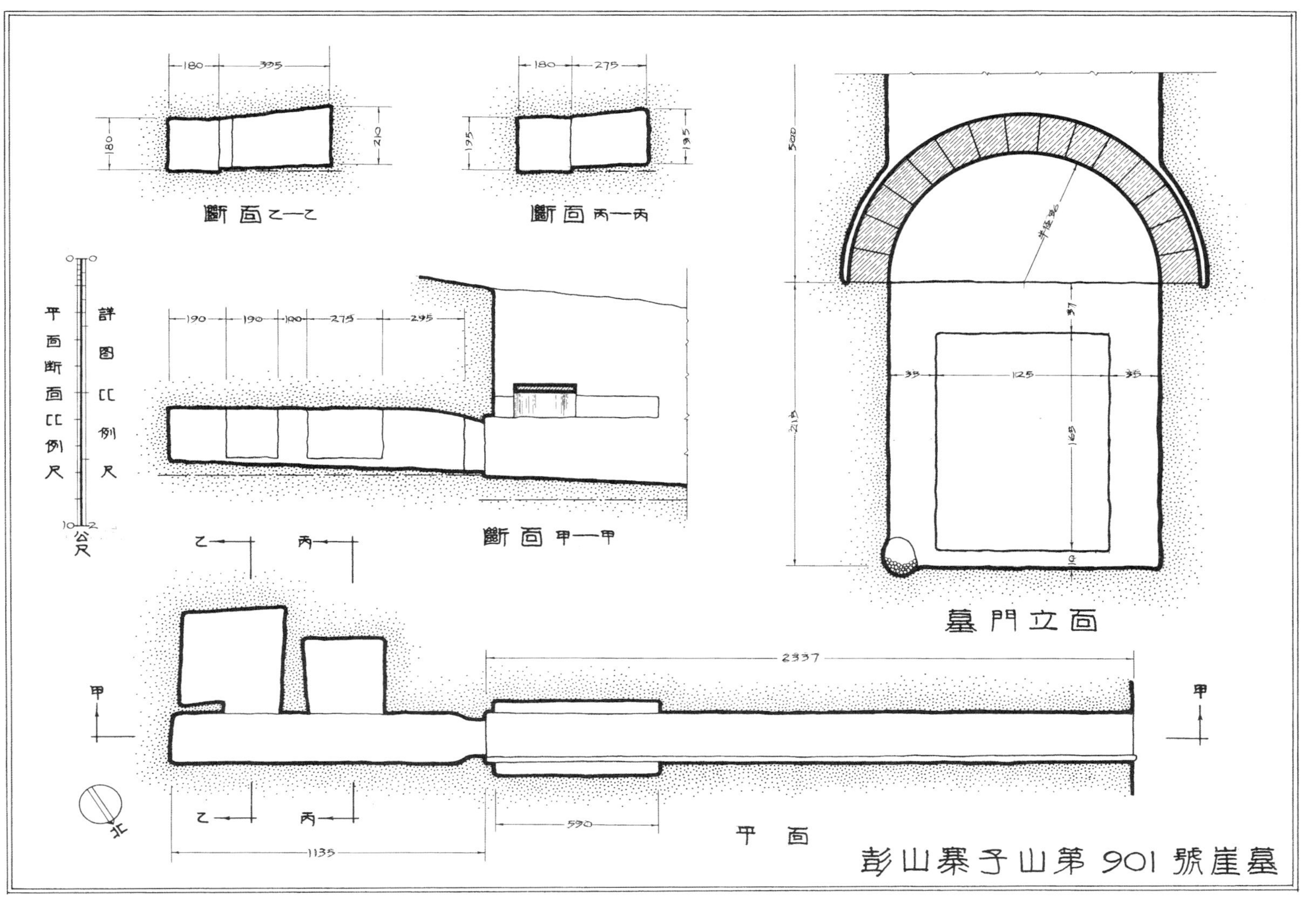

图版 24 第 901 号墓平面断面立面图

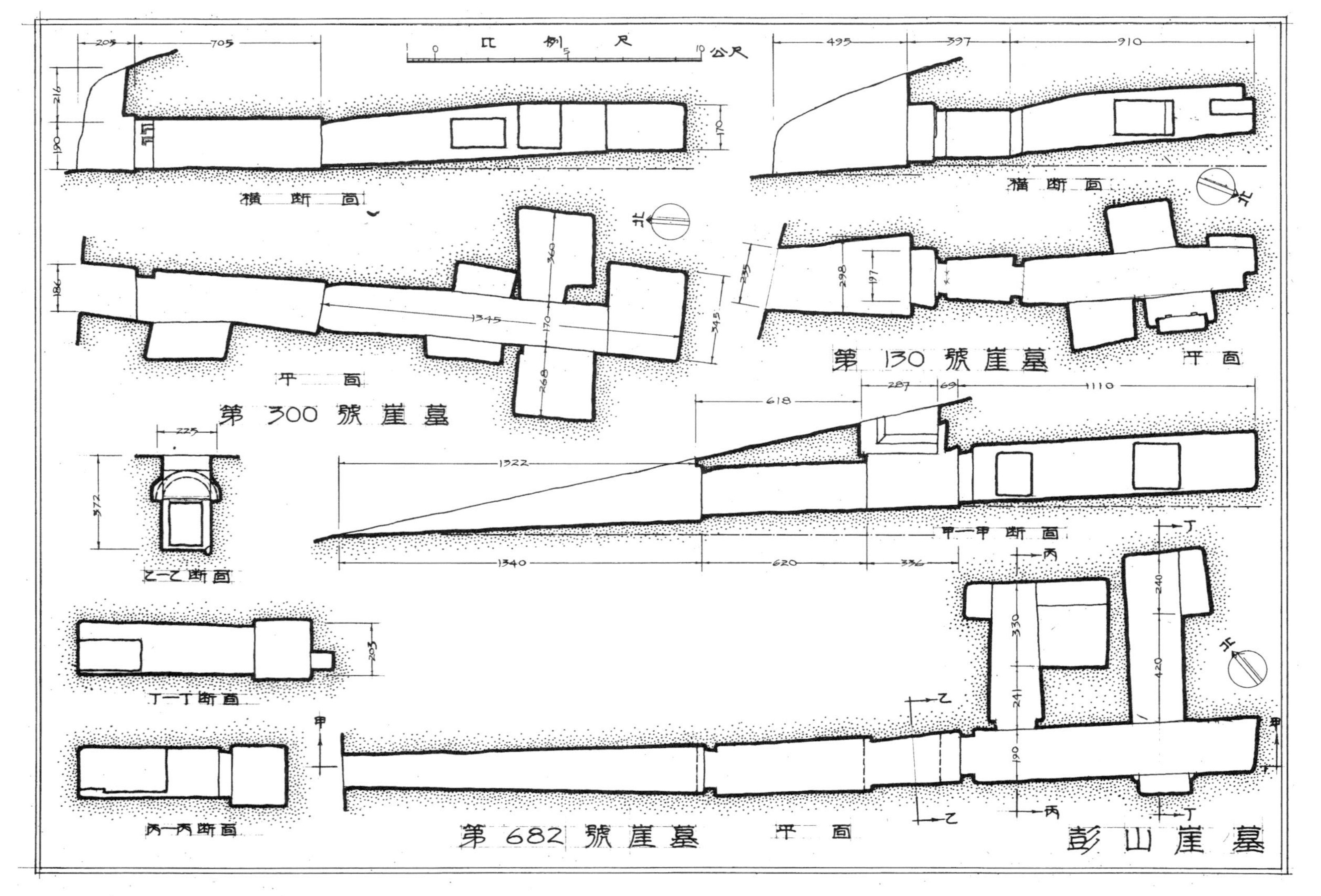

图版25 第130、300、682号墓平面断面图

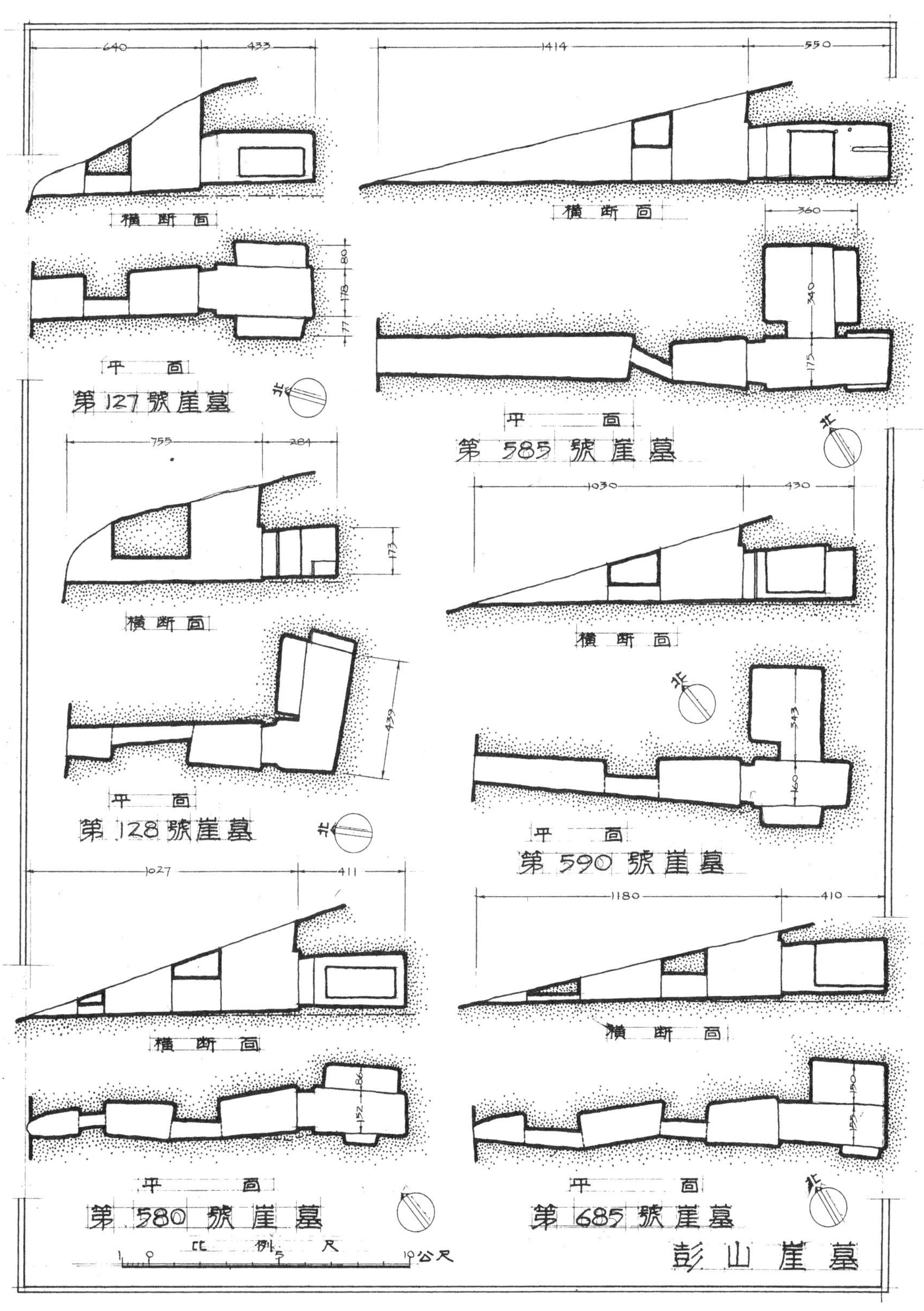

图版26　第127、128、580、585、590、685号墓平面断面图

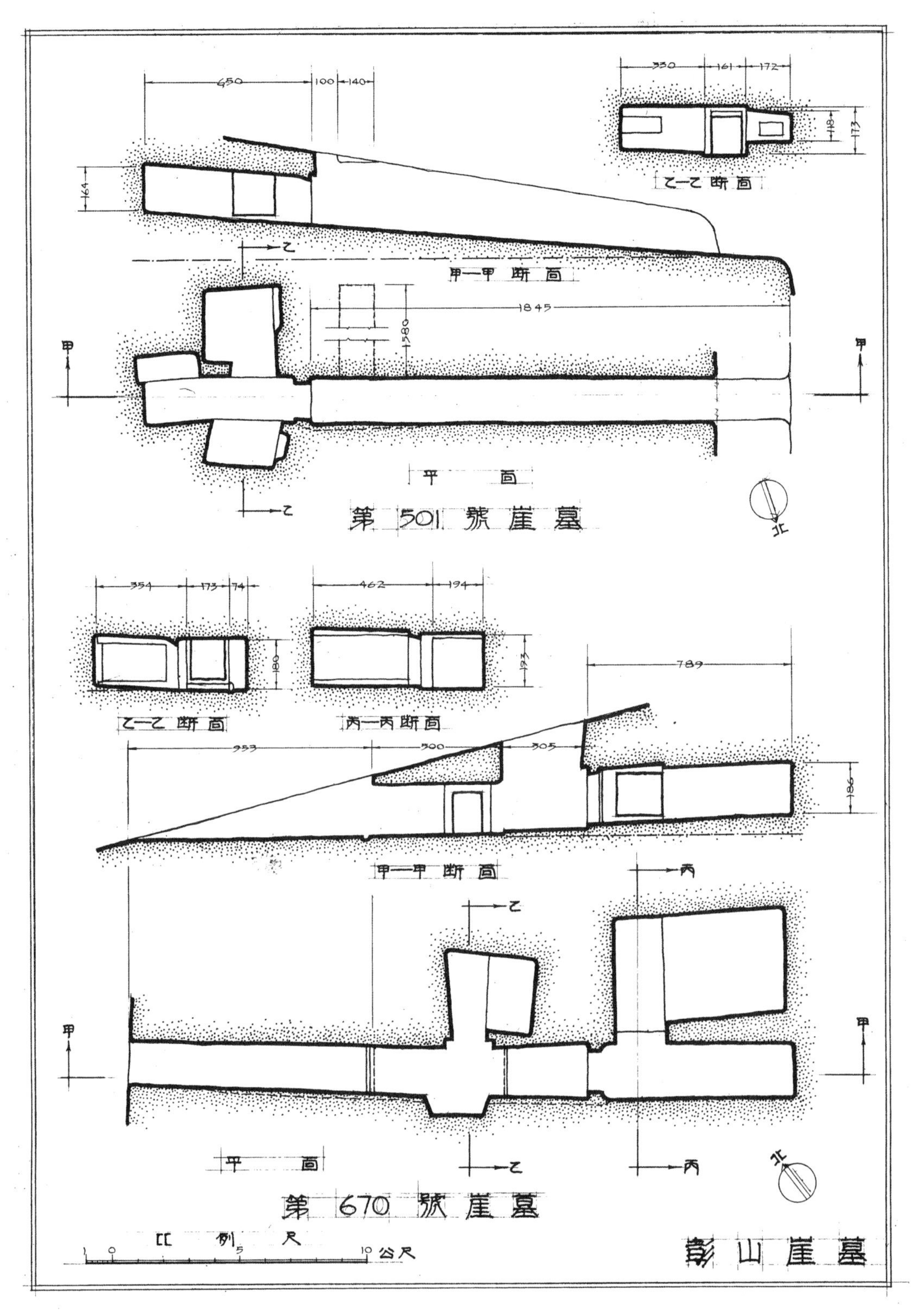

图版27 第501、670号墓平面断面图

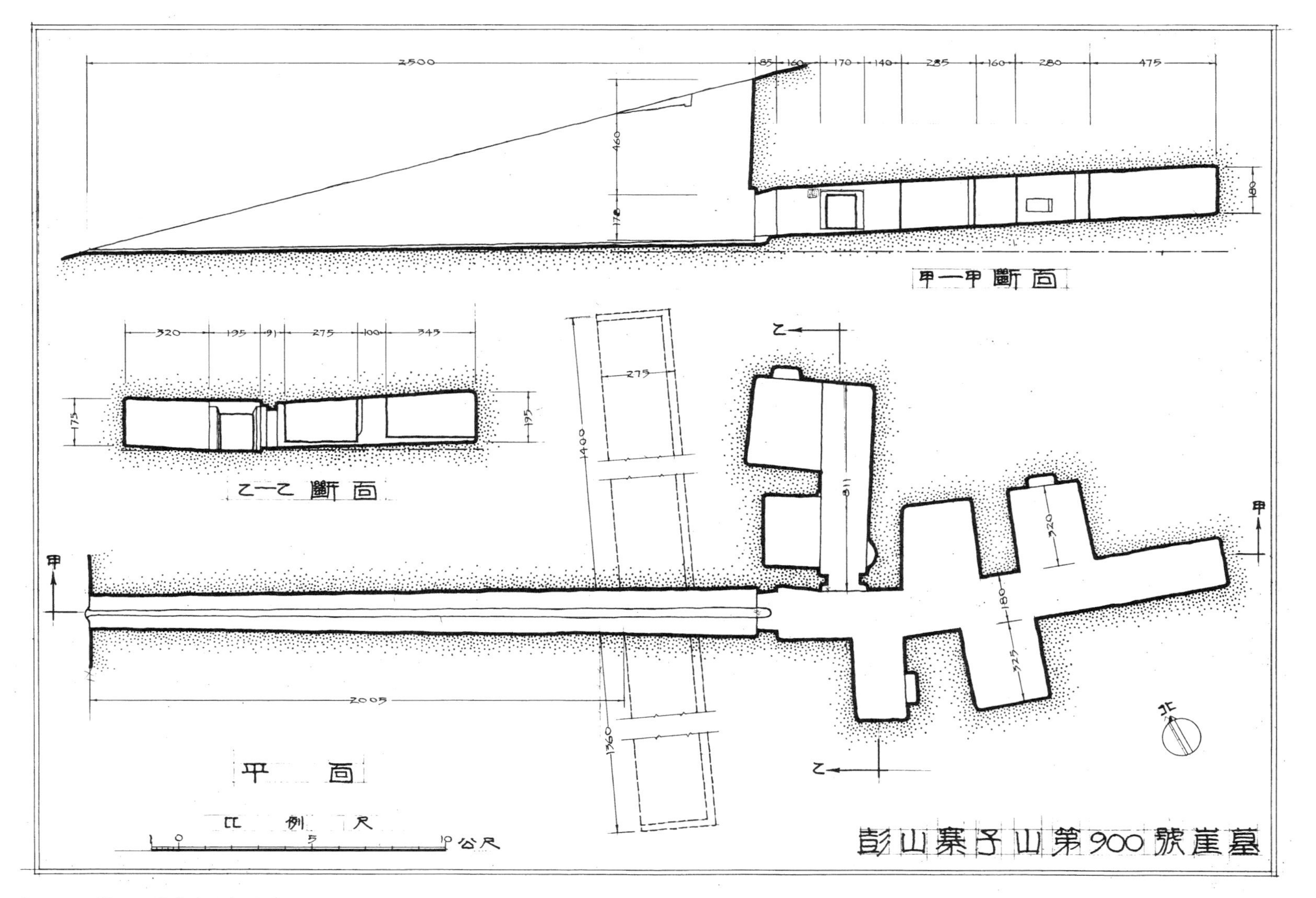

图版 28 第 900 号墓平面断面图

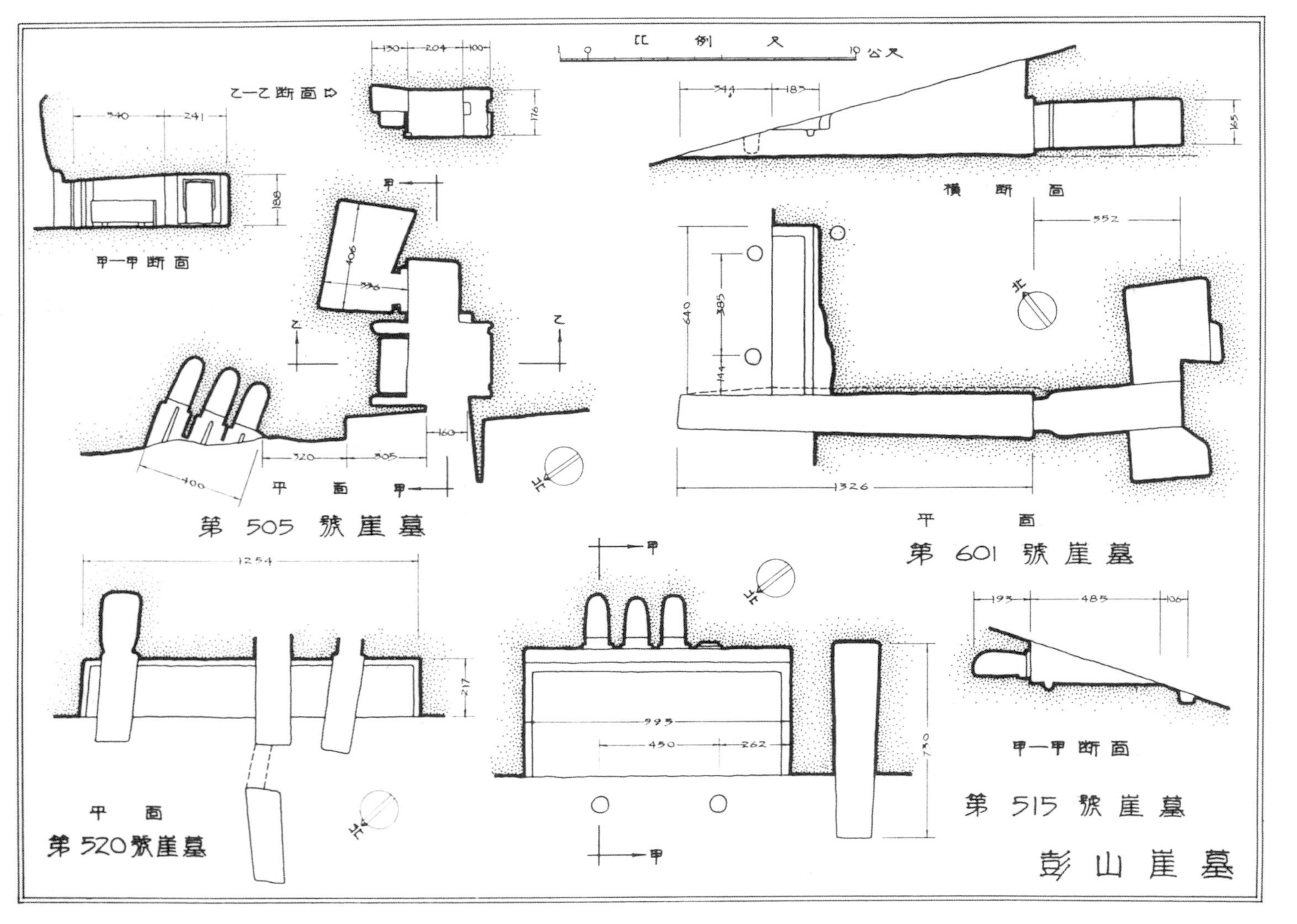

图版 29 第 505、515、520、601 号墓平面断面图

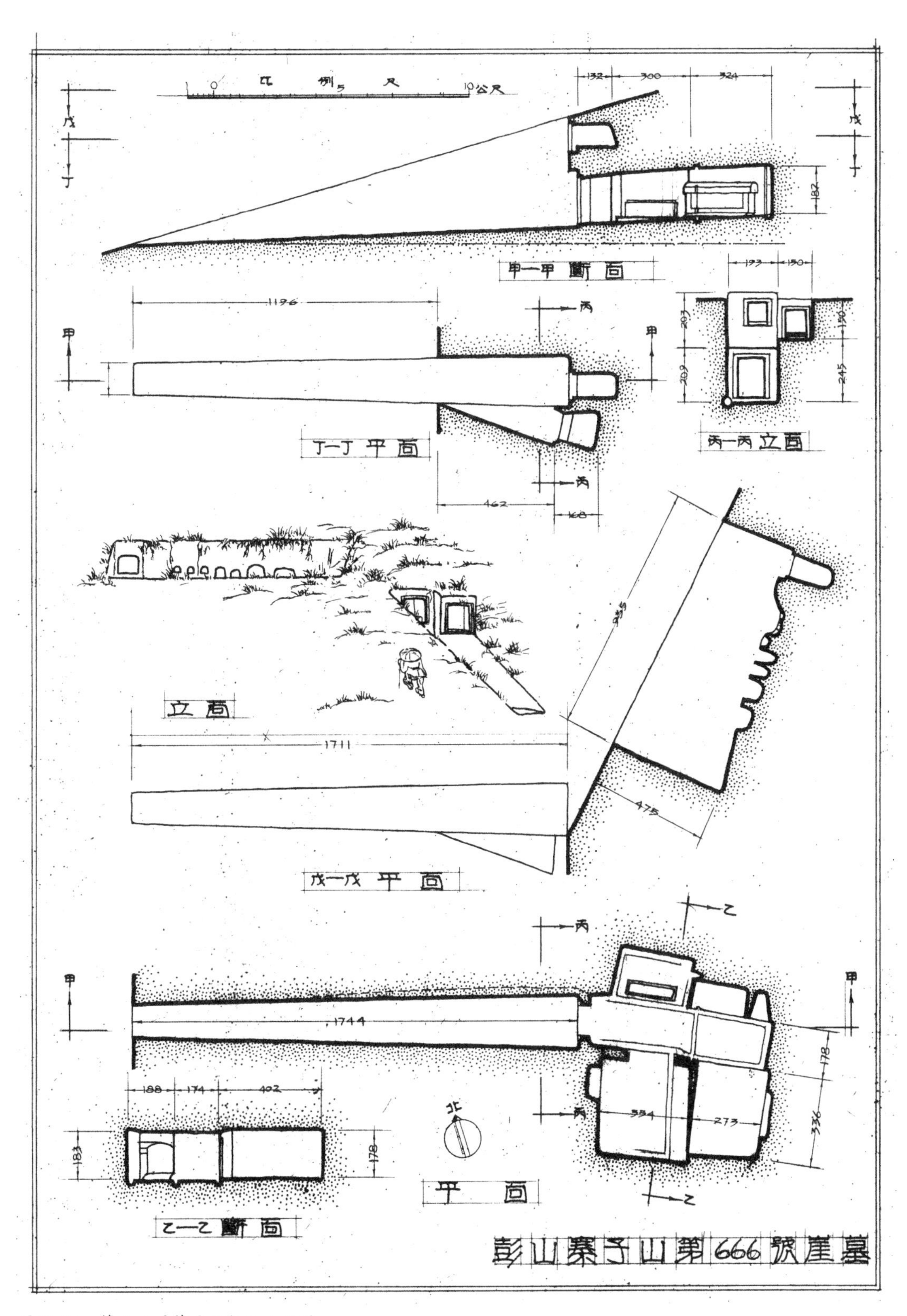

图版 30　第 666 号墓平面断面立面图

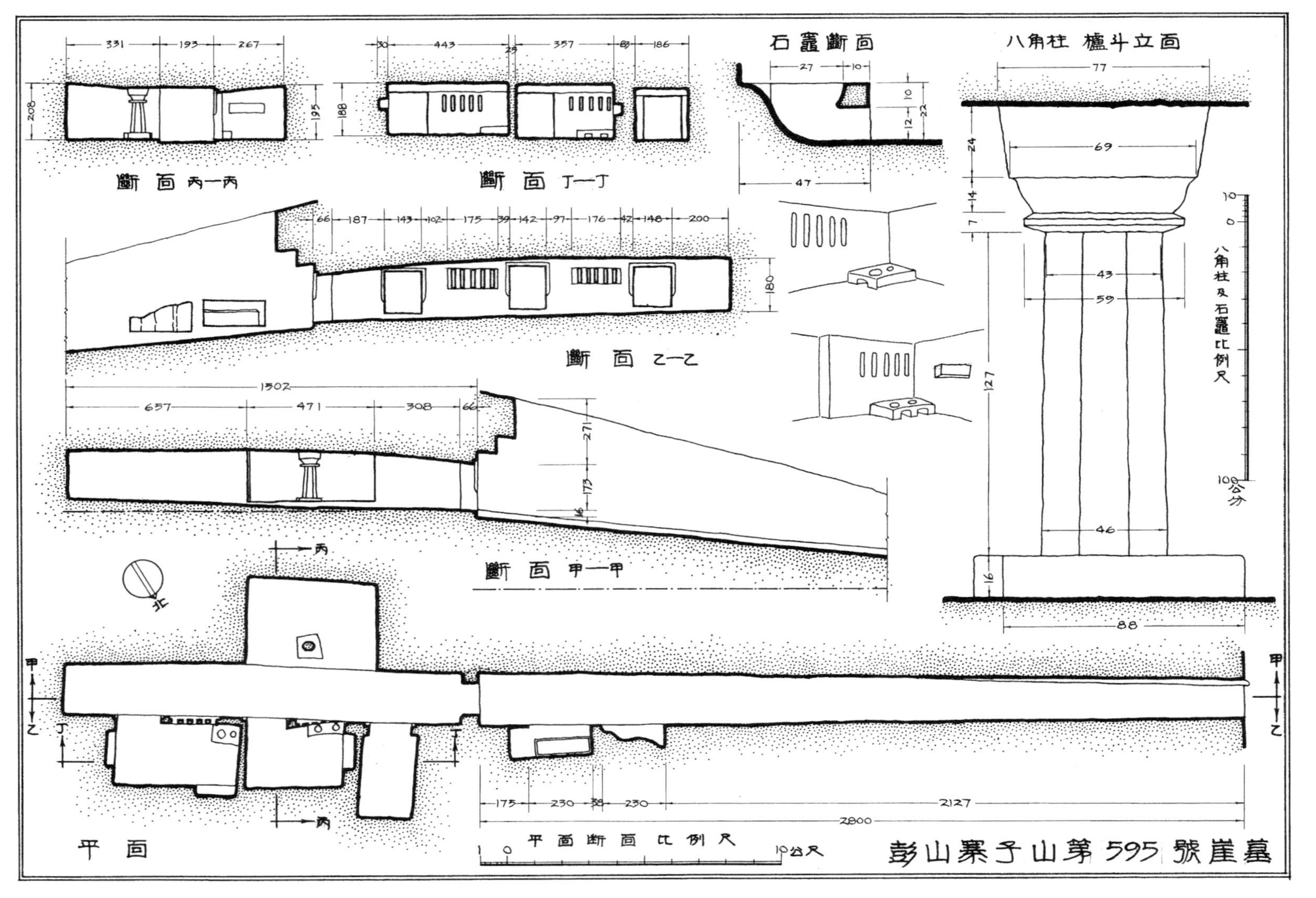

图版31 第595号墓平面断面及详图（现长年积水）

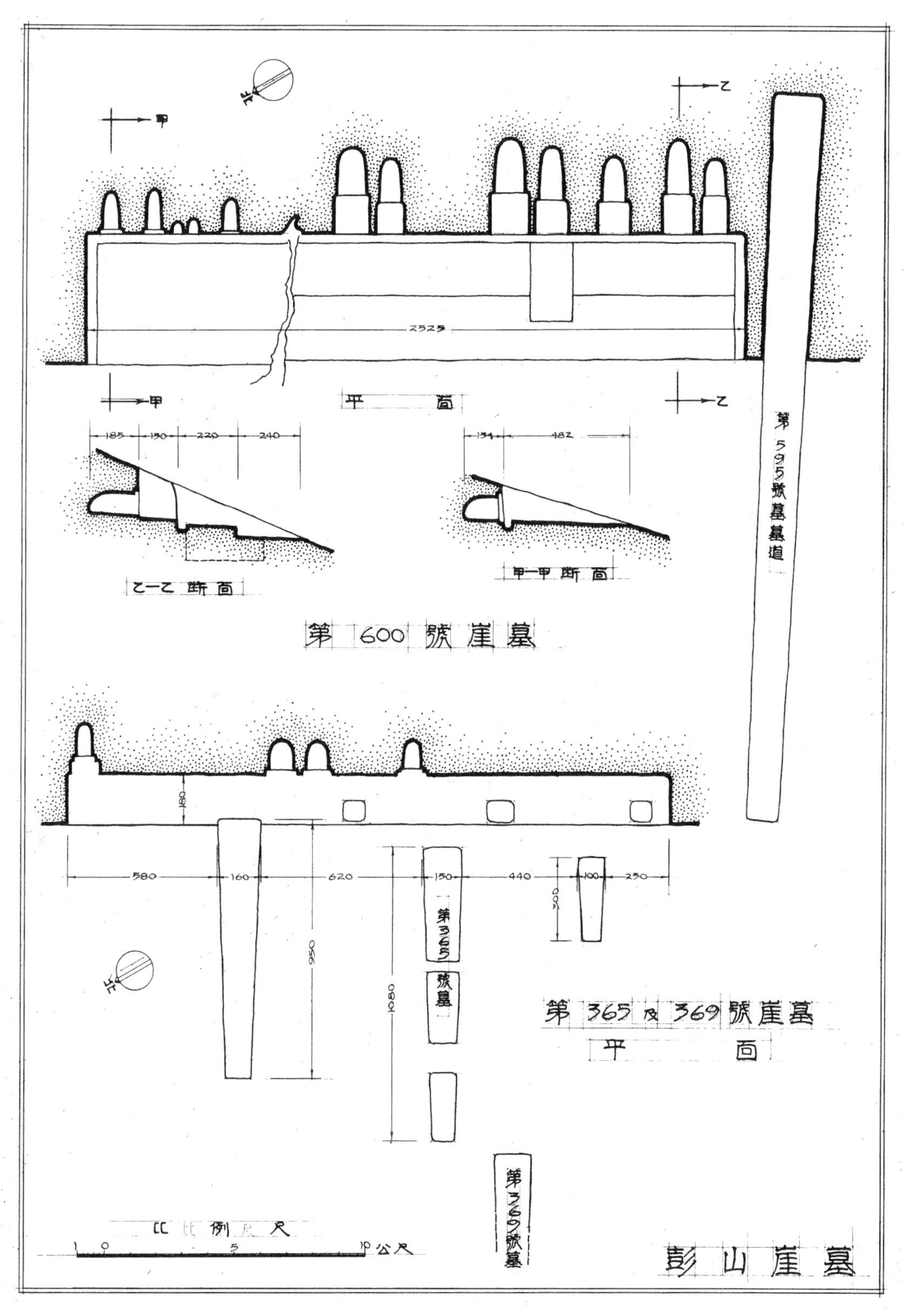

图版 32　第 365、369、600 号墓平面断面图（第 369 号墓墓道已毁）

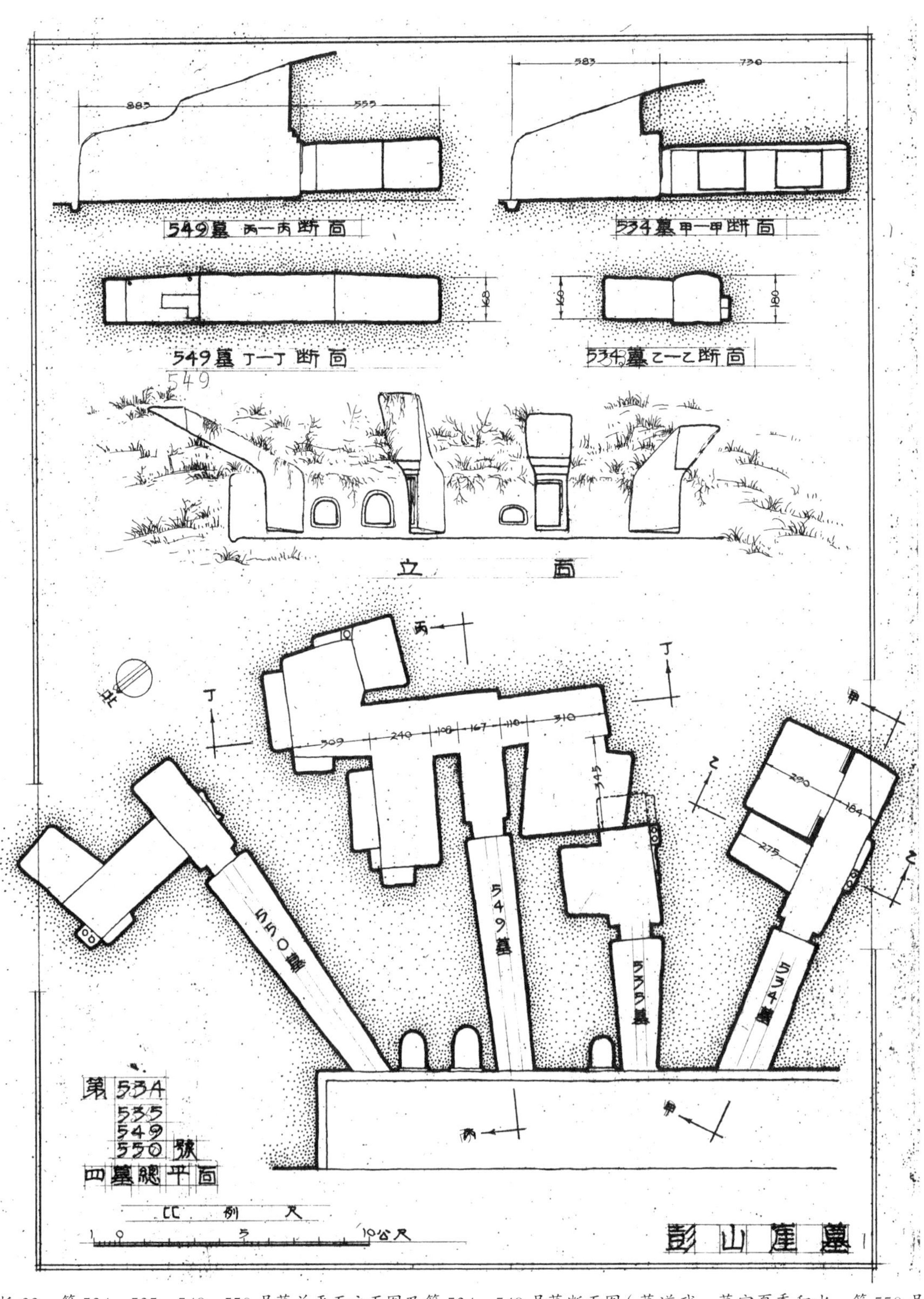

图版 33 第 534、535、549、550 号墓总平面立面图及第 534、549 号墓断面图（墓道残，墓室夏季积水；第 550 号墓已毁于“文化大革命”时期，取样现下落不明）

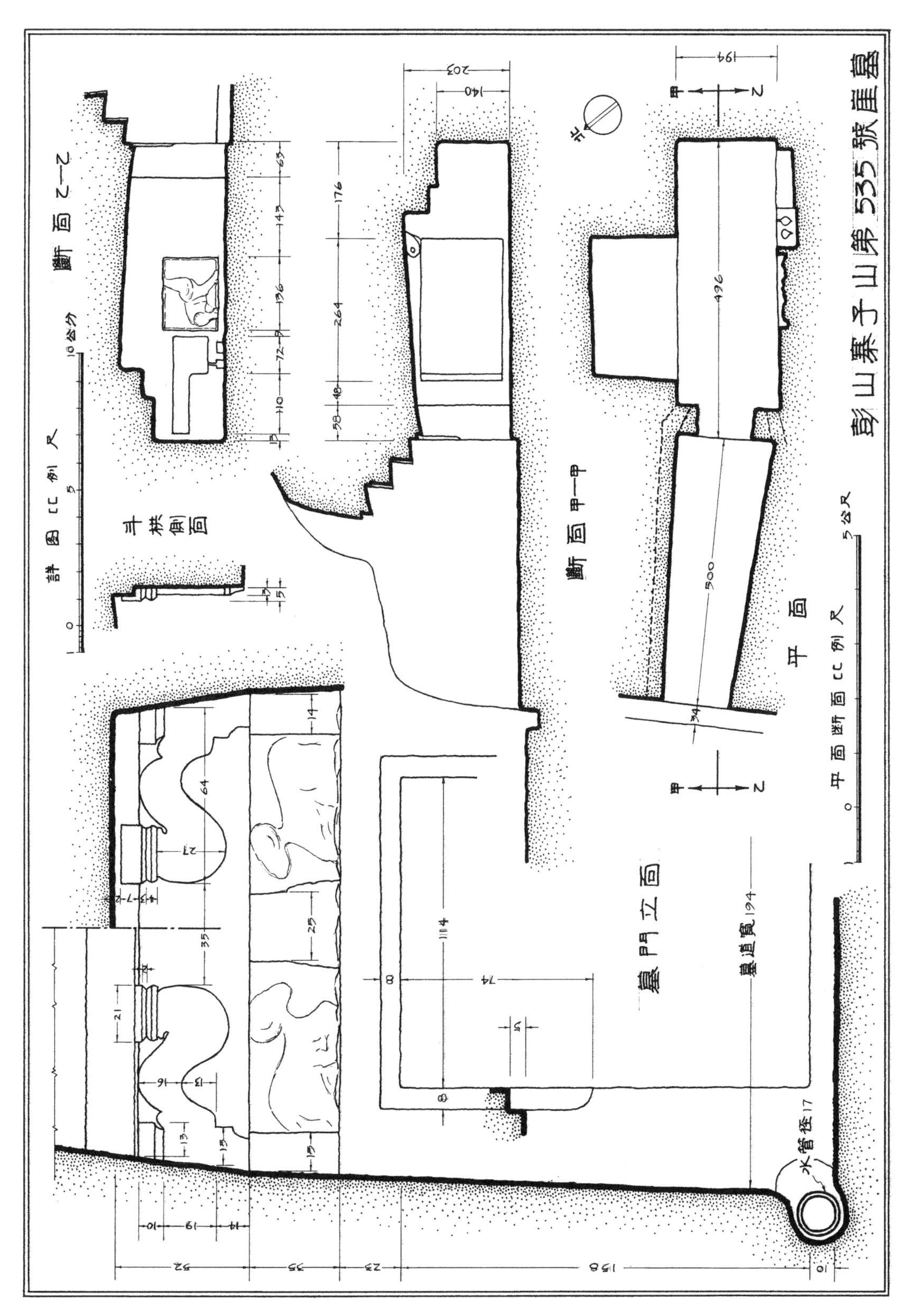

图版 34 第 535 号墓平面断面及详图

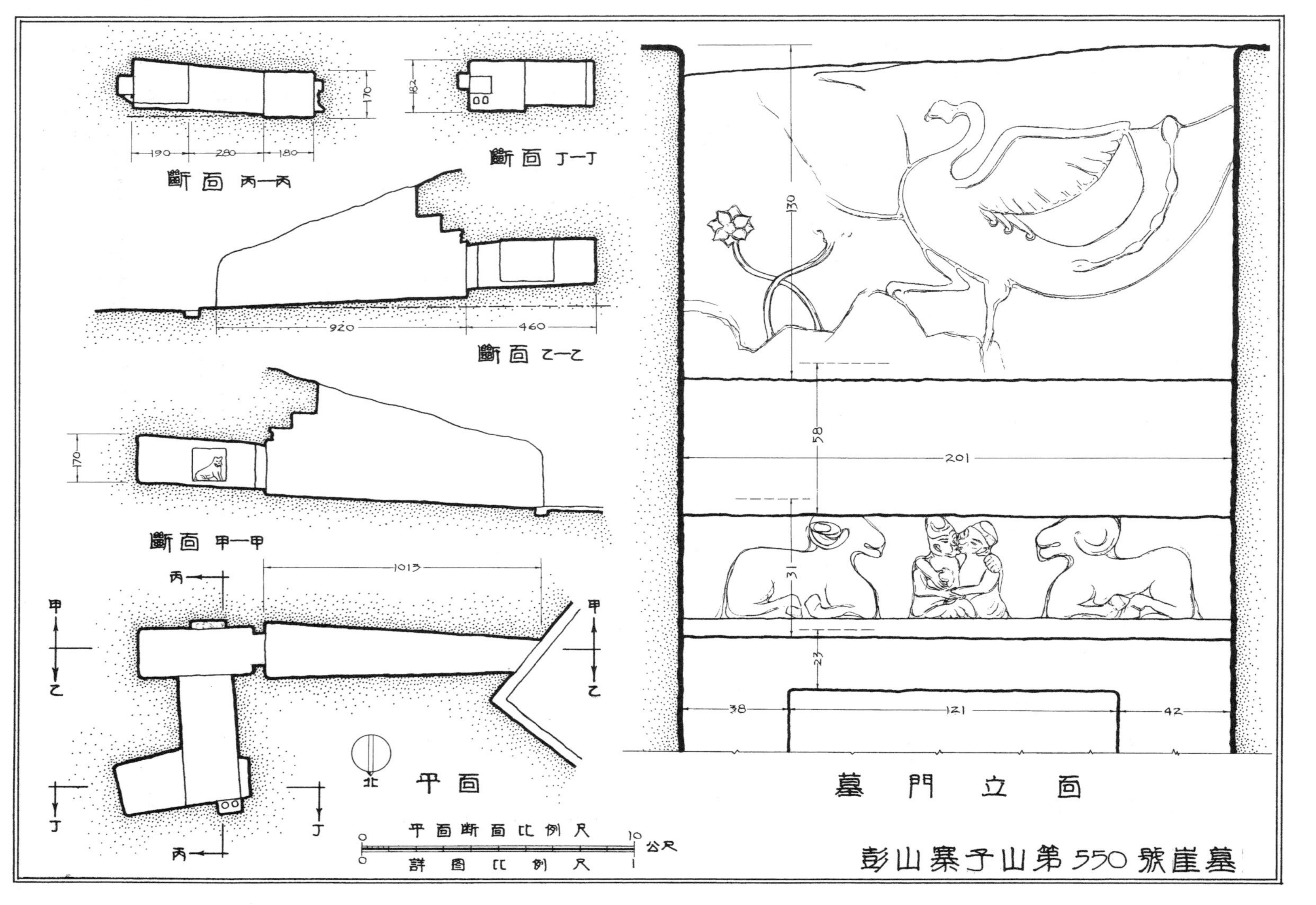

图版 35　第 550 号墓平面断面及详图

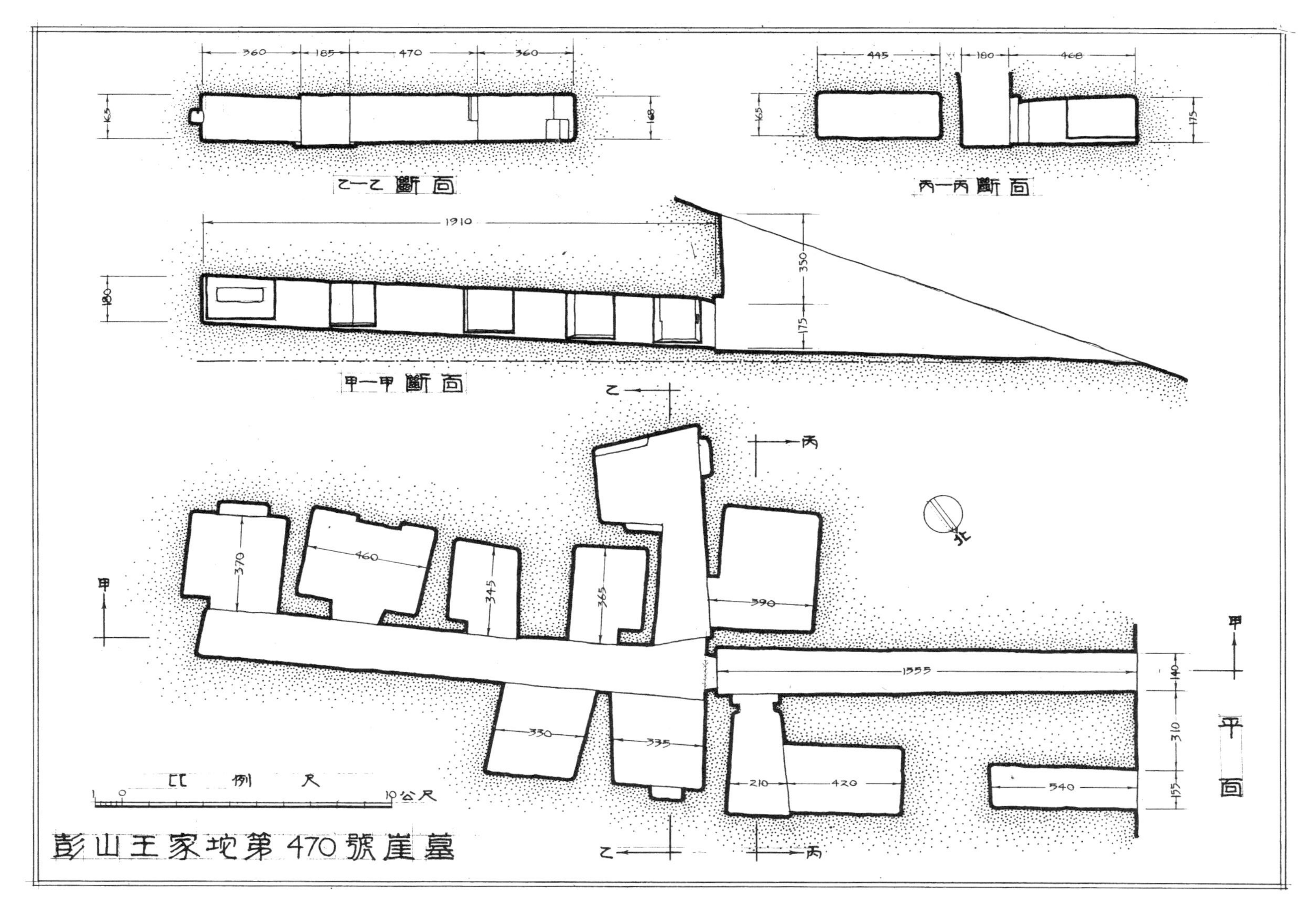

图版 36　第 470 号墓平面断面图（基本完好，墓道残损）

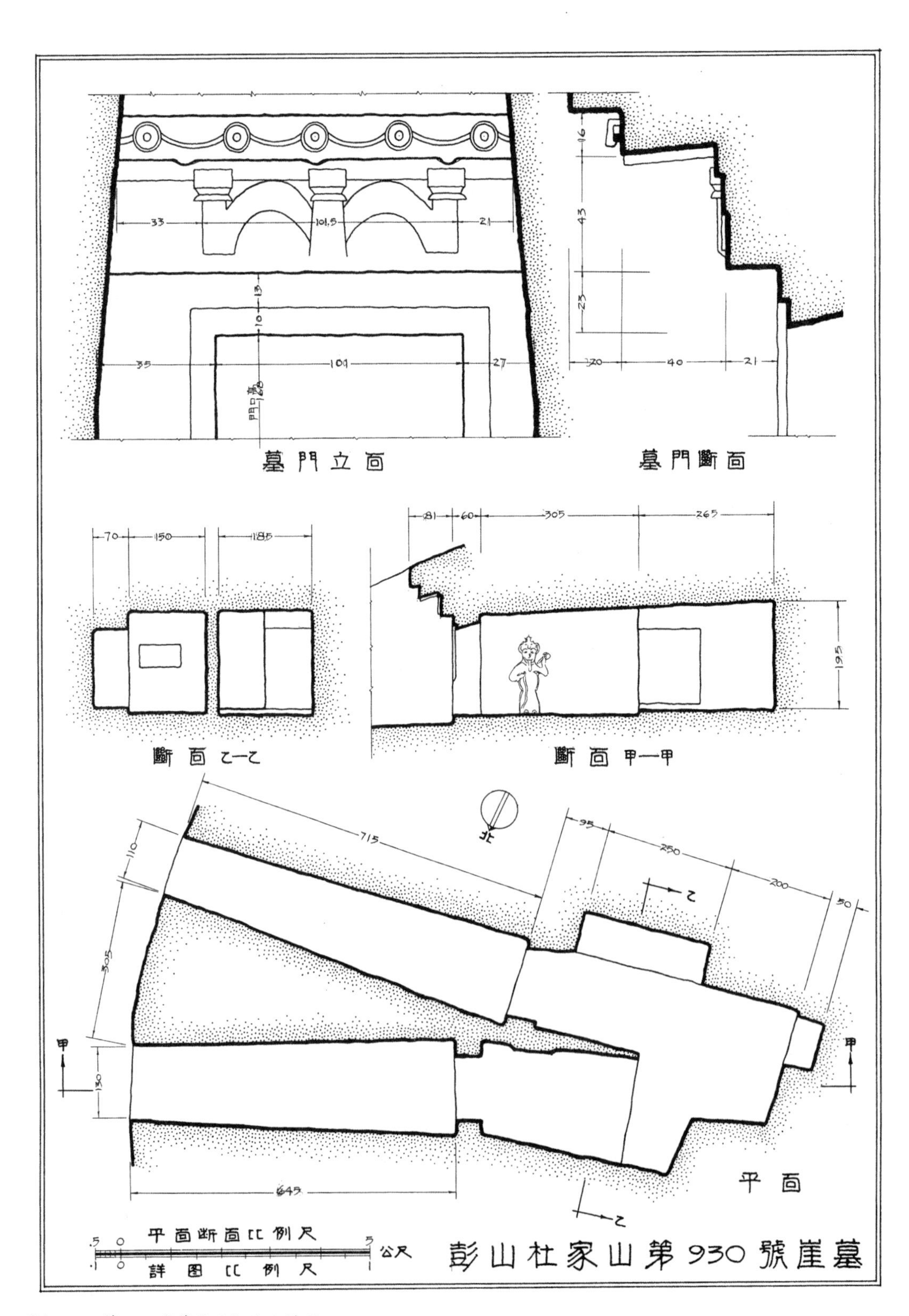

图版37 第930号墓平面断面及详图

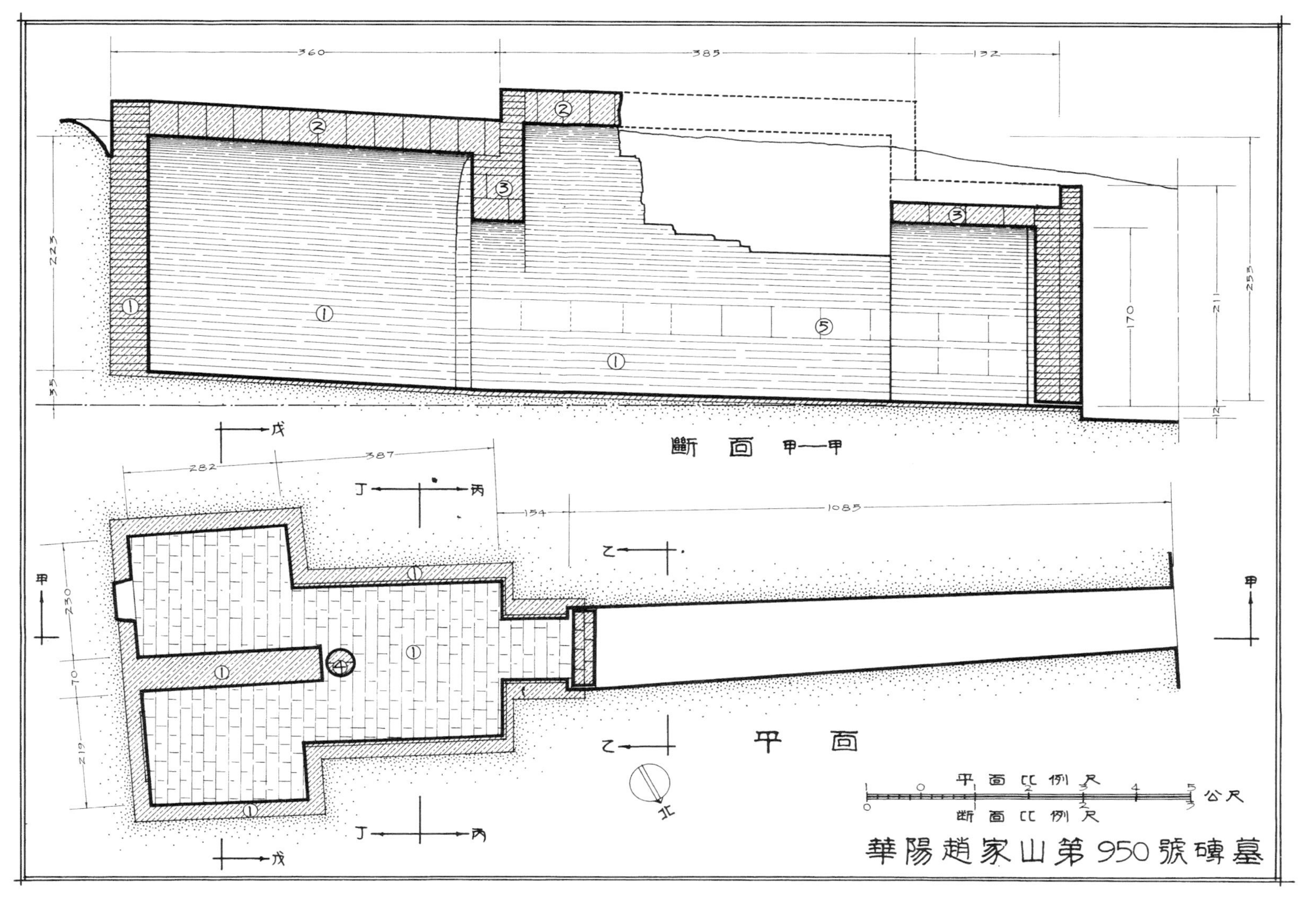

图版 38 第950号墓平面断面图

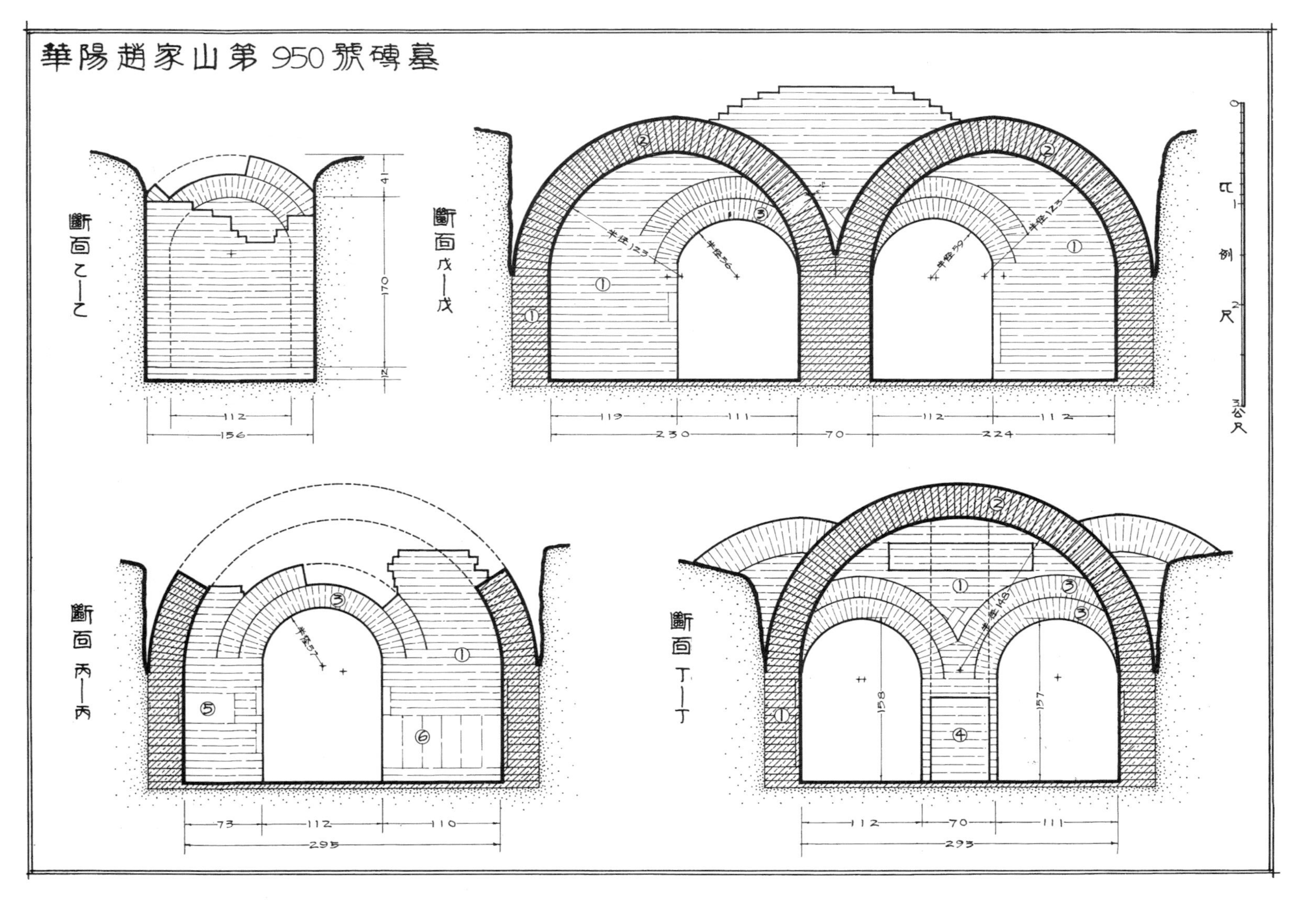

图版 39 第 950 号墓断面图

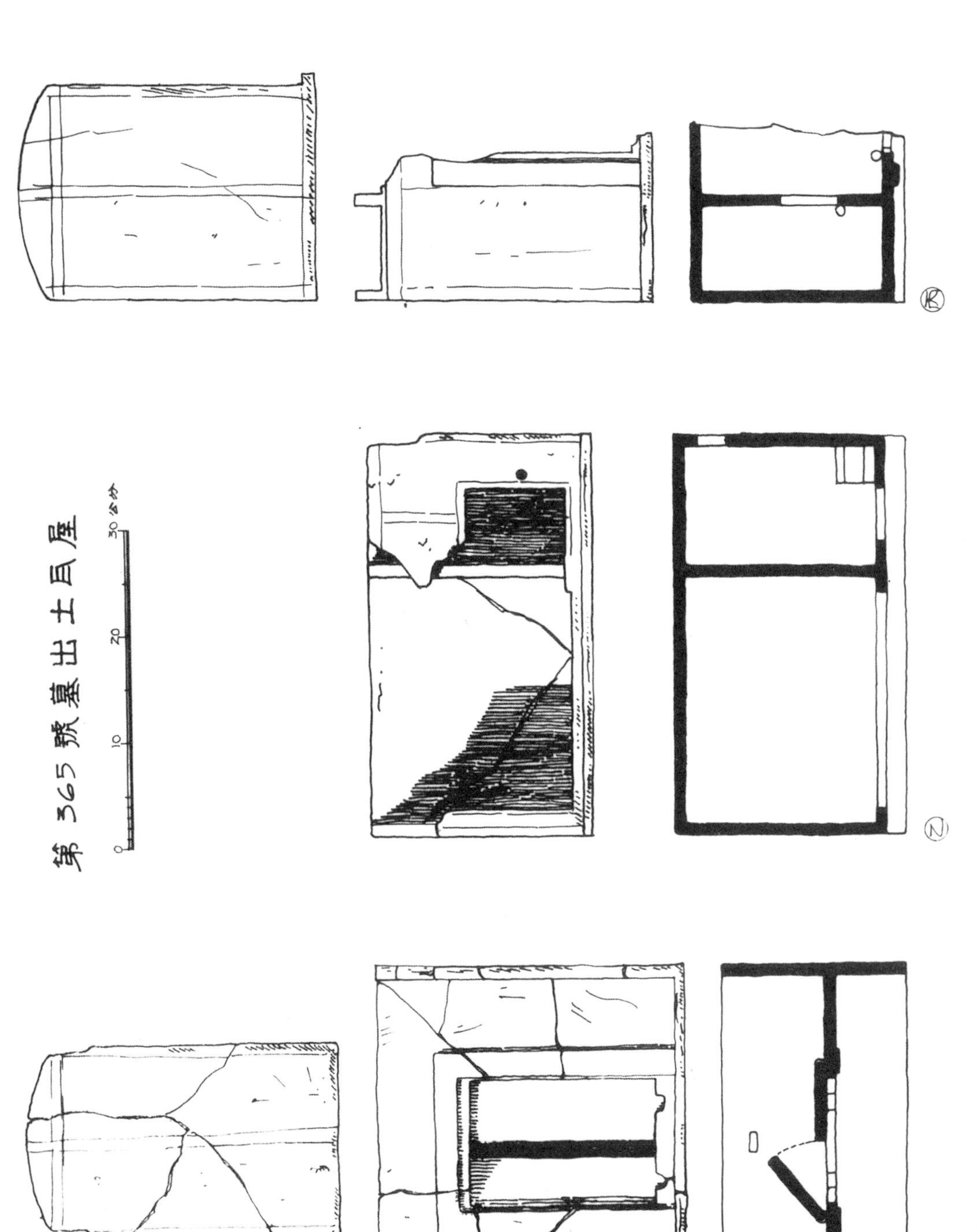

图版 40　第 365 号墓明器　瓦屋三种

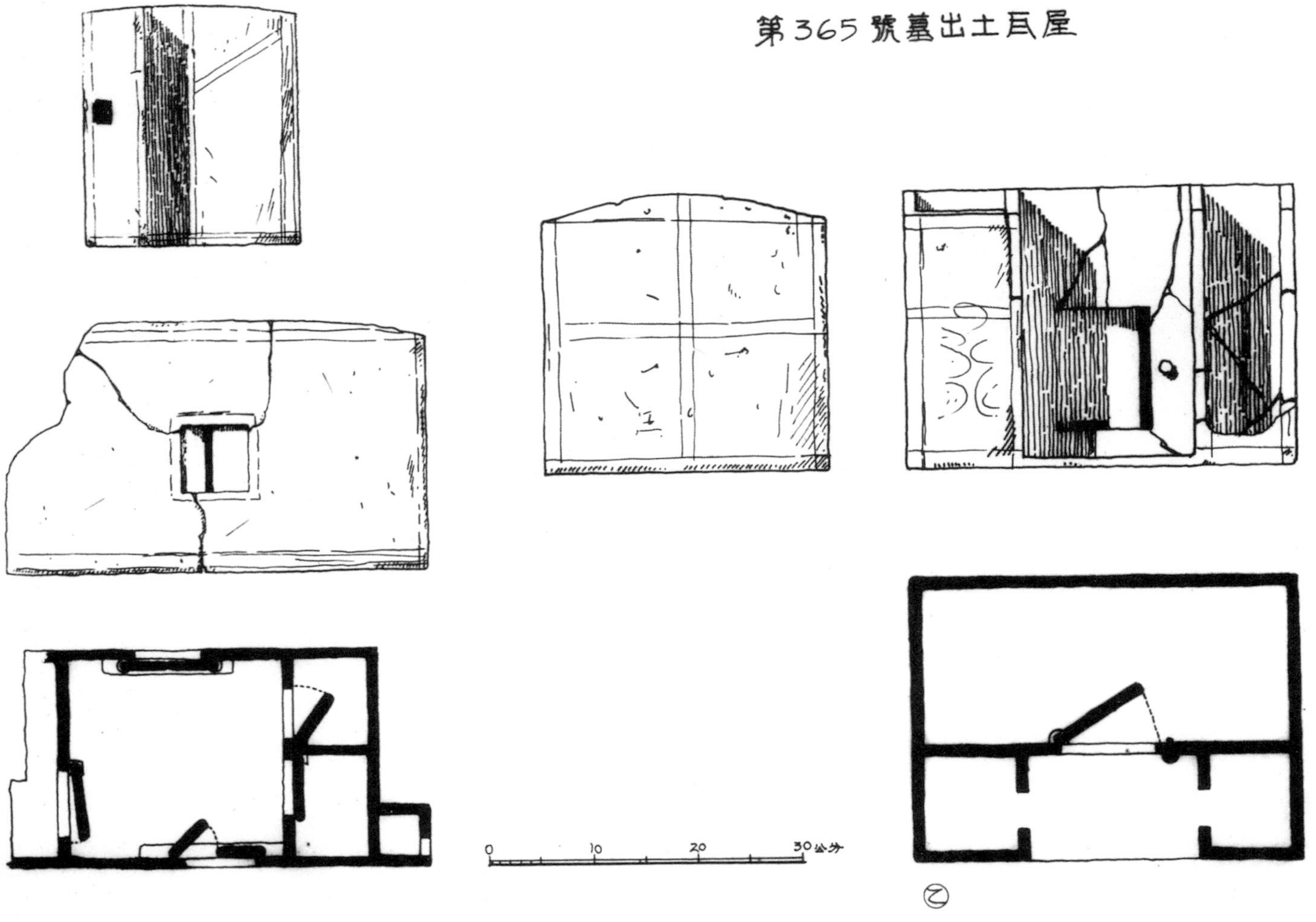

图版41 第365号墓明器 瓦屋二种

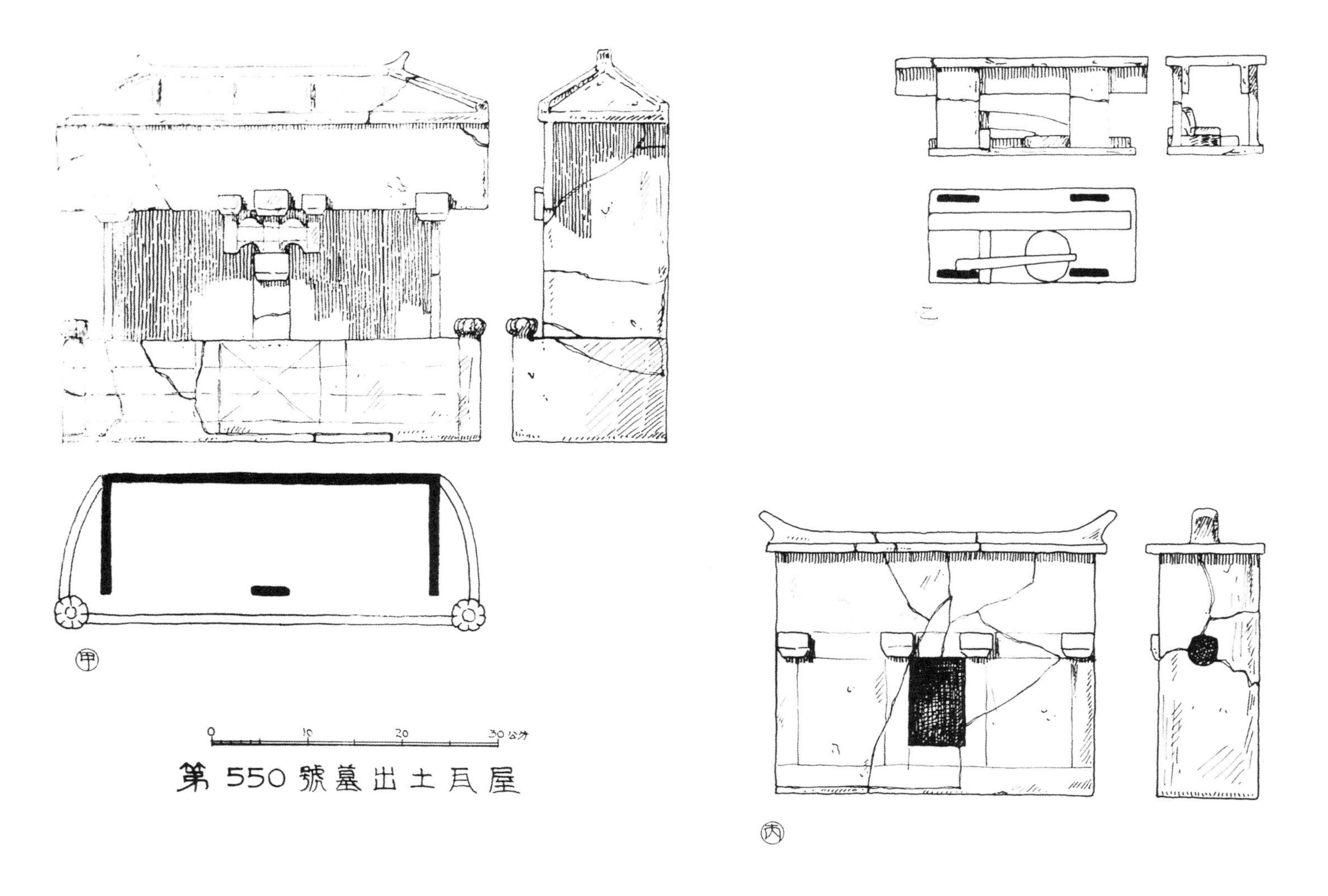

图版 42　第 550 号墓明器　瓦屋三种

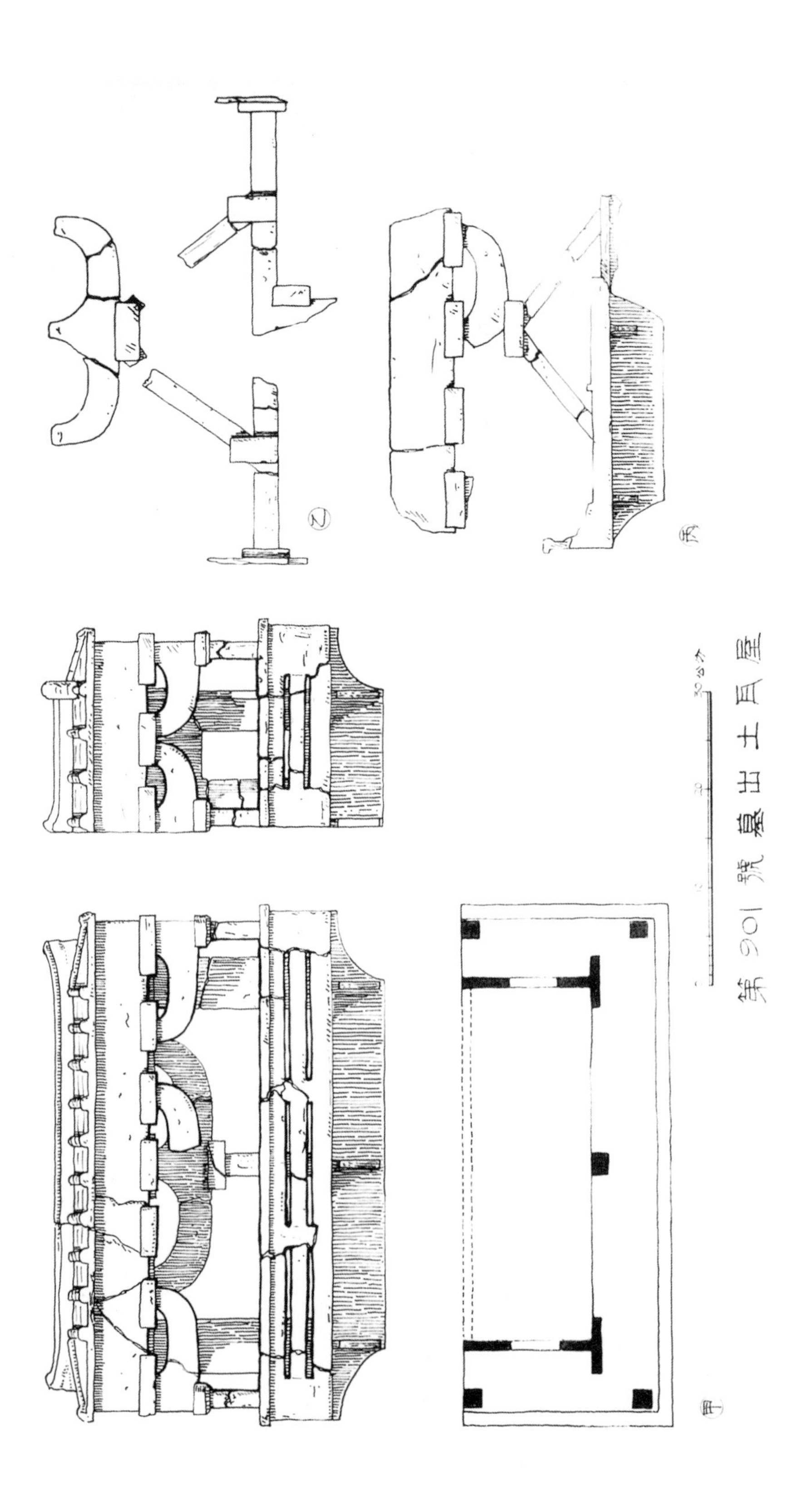

图版43 第901号墓明器 瓦屋一种及瓦屋残件二种

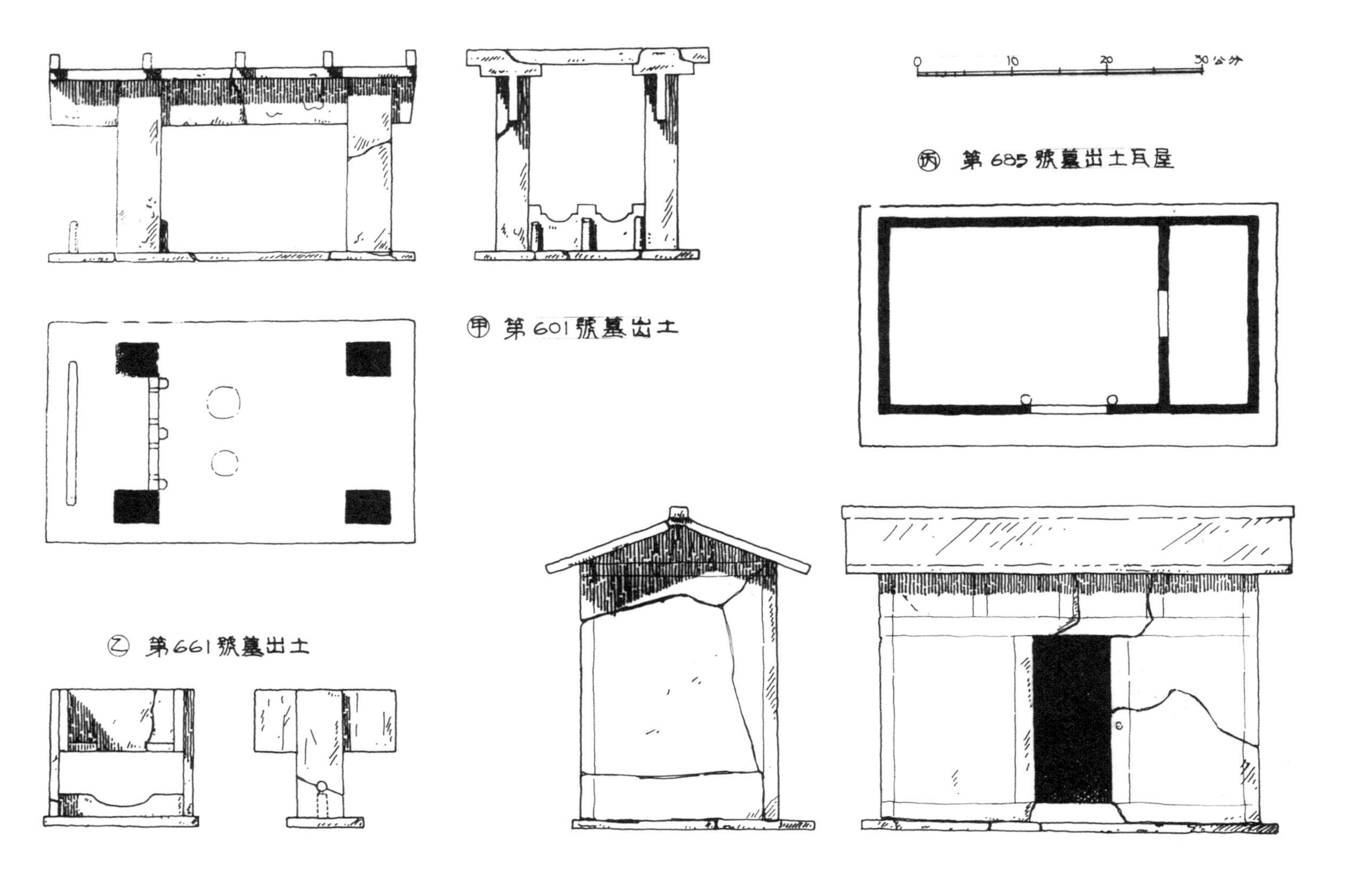

图版 44　甲　第 601 号墓明器　瓦井亭一种　　乙　第 661 号墓明器　瓦井亭一种　　丙　第 685 号墓明器　瓦屋一种

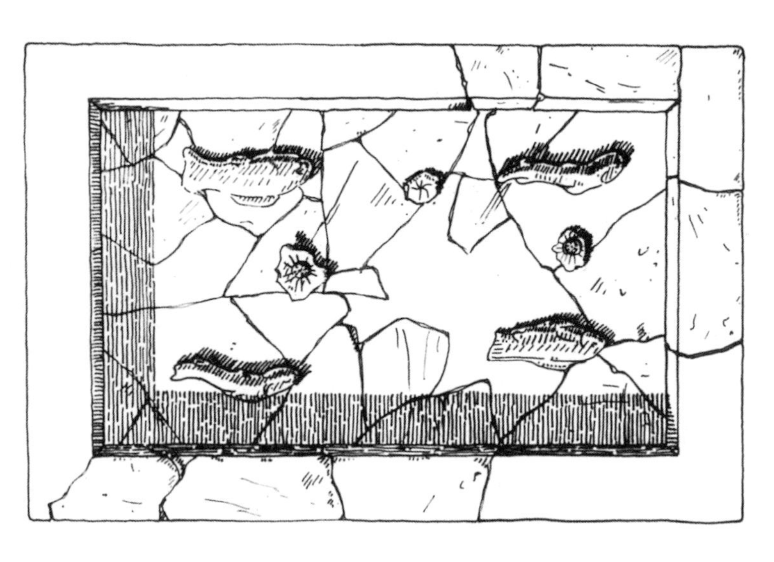

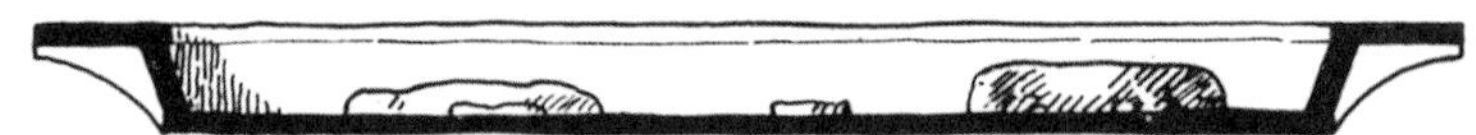

㊙甲 瓦水池 176號墓出

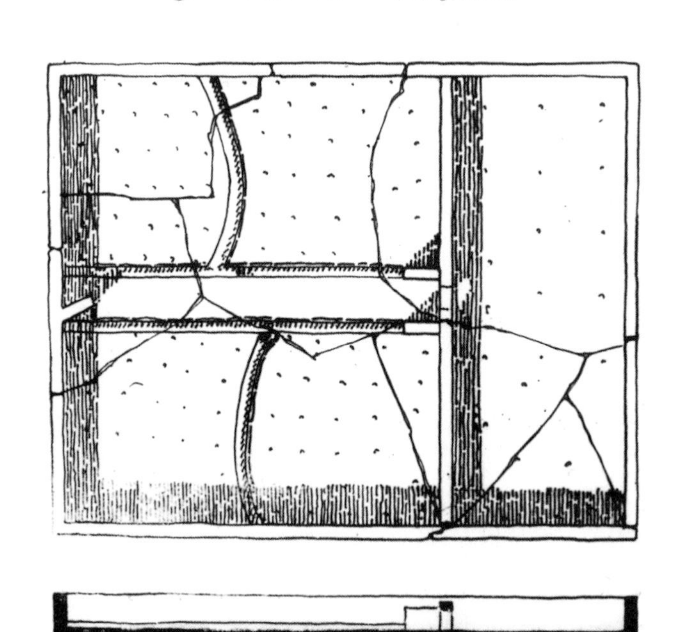

㊂乙 瓦水池 601號墓出

0 30公分

图版45 甲 第176号墓明器 瓦水池一种
乙 第601号墓明器 瓦水池一种

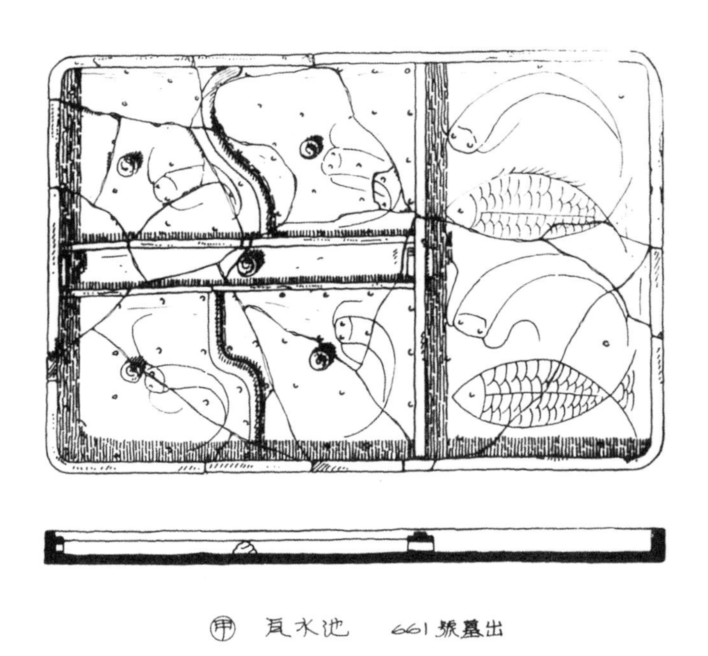

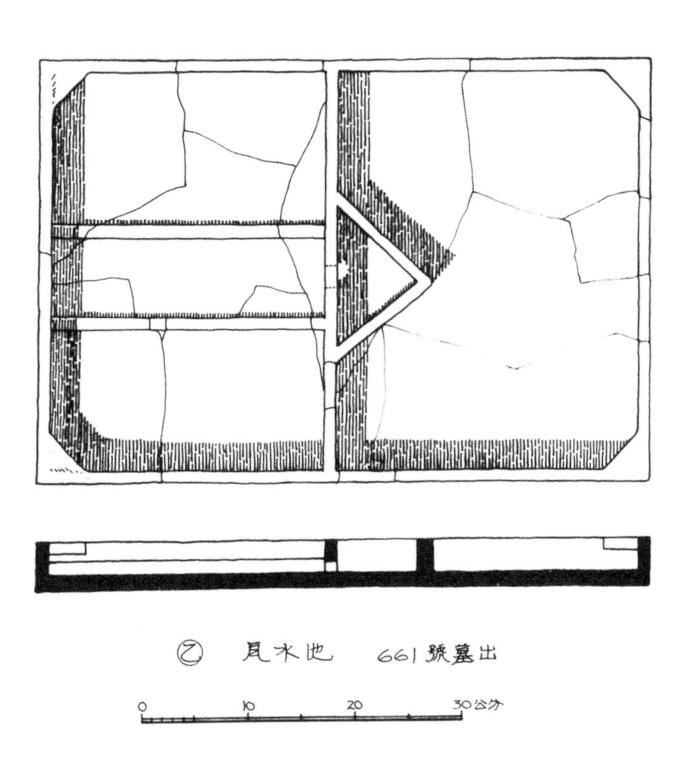

图版46 第661号墓明器 瓦水池二种

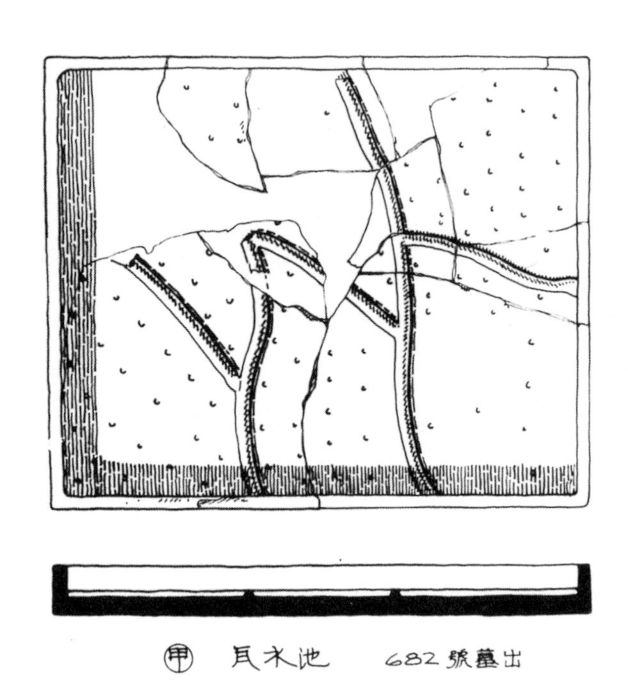

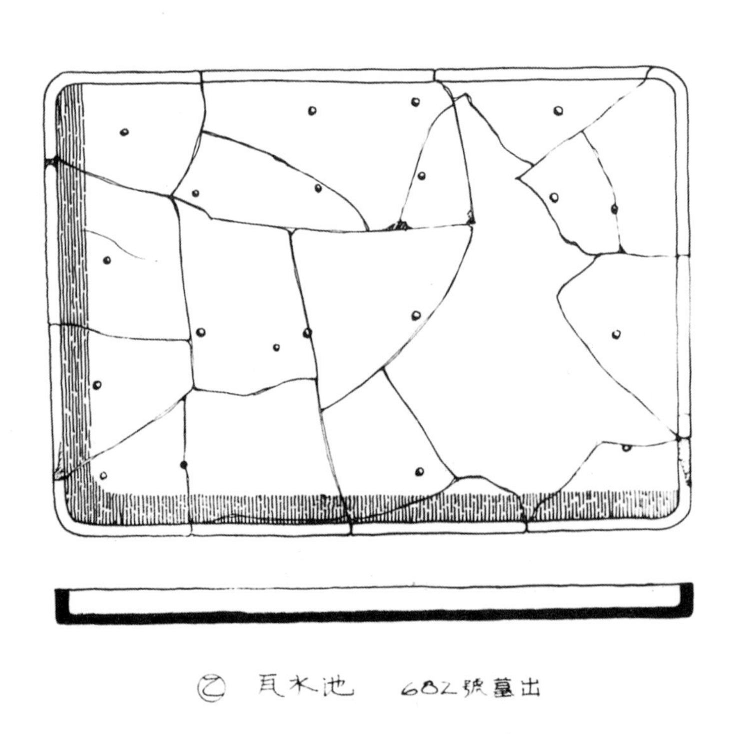

图版 47 第 682 号墓明器 瓦水池二种

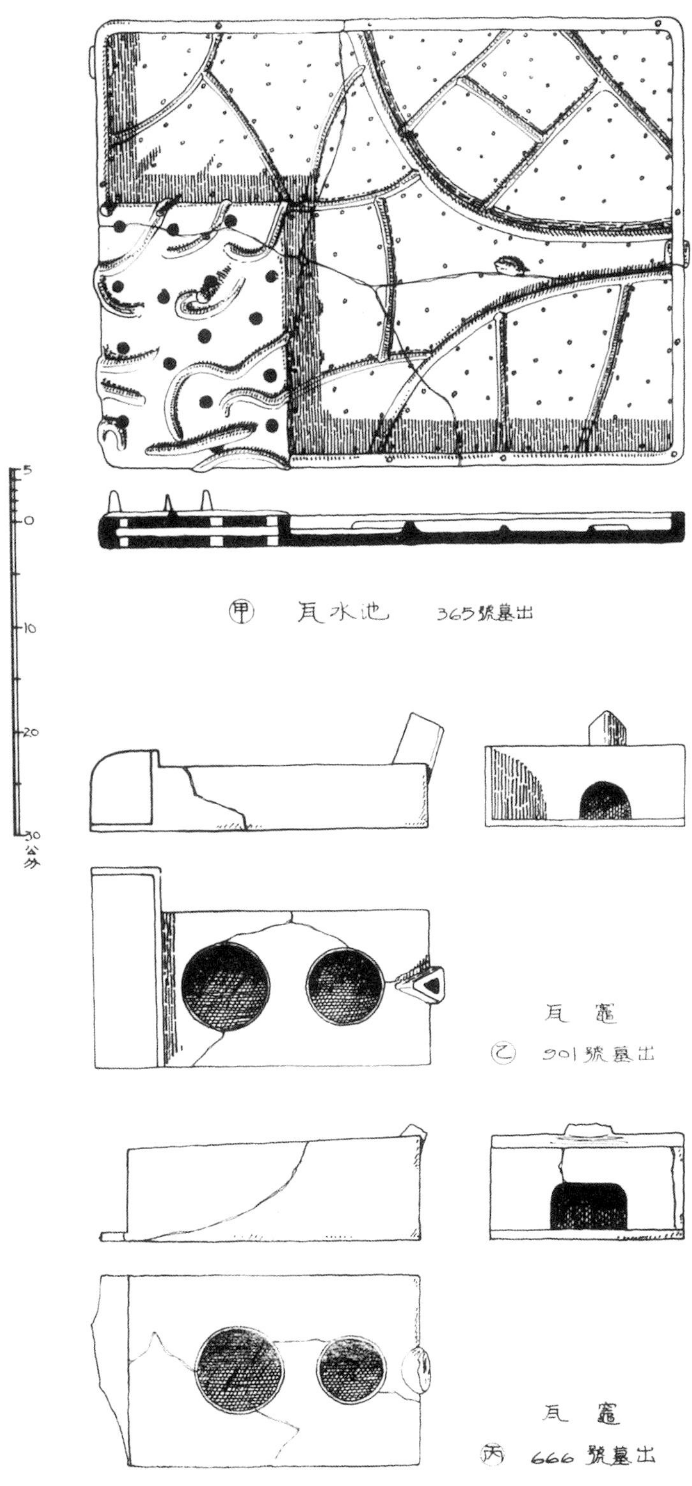

图版48 甲 第365号墓明器 瓦水池一种
乙 第901号墓明器 瓦灶一种
丙 第666号墓明器 瓦灶一种

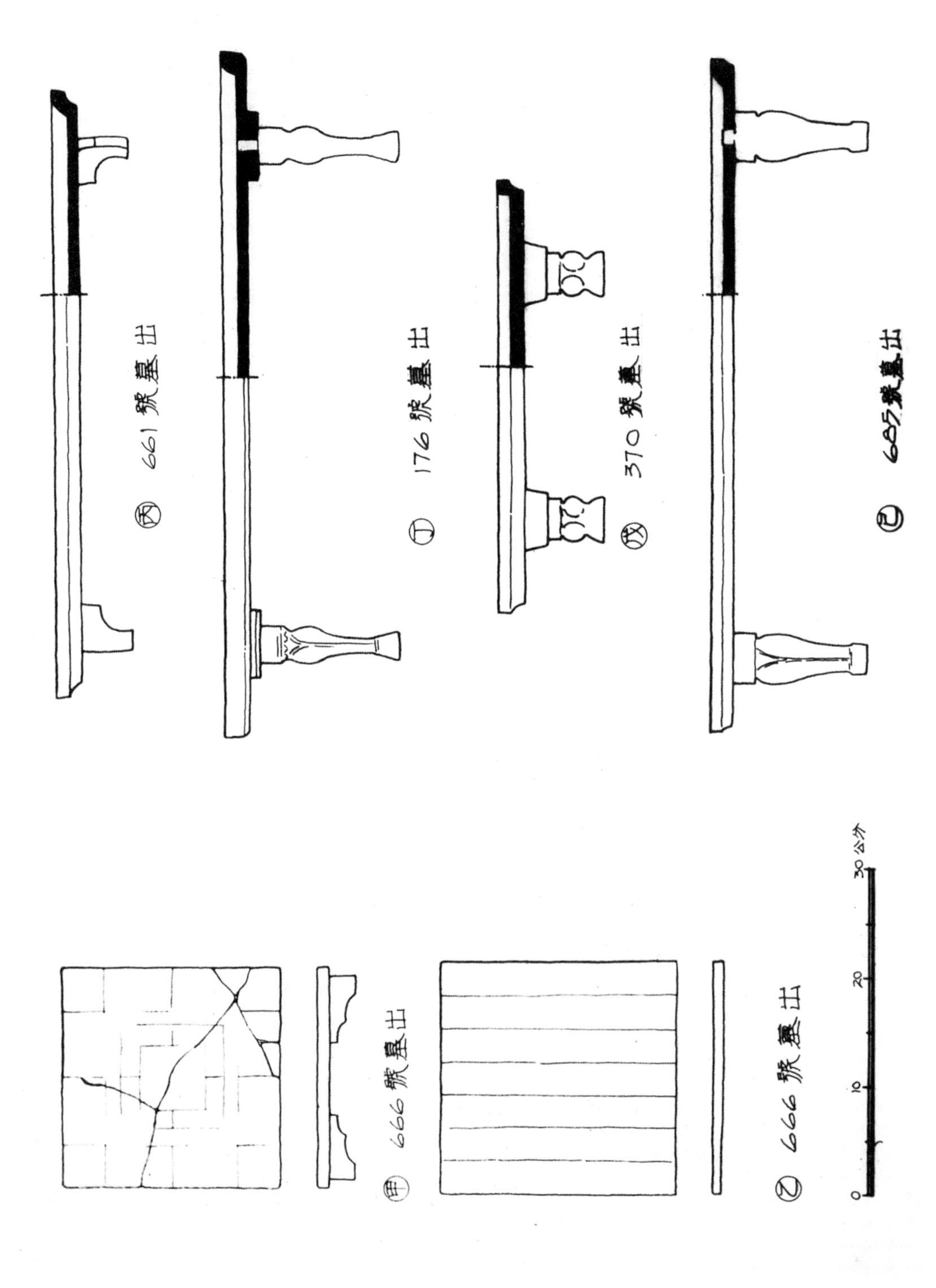

图版49 甲 第666号墓明器 乙 第666号墓明器 丙 第661号墓明器 瓦案一种 丁 第176号墓明器 瓦案一种
戊 第370号墓明器 瓦案一种 己 第685号墓明器 瓦案一种

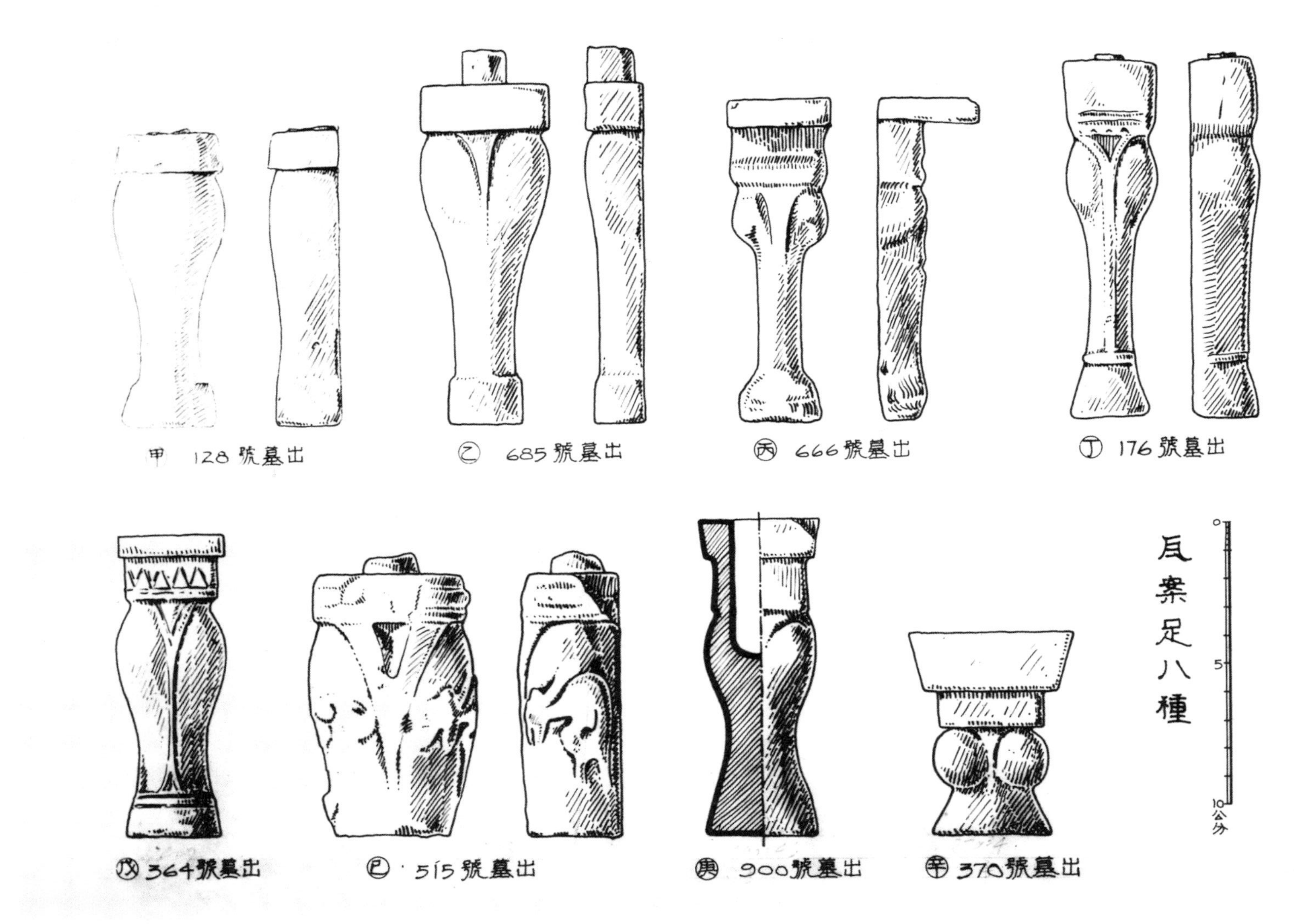

图版 50 第 128、176、364、370、515、666、685、900 号墓明器 瓦案足八种

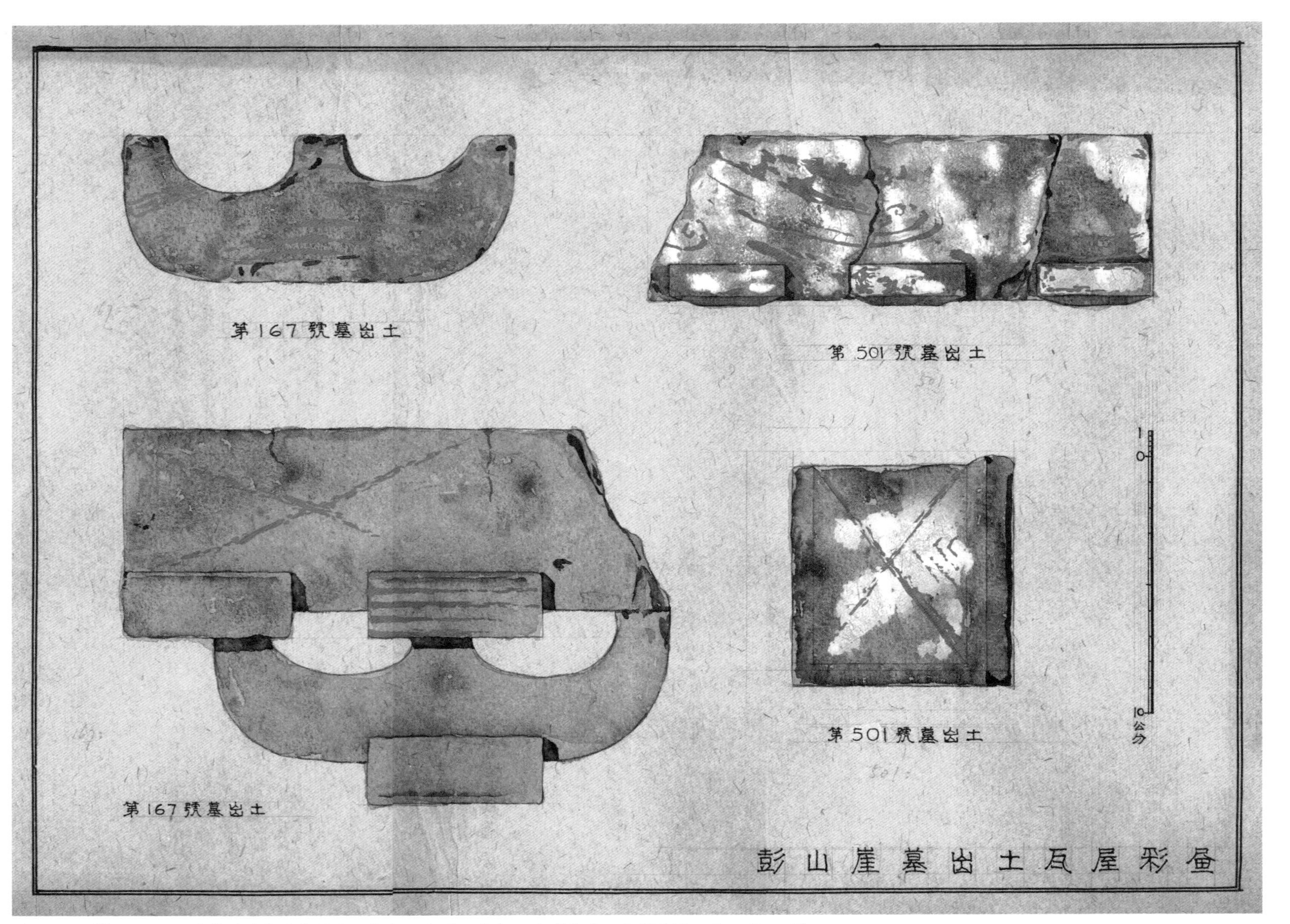

图版 51　第 167、501 号墓明器彩画（图面以左上、左下、右上、右下为序，分别为甲、乙、丙、丁）

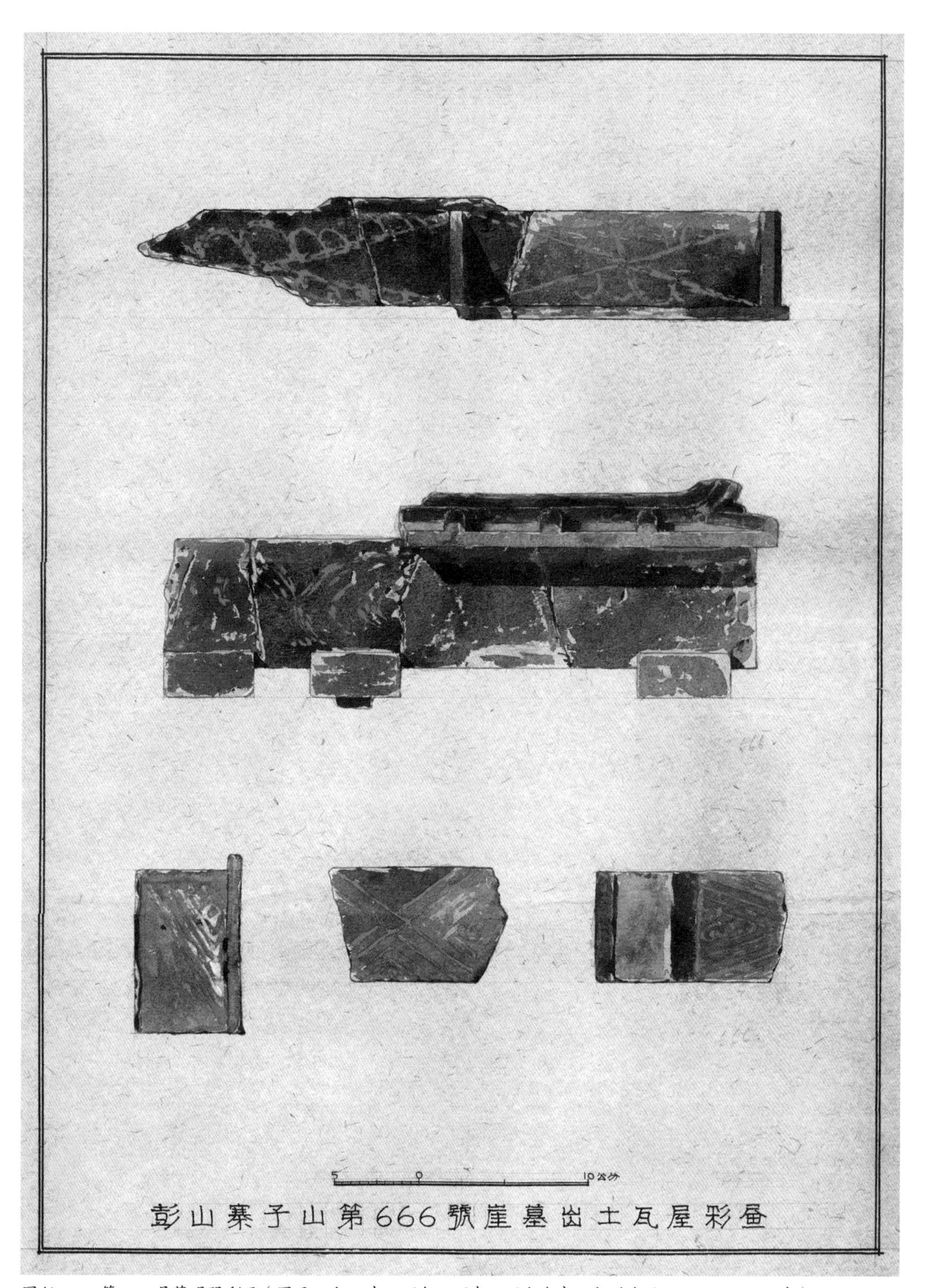

图版 52 第666号墓明器彩画（图面以上、中、下左、下中、下右为序，分别为甲、乙、丙、丁、戊）

图版 53a　甲　二郎庙崖墓内道教造像

图版 53b　乙　第 10 号墓全景

图版 54a　甲　第 50 号墓雕刻

图版 54b　乙　丁家坡全景

图版 55a 甲 丁家坡山顶穴

图版 55b　乙　豆芽房沟全景

图版 56a　甲　第 161 号墓全景（基本完好，取样现下落不明）

图版 56b　乙　第 162 号墓全景

图版 57a 甲 第166号墓全景

图版 57b　乙　第 166 号墓详部

图版 58a 甲 第166号墓斗栱及雕刻（上半部分）

图版 58b 乙 第166号墓斗栱及雕刻（下半部分）

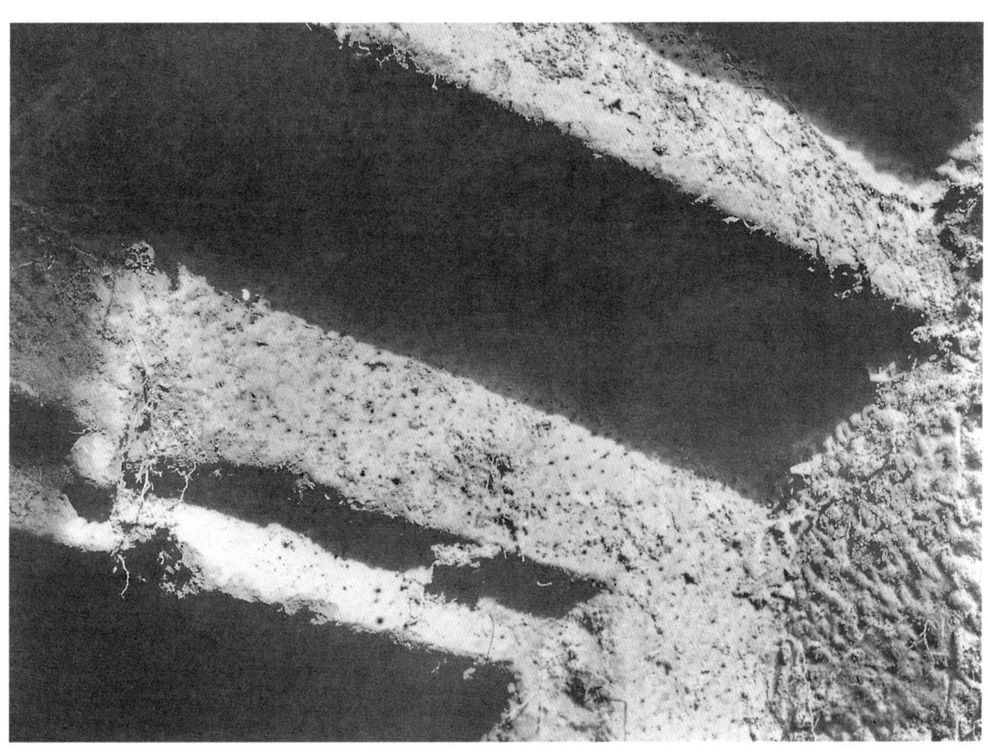

图版 59a　甲　第 167 号墓门部细部

图版 59b　乙　第 167 号墓内全景

图版 60a　甲　第 167 号墓柱栱

图版 60b　乙　第 168 号墓全景（残，取样现下落不明）

图版 61a　甲　第 168 号墓斗栱雕刻

图版 61b　乙　第 168 号墓水管

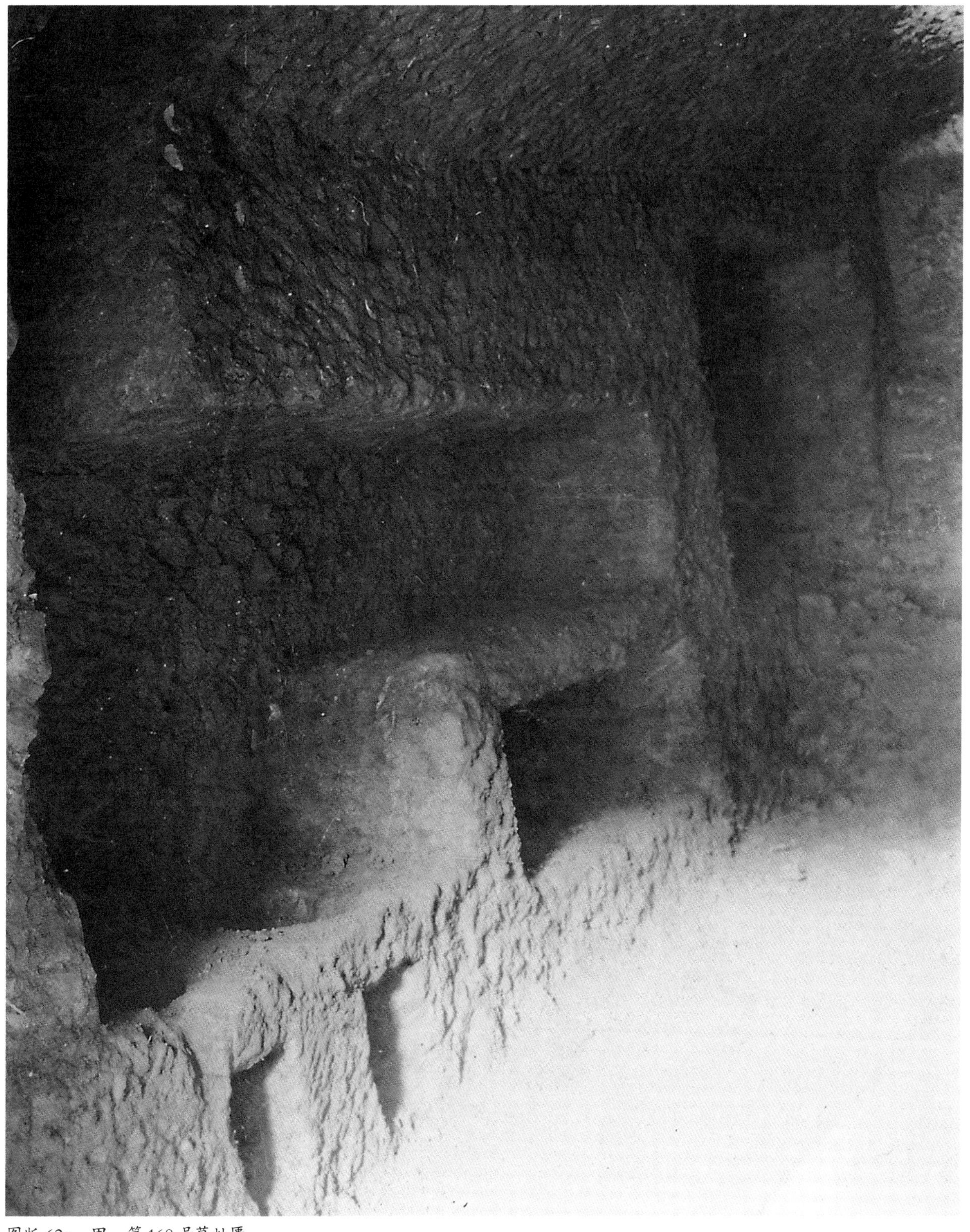

图版 62a　甲　第 168 号墓灶匮

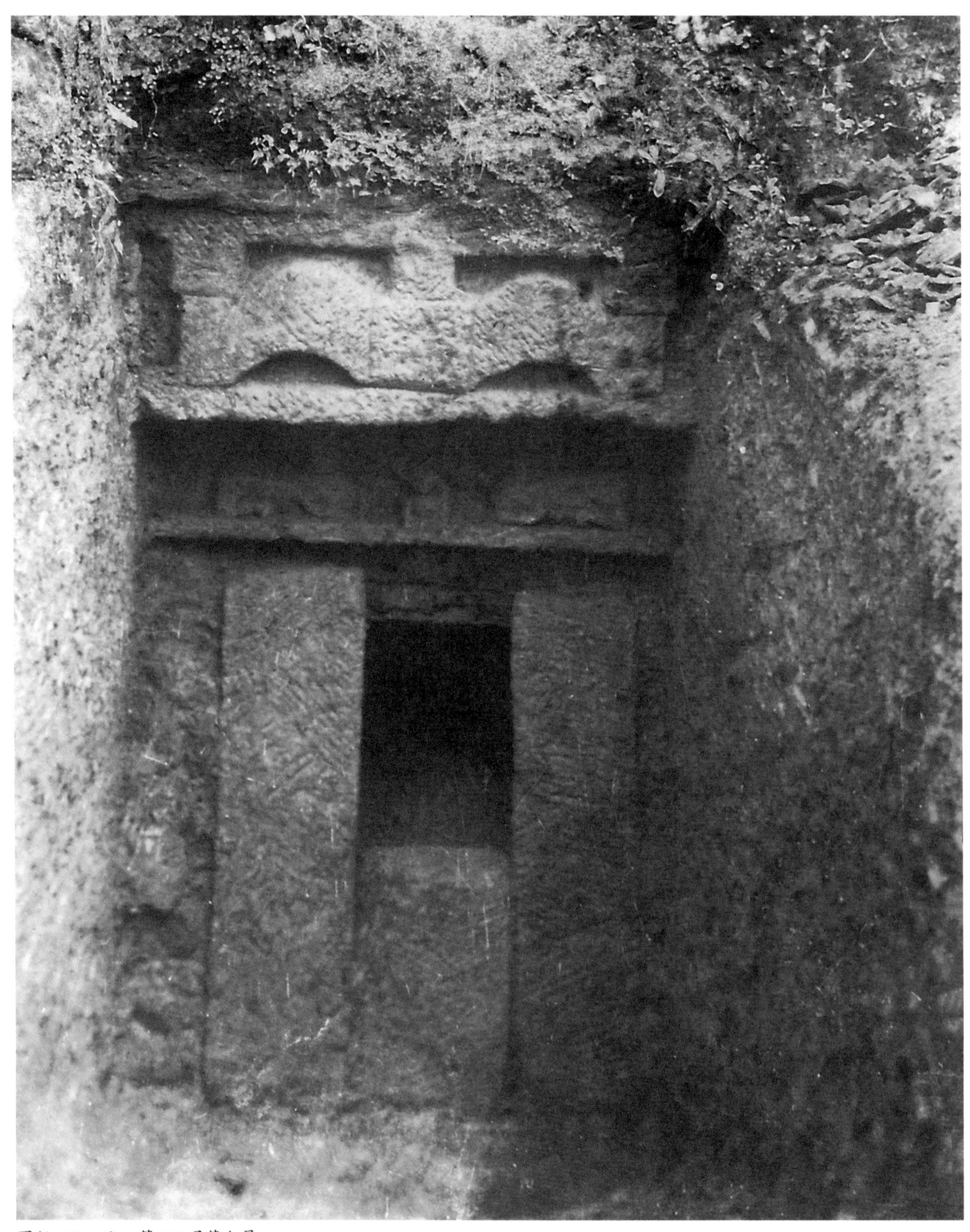

图版 62b 乙 第 169 号墓全景

图版 63a　甲　第 169 号墓门部雕刻

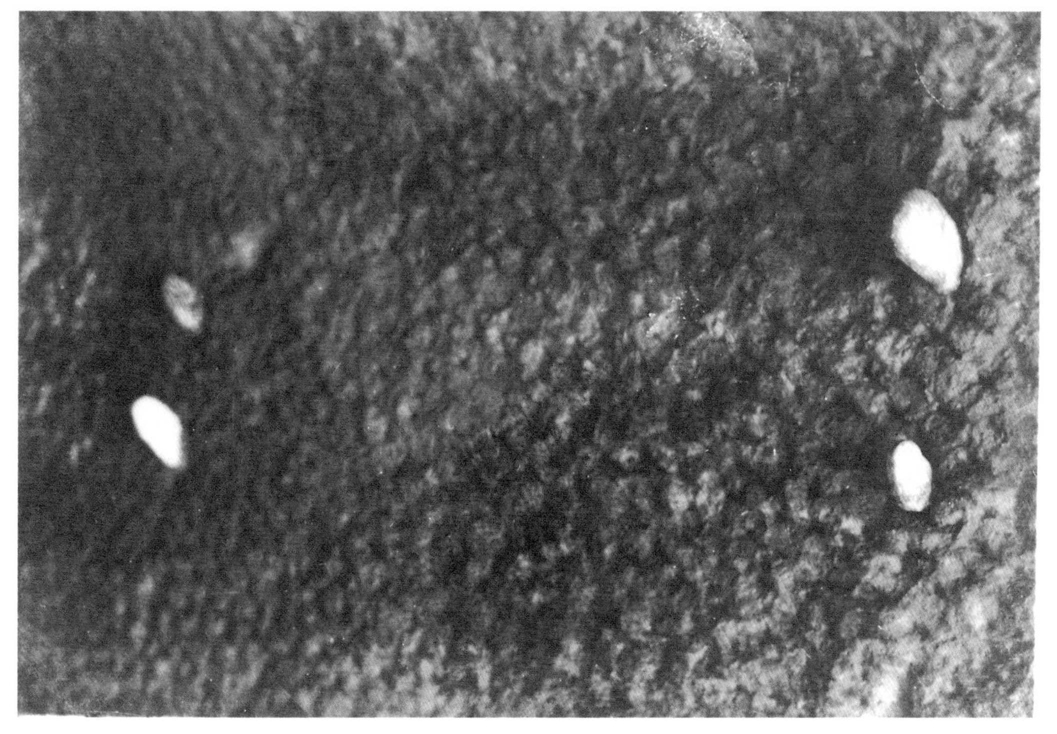
图版 63b　乙　第 169 号墓堂墙面嵌卵石

图版 64b　乙　第 175 号墓门部雕刻

图版 65a　甲　第 176 号墓门斗栱

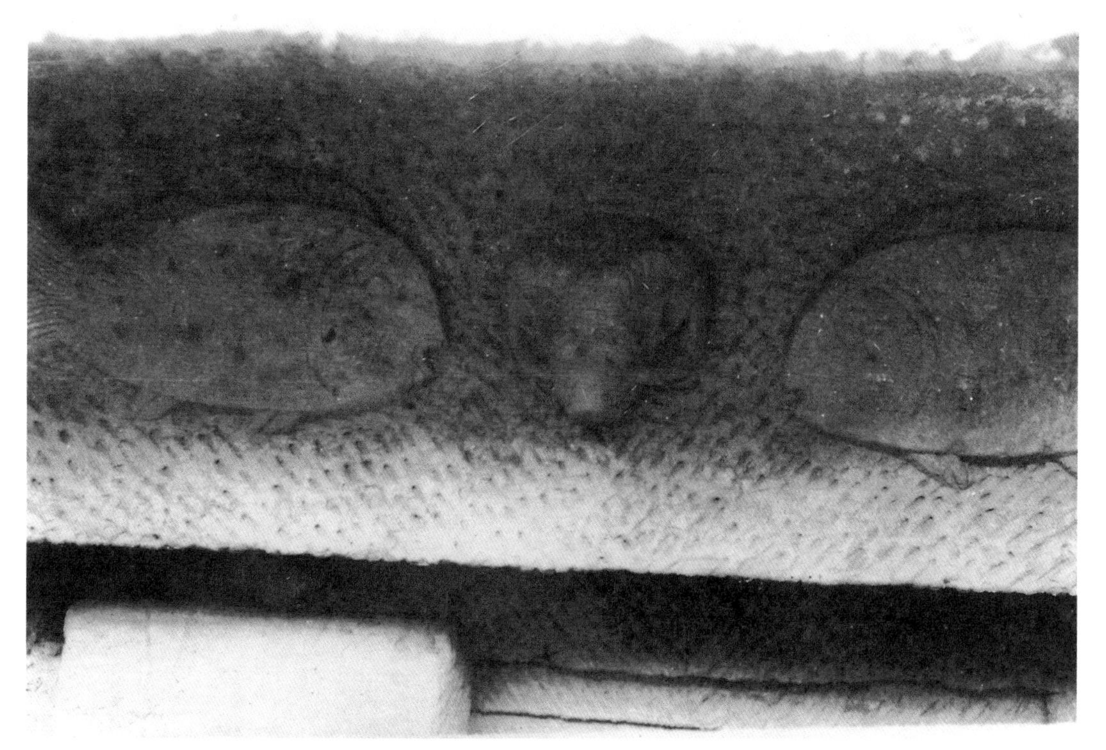

图版 65b　乙　第 176 号墓门雕刻

图版66a 甲 第176号墓灶匮

图版 66b　乙　第 176 号墓灶匮细部

图版 67a　甲　第 205 号墓全景

图版 67b　乙　第 205 号墓门部雕刻

图版 68a　甲　第 300 号墓侧详景

图版 68b　乙　第 305 号墓门部雕刻

图版 69a　甲　第 355 号墓全景

图版 69b　乙　第 355 号墓近景

图版 70a　甲　第 355 号墓门雕刻之一

图版 70b　乙　第 355 号墓门雕刻之二

图版 71a　甲　第 355 号墓石础

图版 71b　乙　第 360 号墓全景

图版 72a　甲　第 361 号墓全景

图版 72b　乙　第 361 号墓崖柱

图版73a　甲　第460号墓外景之一

图版73b　乙　第460号墓外景之二

图版 74a　甲　第 460 号墓墓门全景

图版 74b　乙　第 460 号墓内景

图版 74c　丙　第 460 号墓内崖柱

图版 75a 甲 第 480 号墓崖柱

图版 75b 乙 寨子山全景

图版 76a 甲 第 501 号墓全景

图版 76b 乙 第 505 号墓全景

图版 77a　甲　第 505 号墓坛穴全景

图版 77b　乙　第 515 号墓全景

图版78a　甲　第530号墓八角柱

图版 78b　乙　第 530 号墓方柱

图版 79a　甲　第 530 号墓八角柱柱头斗栱

图版 79b　乙　第 530 号墓八角柱柱身雕刻

图版 80a 甲 第 535 号墓全景

图版 80b　乙　第 535 号墓灶匮

图版 80c　丙　第 535 号墓雕刻

图版 81a 甲 第550号墓门檐雕刻“秘戏”（取样现存于北京故宫博物院）

图版 81a（附） 第550号墓门檐雕刻取样现状

图版 81b 乙 第550号墓门檐雕刻“朱雀”（取样现下落不明）

图版 82a　甲　第 571 号墓全景

图版 82b　乙　第 579 号墓道全景

图版 83a　甲　第 595 号墓全景

图版 83b　乙　第 600 号墓全景

图版84a 甲 第601号墓全景

图版 84c　丙　第 601 号墓近景　坛

图版 85a　甲　第 620 号墓全景

图版 85b　乙　第 620 号墓穴

图版 86a　甲　第 661 号墓道全景

图版 87　第 667 号墓崖柱

图版 88a　甲　第 666 号墓全景

图版 88b　乙　第 682 号墓上部

图版 89a　甲　第 710 号墓全景

图版 89b　乙　第 710 号墓门雕刻

图版 90a　甲　第 685 号墓全景

图版 90b　乙　第 900 号墓水管

图版 91a 甲 第 900 号墓刻辞

图版 91b 乙 第 901 号墓全景

图版 92a　甲　第 901 号墓砖券

图版 92b　乙　第 901 号墓（墓内陈列偶俑）

图版 93a　甲　第 930 号墓雕刻

图版 93b　乙　第 950 号墓全景

图版 94a　甲　第 950 号墓内景

图版 94b　乙　第 950 号墓砖柱

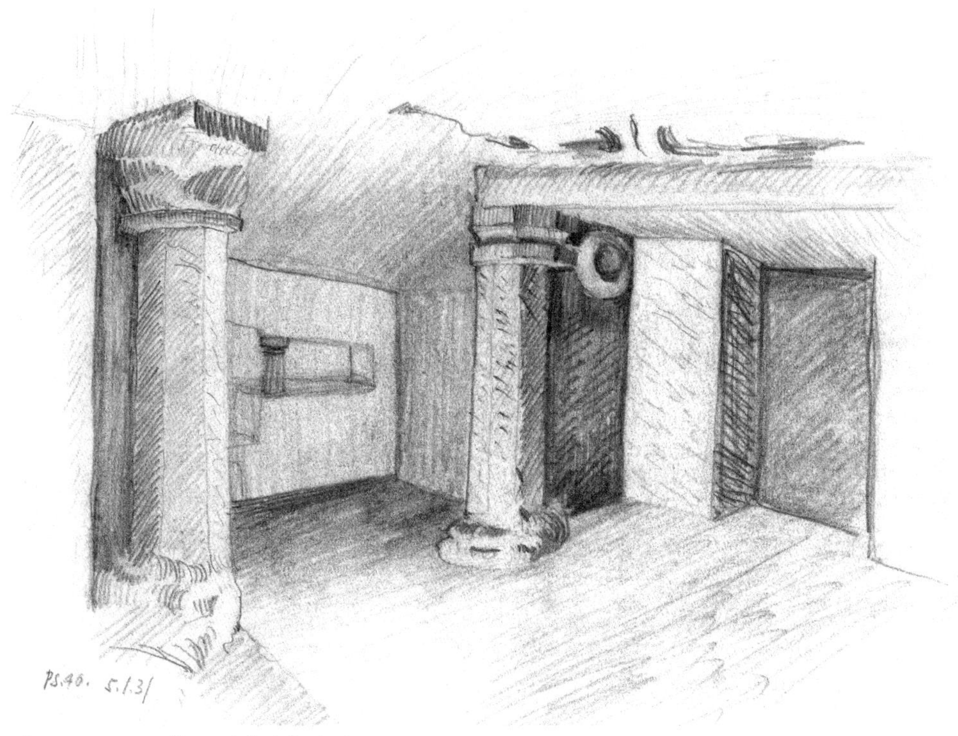

图版 96a　甲　第 40 号墓内景速写

图版 96b　乙　第 167 号墓内景速写

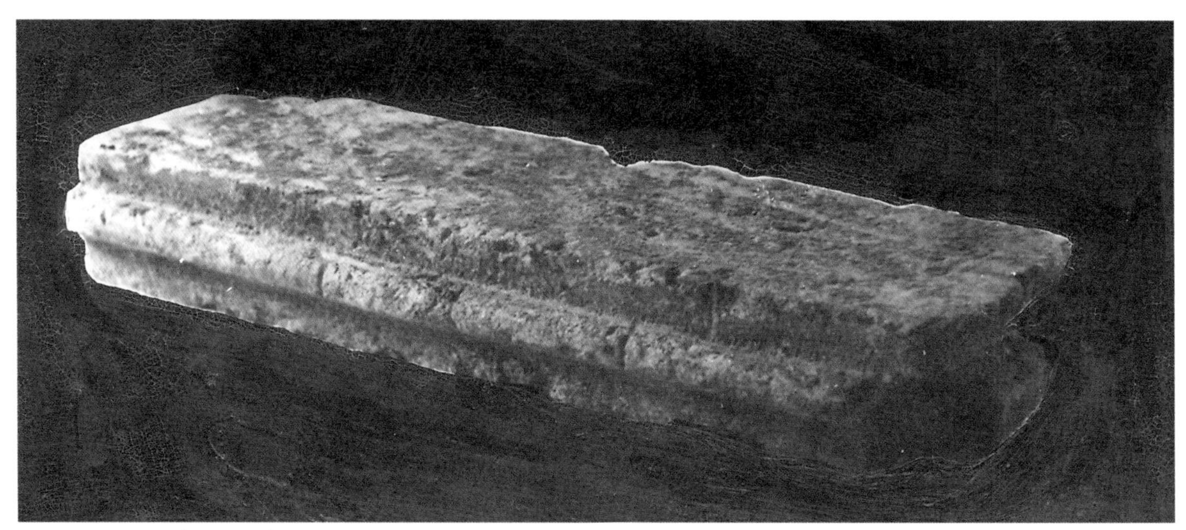

图版 97a 甲 第 505 号墓盒子砖

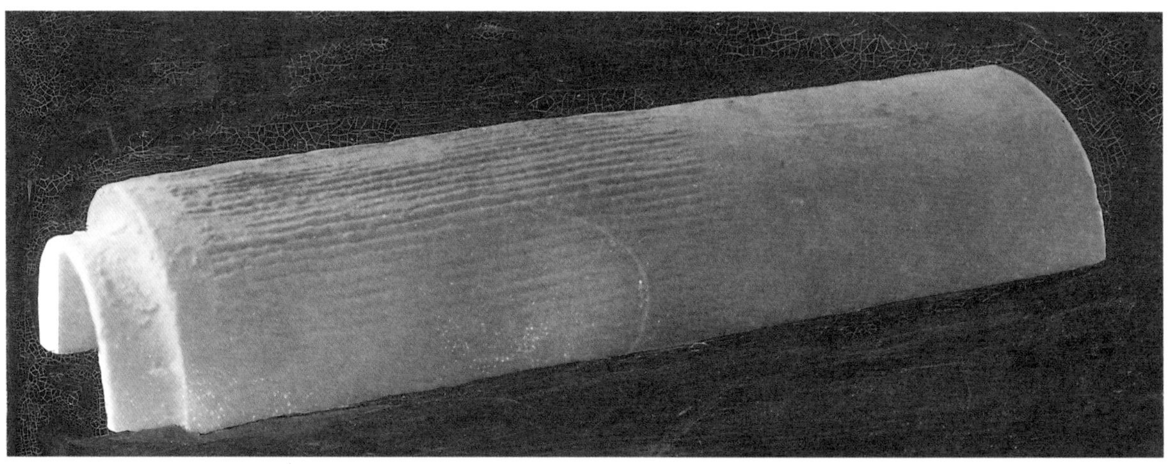

图版 97b 乙 第 661 号墓筒瓦

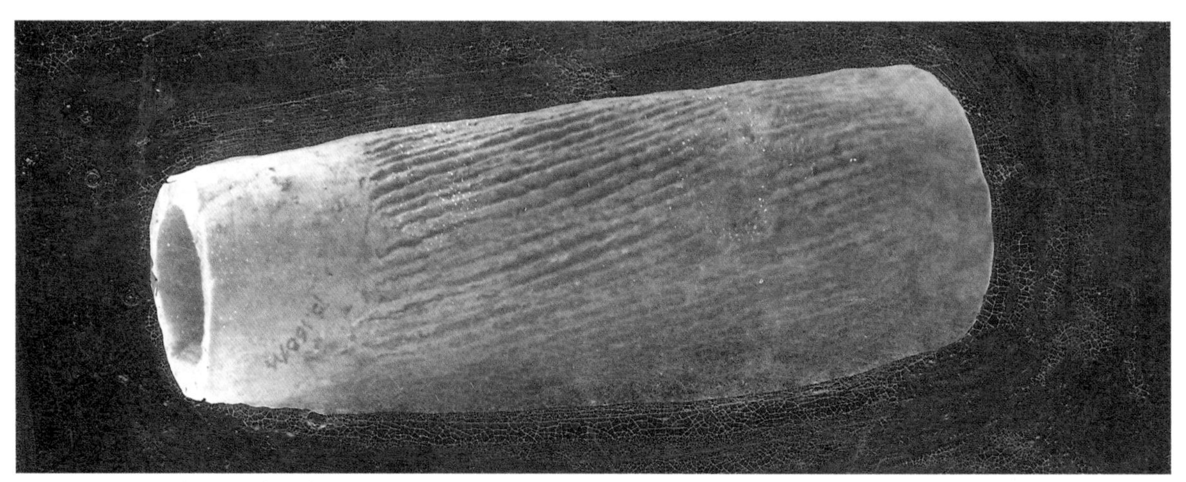

图版 97c 丙 第 168 号墓水管

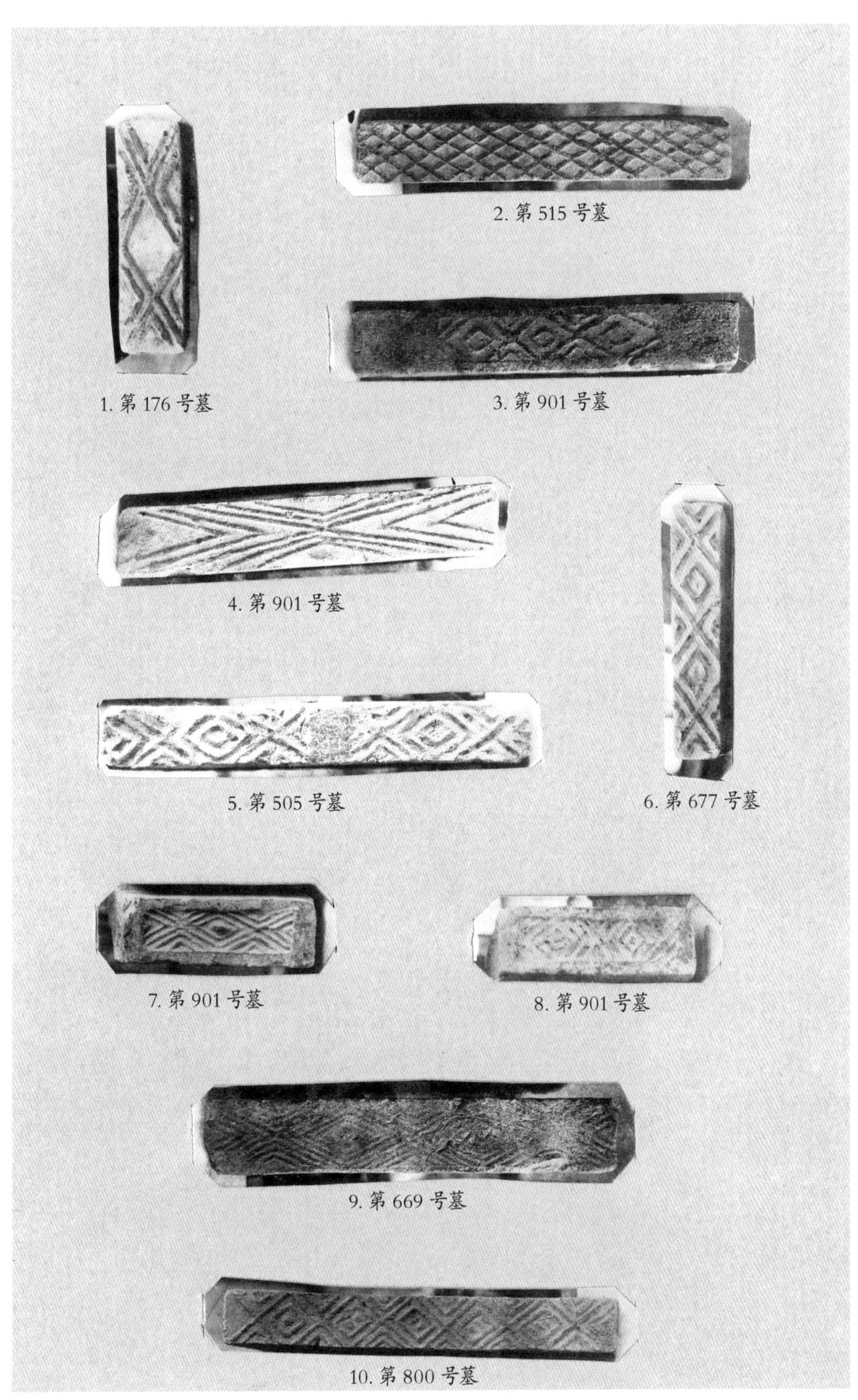

图版 98　第 176、505、515、669、677、800、901 号诸墓砖十种

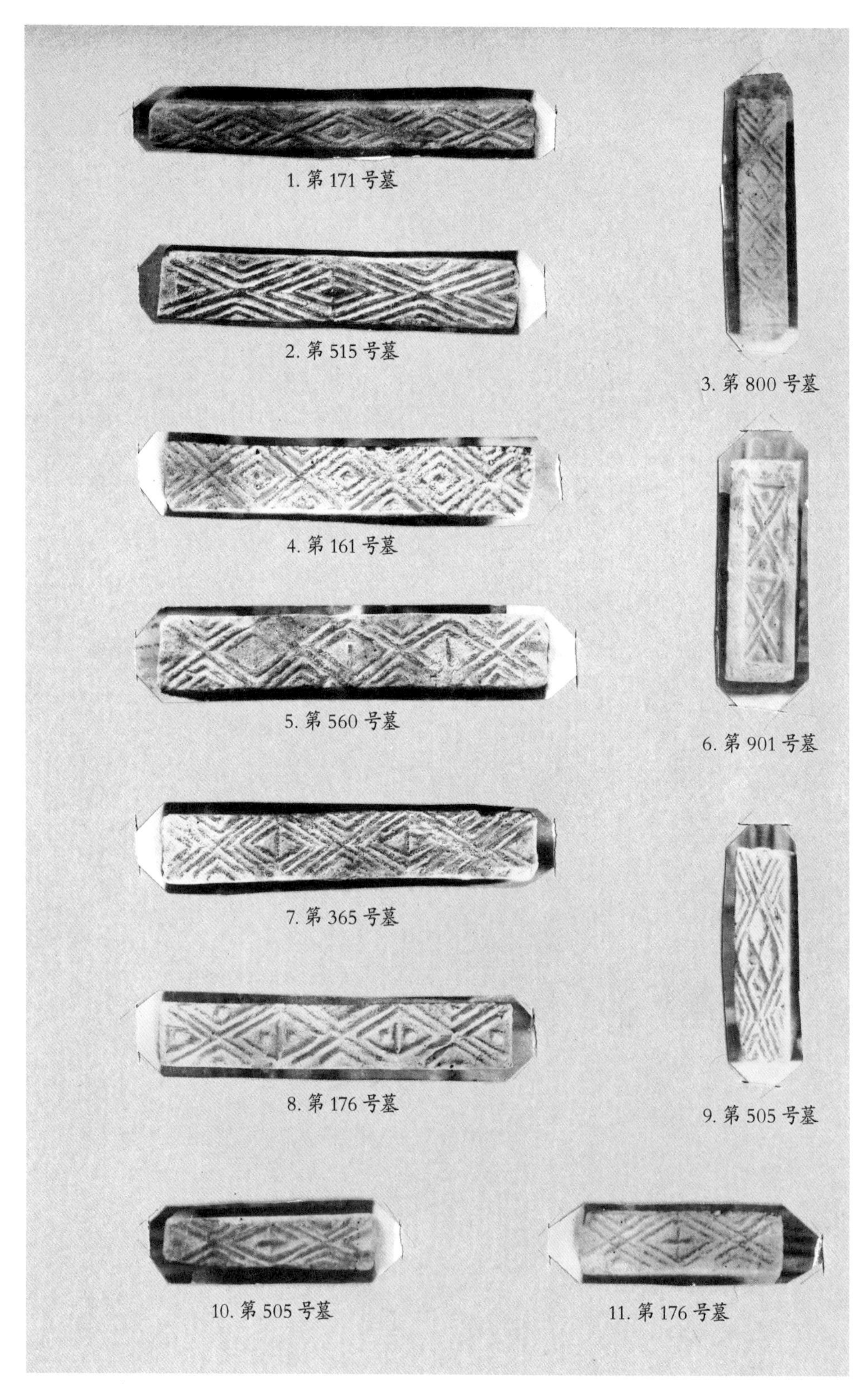

图版99 第161、171、176、365、505、515、560、800、901号诸墓砖十一种

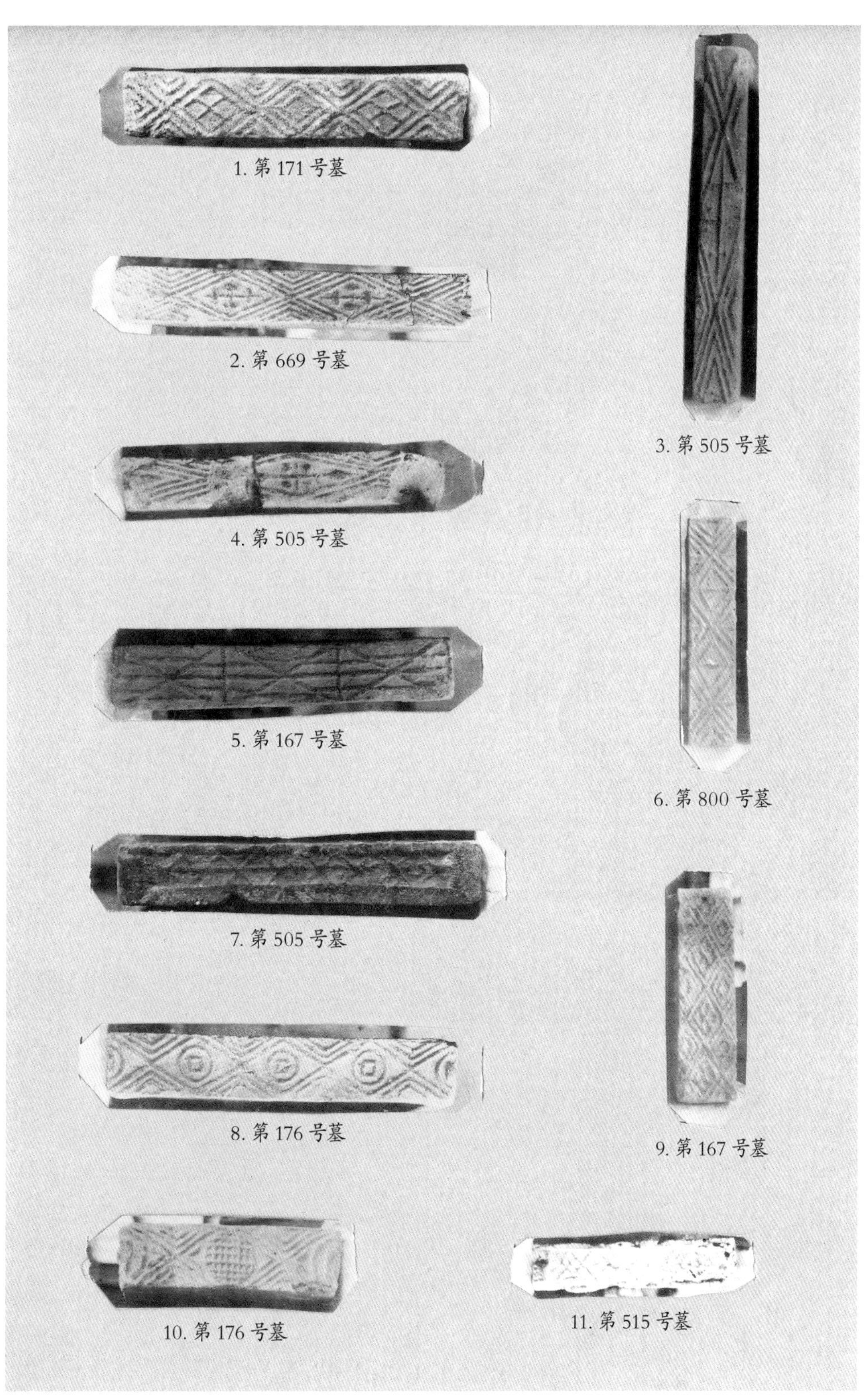

图版100　第167、171、176、505、515、669、800号诸墓砖十一种

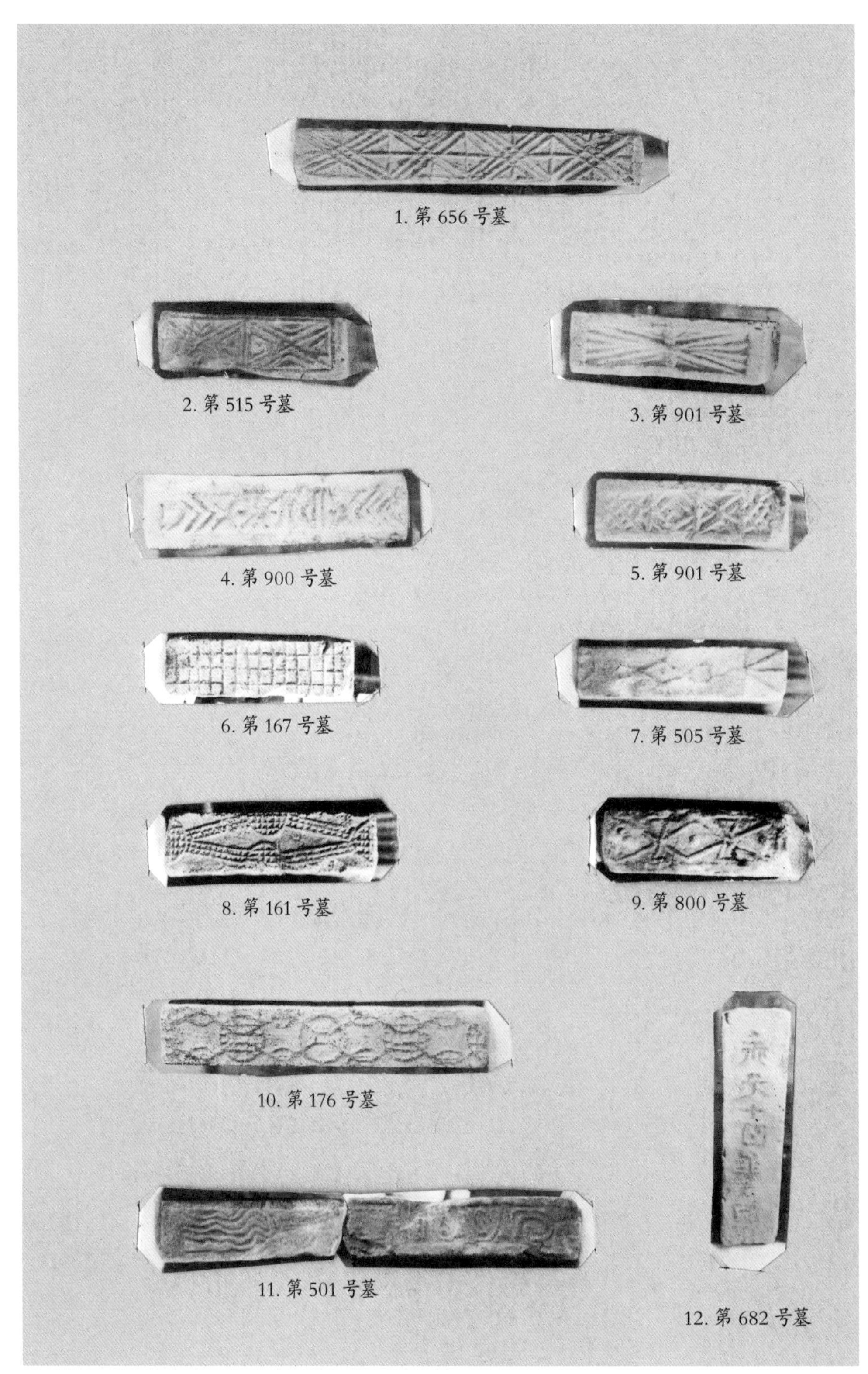

图版101　第161、167、176、501、505、515、656、682、800、900、901号诸墓砖十二种

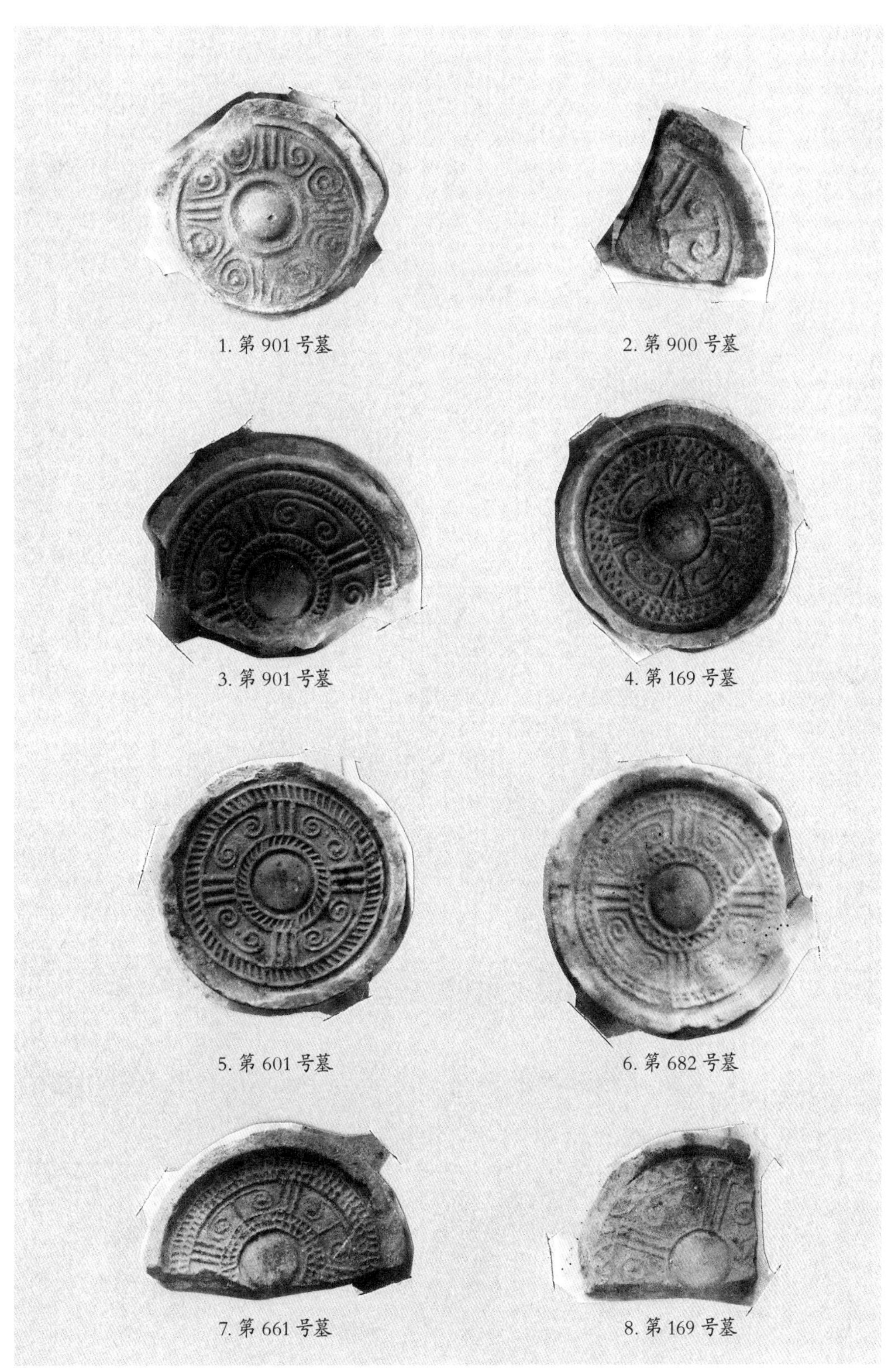

图版 102　第 169、601、661、682、900、901 号墓瓦当八种

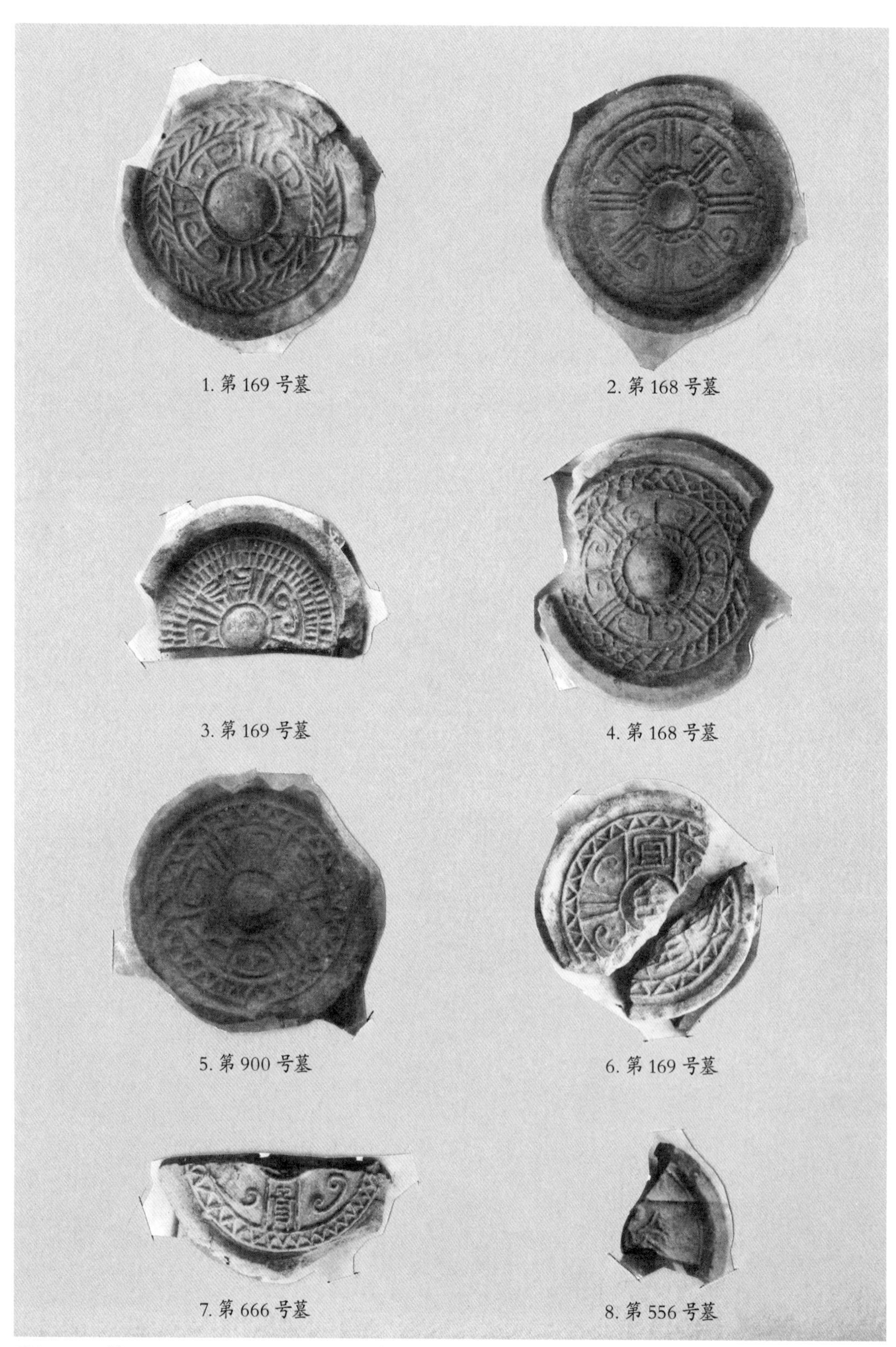

图版103 第168、169、556、666、900号墓瓦当八种

图版 104a　甲　第 365 号墓明器　瓦屋二种之一（佚，以南京博物院编《四川彭山汉代崖墓》之图 86 补阙）

图版 106a　甲　第 550 号墓明器　瓦屋一种（佚，以南京博物院编《四川彭山汉代崖墓》之图 10 补阙）

图版 106b　乙　第 365 号墓明器　瓦井亭一种（佚，以南京博物院编《四川彭山汉代崖墓》之图 87 补阙）

图版 107d　丁　第 550 号墓明器　瓦舂房一种（佚，以南京博物院编《四川彭山汉代崖墓》之图 11 补阙）

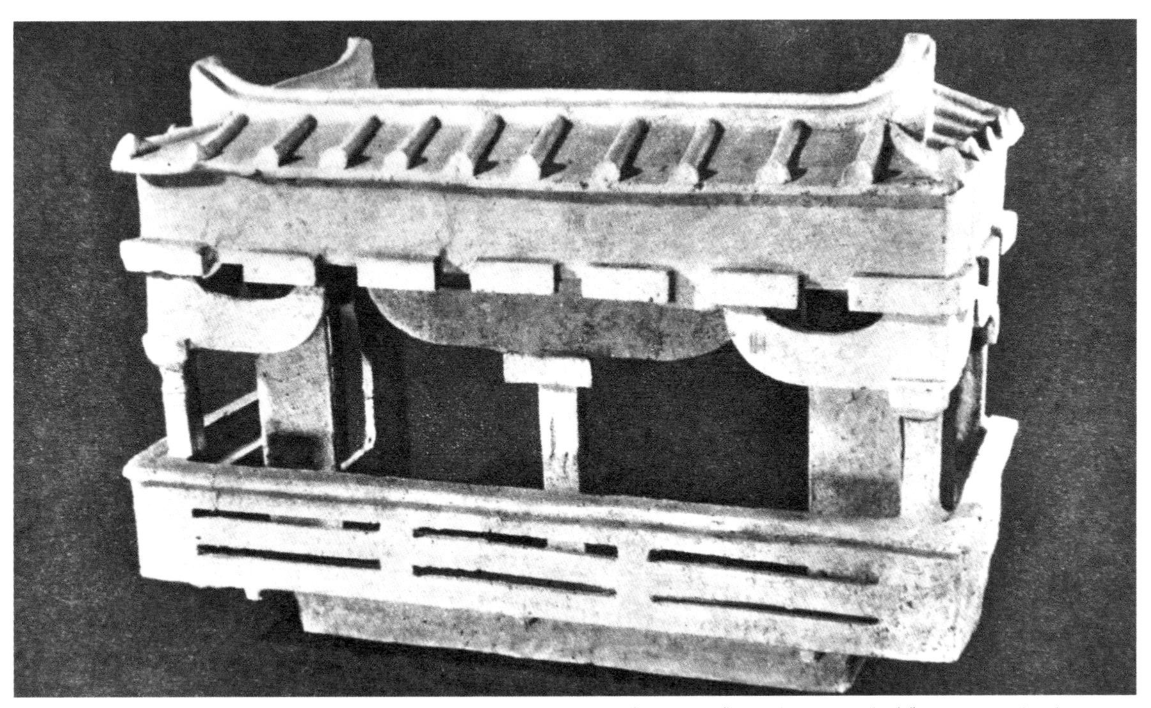

图版 108a　甲　第 901 号墓明器　瓦屋残件一种（佚，以南京博物院编《四川彭山汉代崖墓》之图 88 补阙）

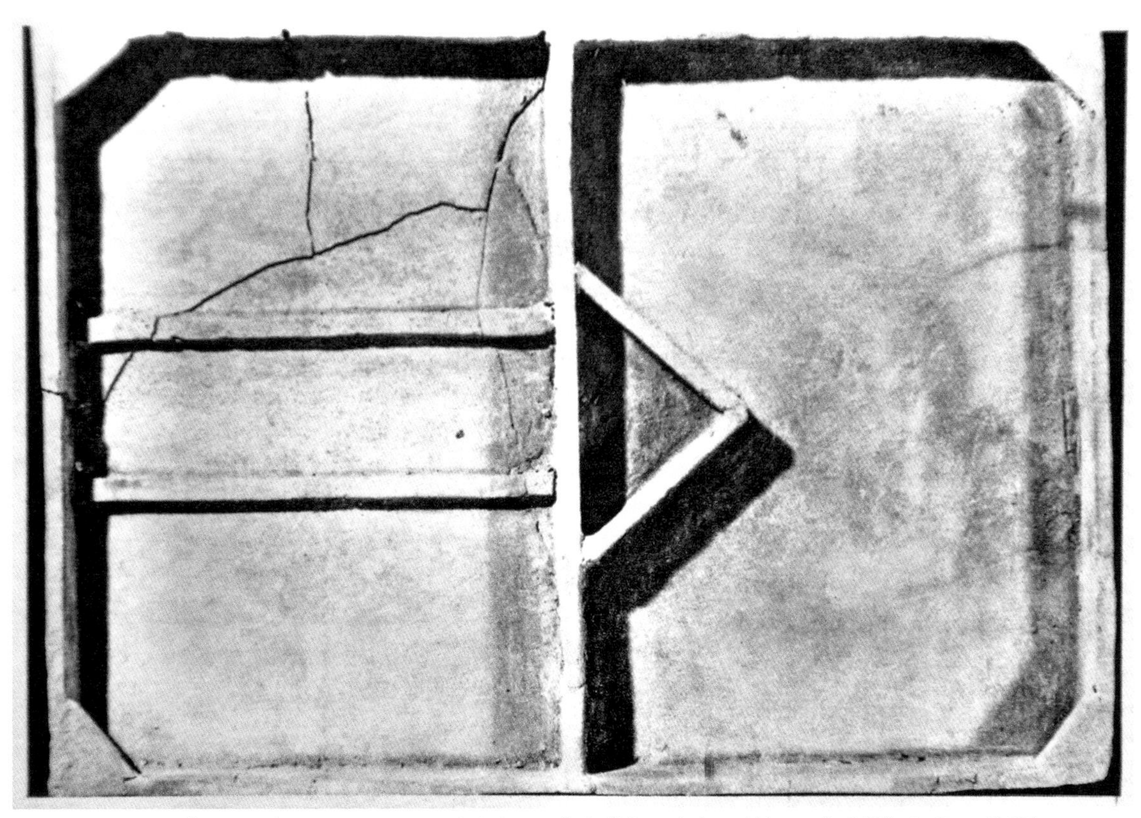

图版 110b　乙　第 661 号墓明器　瓦水池一种（佚，以南京博物院编《四川彭山汉代崖墓》之图 89 补阙）

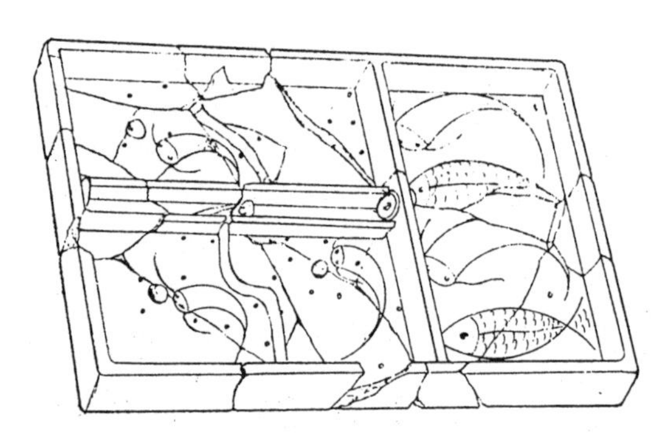

图版 111a　甲　第 661 号墓明器　瓦水池一种（佚，以南京博物院编《四川彭山汉代崖墓》之图 54 补阙）

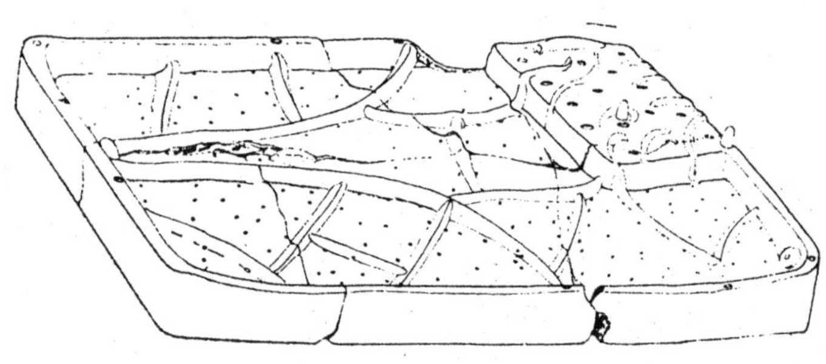

图版 111b　乙　第 365 号墓明器　瓦水池一种（佚，以南京博物院编《四川彭山汉代崖墓》之图 53 补阙）

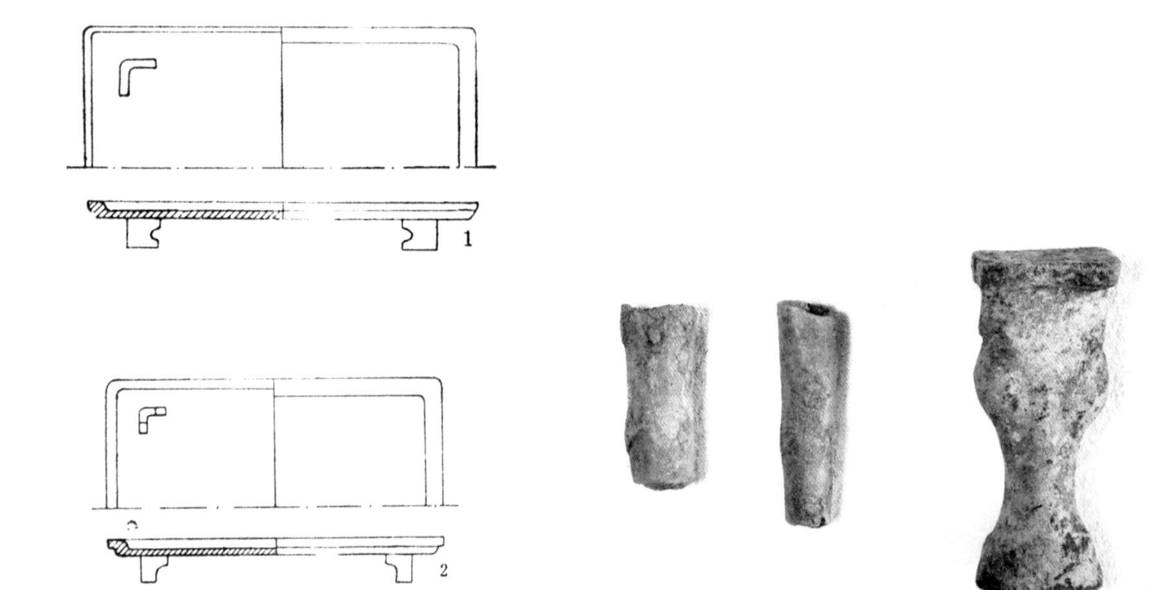

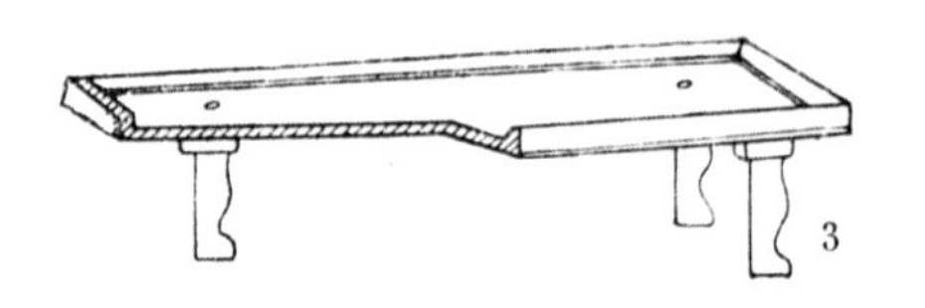

1. 161 号墓出土之瓦案图示
2. 661 号墓出土之瓦案图示
3. 176 号墓出土之瓦案图示
4. 整理者搜集之瓦案足三件

图版 112b　乙　第 661 号墓明器　瓦案一种（佚，现据《四川彭山汉代崖墓》插图及整理者搜集之瓦案足残件，补参考示意图一张）

图版 114b　乙　第 560 号墓明器　瓦制器座一种（佚，暂代以第 176 号墓之器物照片，资料来源为《四川彭山汉代崖墓》之图 6）

图版 115a　甲　第 601 号墓明器　陶俑三种之一（佚，以南京博物院编《四川彭山汉代崖墓》之图 27 补阙）

图版 115b　乙　第 601 号墓明器　陶俑三种之二（佚，以南京博物院编《四川彭山汉代崖墓》之图 17 补阙）

图版 115c　丙　第 601 号墓明器　陶俑三种之三（佚，以南京博物院编《四川彭山汉代崖墓》之图 32 补阙）

图版 116a　甲　第 661 号墓明器　陶俑一种（佚，以南京博物院编《四川彭山汉代崖墓》之图 7 补阙）

图版 116b　乙　第 166 号墓明器　瓦制器座一种（佚，以南京博物院编《四川彭山汉代崖墓》之图 1 补阙）

整理说明

自十九世纪末至二十世纪中叶，以计划周密、规模庞大、取得重大成果而论，我国众所熟知的大规模古文化遗迹科学考察工作可列举三项：1928—1937 年李济、董作宾领导的 15 次安阳殷墟考古；1932—1943 年梁思成、刘敦桢领导的对 11 省、市共 2783 处古代建筑遗构的调查；继斯坦因、伯希和等西方学者之后，王子云、常书鸿等所作的敦煌艺术考古。抗日战争期间，李济先生计划并部分实施的包括众多单项的“战时川康古迹考察”原本可与上述三项相媲美，惜受战时条件限制，该计划仅完成了彭山崖墓、成都王建墓这两个项目的田野工作和发掘报告的总论部分（即许多年之后发表的冯汉骥《前蜀王建墓发掘报告》、赵青芳《四川彭山汉代崖墓》)，而原拟组成研究系列的各项专题研究报告则由于更复杂的原因，或文稿散落、遗失（如莫宗江先生关于王建墓建筑与雕刻艺术的论文手稿遗失，仅余部分墨线图稿），或半途而废（如吴金鼎、高去寻、夏鼐等先生曾拟撰写汉代人种、生活习俗、建筑装饰图案专题研究等），最终得以完成的，仅有曾昭燏先生所作《从彭山陶俑中所见汉代服饰》(见《曾昭燏文集》)和陈明达先生的这篇《崖墓建筑——彭山发掘报告之一》。

陈明达先生的这篇论文约完成于 1942 年底，距今已八十年，是迄今所知陈先生最早的学术论文，也是较早以现代科学方法研究汉代建筑问题的文献之一。通过对崖墓遗址的精密测绘和资料统计、对出土明器的复原和类型归纳，结合大量的古文献记载，陈先生对汉代建筑原貌、技术水平、其大木作与后世材份制的关系等作了基础性的理论探讨；同时，按照当时学术界视建筑与雕塑为整体的惯例，考证、分析了崖墓建筑雕饰的艺术特征与文化内涵。当时，此文已被列为战时中央博物院彭山发掘系列报告之一，拟正式出版，而在此基础上扩充撰写的另一篇题为《四川崖墓》的文稿，则被列入中国营造学社正式出版计划；但终因经费匮乏，未能实现，后者更在战乱中遗失。虽然未能公开发表，但这份文稿仍以其资料的丰富翔实、分析研究的缜密，在小范围内产生了相当的影响。梁思成、刘敦桢等均给予其很高的评价，梁思成在撰写《图像中国建筑史》(*A Pictorial History of Chinese Architecture*)时引证了其中的论述、选用了数帧实测图和照片（见该书第二章）；据莫宗江先生回忆，曾昭燏先生曾说，二十世纪五十年代作山东沂南汉墓考察即借鉴了陈先生的建筑学方法……目前，此论文手稿及所附实测图、拓片、速写画稿、水粉效果图和发掘现场照片等总计 178 种、单张总计 246 帧，其中少量图、照、拓片资料曾暂存他人（如吴金鼎、高去寻等）处，因年久失联而致下落不明；另有若干帧可能存放在台湾“中央研究院历史语言研究所”；其余均已作为重要文献被重庆市博物馆（今重庆中国三峡博物馆）收藏。

为开展对陈明达、刘致平、莫宗江等我国第二代建筑史论学者学术思想的研究，整理者不避自身水平有限，经多次校订（并曾二度赴彭山核对考察遗迹），将此文呈献学界同人。需要说明的是：

（一）此文系用半文言文体写成，为保留原貌，除少量用典生僻或未合当代学术规范之处试作“整理者注”外，均未作修改，手稿因发霉而漫漶难辨之处，以“□”符标明。

（二）原稿附图较多且在文中均注明参阅之处，分“插图”“图版”二种，均单列目录。部分插图、图版原稿佚失，整理者予以简要说明并尽量寻找相似图照补充。需要说明两点。

1. 插图部分不再单列目录，图注随文。原书稿所缺失之插图四、六、一六至二四、四二、六〇，凡 13 张，今由整理者据文义补充插图四、一六至二四、四二、六〇等共 12 张，并在图注中略作说明；插图六则付之阙如。

2. 原书稿图版部分亦有若干原件佚失。所缺失者，或由整理者据文义及相关文献资料补阙，或付之阙如而在图版目录中保存名目。具体情况在图版目录略作说明，并在正文注释和图版之图注中也予以扼要提示。

（三）囿于工作条件，核对引证文献以现有家藏书籍和部分现行版本为主，未能一一核对作者所依版本者，则在文内注明。

（四）作者原注附于文后，整理者注则为随页脚注。

本文的整理工作先后得到了原重庆市博物馆黄晓东副馆长、龚廷万先生，天津大学王其亨教授，清华大学建筑学院张复合教授，南京博物院陆建芳研究员，重庆大学建筑城规学院冯棣副教授等的鼎力支持，在此一并致谢！

整理者

略述西南区的古建筑及研究方向

一、现存的古建筑

（一）阙

古代宫殿、寺庙、坟墓前都有阙，它是分立在两边的两个楼阁形建筑物。古代的阙，据方志和其他文献记载，在四川的应有三十多处。但事实上，保留到现在为我们所知的，全国总共不到二十处，而且都是石造的。[①] 其中四处在华北，是河南登封嵩山的太室、少室、启母庙三阙和山东嘉祥县的武氏墓阙。在西南的有十一处（此数因当时工作笔记不在身旁，只凭记忆所得，可能有出入），即西康雅安高颐阙、四川绵阳平阳府君阙、夹江乾江铺扬宗阙、新都王稚子阙、梓潼无铭阙、渠县冯焕阙及其他无铭阙共六处（分布在渠县北岩峰场、三汇镇、土溪场附近）。[②] 由此，我们就知道四川一省所保存的阙为全国的百分之八十。它们的时代以冯焕阙最早，为西汉末年，其余多数是东汉时的，有一两处可能是晋代的。这些阙除它们本身显示了那一时代的建筑特征和结构外，都附带着精美的雕刻。在绵阳的那一处阙上面[③]，除了原有的汉代雕刻，南北朝时期的人们又增加了一些雕刻在上面，可以在一件东西上面看到两个时代的不同的艺术遗迹。这些阙给我们研究汉代建筑和雕刻提供了宝贵的材料。

有些阙的前面或附近还保存着碑和巨大的石兽，由此推测阙的前面可能原来都是

[①] 据最新统计，全国已知现存石阙数量为 37 处。其中四川、重庆两地存 25 处，即雅安高颐阙，绵阳杨氏阙（原称绵阳府君阙），德阳司马孟台阙，芦山樊敏阙、无铭阙，夹江杨公阙，梓潼李业阙、贾氏双阙、杨公阙、无铭阙，渠县沈府君阙、蒲家湾无铭阙、赵家村东无铭阙、赵家村西无铭阙、王家坪无铭阙、冯焕阙，西昌无铭阙，昭觉县汉阙，成都王平君阙，忠县邓家沱阙、丁房阙、㽏井沟无铭阙、乌杨阙，万州区武陵阙，江北区盘溪无铭阙。其他省、市，计有山东省 5 处——嘉祥武氏祠双阙，莒南孙氏阙，平邑功曹阙、皇圣卿阙，泰安师旷墓无铭阙；河南省 4 处——登封少室阙、启母阙、太室阙，正阳无铭阙；北京市秦君阙；甘肃省瓜州踏实土坯阙；安徽省淮北无铭阙。（详见张孜江、高文主编《中国汉阙全集》，中国建筑工业出版社，2017 年）由此可知，当年作者据文献“四川应有三十多处”的推测距实际情况相去不远。

[②] 中国营造学社 1939—1940 年之四川古建筑调查，渠县为重点区域之一。此处所述渠县“冯焕阙及其他无铭阙”，计有渠县新兴乡赵家村冯焕阙、岩峰场沈家湾沈府君阙、蒲家湾无铭阙、赵家村东无铭阙、赵家村西无铭阙、新兴乡王家坪无铭阙。

[③] 指绵阳府君阙，此阙今称“绵阳杨氏阙”。

有碑和兽的，也许湮没到地下去了。这种情形在渠县也曾看到过。又如，芦山县樊敏墓前有碑和兽，但是阙却不见了。因此，我们在这些古物周围还需更细心地去研究和发现有无其他古物的存在。[图版 1～6]

（二）崖墓

在四川各县都可见到，一般人称它为“蛮子洞”。这些洞是就山崖凿出的水平深洞，作为埋葬死人的坟墓，有各种大小不同的形状。最小的仅可容一棺，最大的除了放棺的洞从数米至三十余米深，洞外还凿出一个数十米宽的大厅；最简单的只是一个光光的洞，而复杂的却雕刻着各种人物、图案和风景。它的时代大多数属于汉代，有确切年代的有永元十四年（公元 102 年）、永寿四年（公元 158 年）、延熹五年（公元 162 年）、熹平四年（公元 175 年）、光和三年（公元 180 年）等墓。其中有一个有姓名的是“蓝田令杨子舆”（在彭山）。经我们调查过的有乐山、彭山、新津、绵阳、昭化、广元、阆中、渠县、叙永、南溪、宜宾、犍为、内江等。其中以乐山的麻濠、柿子湾、箧子街、北崖[1]和彭山（汉代的犍为郡武阳县）的豆芽房沟、寨子山等处，包含材料最为丰富。

乐山的崖墓，多数是前面有一个大厅，厅内墙面上雕刻着各种建筑、人物图案，也有在两侧墙上浮雕着阙的形状，所以当地的人往往误认为这个大厅便是阙。厅后面的崖壁当中凿出一个神龛，可能是祭祀的对象。龛两侧即是两个墓洞。这种种的组成方式，足以知道它和华北的汉墓形式并无不同之处，即墓的前面是一个“祠”或石室，再前便是“阙”（如山东嘉祥的武氏墓便是这样的），仅仅由于环境的限制，把那个独立的“祠”和墓连接起来，在山崖上开凿成为这样的形式。彭山的崖墓就和乐山不同。它的前面没有大厅，但是多数都在墓门上雕刻着一具斗栱和其他的装饰，在墓内有很大的石柱斗栱。

这些崖墓本身所表现的建筑形式和墓内出土的陶俑、瓦器、铁器、砖瓦，提供了我们研究汉代建筑、美术以及社会生活等各方面的宝贵资料。从建筑上看，它的重要

---

[1] 北崖，今称白崖或白崖山。

性是与阙相等的。由于它所有的斗栱比阙上所有的要大得多，更给予我们精细研究的可能。并且在初步的研究上，我们已认识了汉代的斗栱还没有如后代那样固定的法则，由此可以证明斗栱的发展在汉代尚未成熟，或者距离它形成的时间还不久。这是建筑研究最重要的一点，是其他汉代的文物所没有的。[图版 7、8]

我们在 1940 年至 1941 年于彭山发掘时了解到，这些宝贵的古物在当时正在遭受三种严重的破坏：第一，在成都华西大学任职的美国人任意盗窃墓中古物。其结果是我们所发掘的将近二百个墓中，除了崖石上的雕刻，墓内被破坏得凌乱不堪，无法找到一件完整的物件，而大敞着门、空洞洞的洞子更是多不胜数。第二，当地军阀、恶霸利用这些崖洞作为他们收藏军火、私产、鸦片烟的库房，给洞口装上铁门，用武力守卫着。第三，由于崖墓的所在地石质较好，乡村的地主和开采石料的商人最喜欢选择这些地点开采石头。同时因为崖墓已经有一面打得相当平整，可以省工。这种情形，以彭山王家沱为最严重。解放后，那些破坏的情形，基本上已经消灭了。但因为四川的石质松软，易于风化，今后如何设法加以保存，尚需详细研究处理。

（三）木建筑物

木建筑是较难保存长久的。在华北地区气候干燥，保存尚多，但直到现在也只发现了一座山西五台山豆村佛光寺大殿是唐代末年的建筑，其余辽、宋的建筑总共不过三十几座。西南气候潮湿是木建筑不易保存的最大原因。据我们所知在西南的古代木建筑仅有下列各处。云南安宁曹溪寺大殿是宋代末年的建筑，西康芦山县姜维庙是元代的建筑（姜维庙前的两个石兽可能是较早的作品）。明代的木建筑保存较多，最早的一处是四川峨眉的东岳庙[①]，1939 年我们看到它时，已是摇摇欲坠、行将倒塌的状态，现在又隔十余年，不知尚存在否。此外在云南的昆明、大理、丽江、宾川，四川的成都、梓潼、阆中，都还保存着几个明代的建筑物。重庆凯旋路拐弯处的那一座阁，就其结构、方法、式样似为明代建筑，因没有详细勘察，所以不能得到更进一步了解的材料。这是一个应当加以修复、保存的建筑。成都鼓楼街南大寺（伊斯兰教）的工字

[①] 今习称峨眉山大庙飞来殿。

形大殿是明代的建筑，地点正在市区中央，应及时修理保存。[图版9～12]

（四）塔

这是在全国各地所最常见的。不过以年代、式样、构造各方面来看，西南古建筑中塔的价值不算高。就记忆所及，比较重要的有云南昆明西寺塔、官渡镇金刚塔、大理崇圣寺三塔、蛇骨寺塔、凤仪双石塔，四川乐山凌云寺塔、宜宾旧州坝塔。这都是属于唐、宋两个朝代，保存较完整，有显著的特征，所以作为西南区古塔的典型并不过分。[图版13～15]

（五）佛窟

西南区的佛窟、摩崖造像，也几乎随处都有。经过调查研究的有乐山大佛寺，夹江千佛崖，广元千佛寺、皇泽寺，大足宝鼎寺、佛湾、北崖，潼南大佛寺及绵阳等处。其中以广元及大足两县[①]为最重要。广元的规模仅小于敦煌、云冈、龙门三处，和山西天龙山差不多。其时代大多数是唐代的，在皇泽寺有少数几处可能较唐代稍早一点。千佛寺在嘉陵江东岸，抗战时期因开川陕公路被毁去约三分之一，但就现存的数量看来，其丰富已是足够惊人。它在雕刻上显然是唐代的手法，而它的图案布置，却保留若干南北朝的风格。这就表现了它还是一种过渡时期的作品。这是广元千佛寺特点之一。此外有一个窟中雕刻着佛游四门的故事，它的构图、背景都是写实的作风，这是在其他地点所没有看到过的。此为千佛寺的特点之二。

皇泽寺在嘉陵江西岸，正与千佛寺遥遥相对。这个佛窟是唐朝武则天所开筑的。皇泽寺是几个大规格的佛窟和支提窟，与千佛寺是接连不断的由许多小窟连接起来的不同，但它全部规模较千佛寺要小些。在北端露天的大窟中，菩萨、尊者下所雕的供养者像最精彩，以极简单轻松的刀法，表现出极细致生动的神情，可以说是艺术价值最高的作品。在这大窟近旁的一个小庙中保存着一尊武则天的坐像。这是一座等身雕像，由它的一切表现、服装等判断，确是当时写实的作品。在寺的南端有两个支提窟，

---

① 今广元市、重庆市大足区。

它的时代可能较皇泽寺本身略早，但无疑它是中国现存支提窟中最晚的两个。我们来到皇泽寺是1939年，其时正在它的南端开凿山洞作军火库，以后不知是否损坏了这些古物。

大足县共有佛窟、摩崖三处，即佛湾、北崖、宝鼎寺。当时我们在大足工作得不够彻底，三处中仅在佛湾和宝鼎寺停留时间较久。佛湾也是唐代的造像，数量不多，但是它把在敦煌壁画中所常见到的“经变像”用深浮雕表现出来，这还是在其他佛窟、摩崖中没有看到过的。宝鼎寺全部是宋代的作品，它不像那些早期的石窟，一个窟和另一个窟没有什么关联，而是在一个区域内作了全面的布置，这是它的特点之一；另一特点就是它全部是属于佛教中密教的雕像，其中很多作品是其他石窟中所没有的，例如孔雀明王像、千手千眼观音像以及进口处所雕的法轮。在宋代的雕刻中它也是精美的作品，不能因时代较晚而轻视它。

在大足佛湾、北崖及广元千佛寺的雕像中，还有一些道教雕像掺杂在里面，为北方各石窟中所没有看到过的现象。[1] 这可能说明道教的信仰南方较盛于北方，或者道教就是在南方发展起来的。此外，据方志及其他的文献记载，在四川的巴中、资阳、简阳、仁寿、荣县等地还有很多的石窟。其中资阳的石窟是在1938年修成渝铁路时显露出来的，但大部分仍在现在地面以下，不知现在成渝铁路是否经过此处。巴中的石窟就方志所记载推测，可能比广元、大足等处的规模更大些，可惜当时因交通不便没有能够去查看。[图版16～18]

以上仅就所见的古建筑及佛窟最重要的略作述说。此外，如成都的琴台，经发掘后证明是五代时王建的墓，其中的彩画、雕刻和玉册都是文物中宝贵的物品。南溪李庄附近曾发现一块古戎州的界碑，可以推知是唐代戎州的边界，对地理研究是有参考价值的证据。四川乡间随处可见的“生机”（四川俗语，即生圹的意思），大多是宋代的坟墓，其对于历史、建筑、雕刻都是很好的研究资料。川西灌县的铁索桥[2]，西康、西藏的铁索桥、叠木桥、溜索桥，都表现着一定时期和客观环境下所创造的工程方法。在川北古代的栈道上也可能找到一些关于古代工程的研究资料。所有这些都不能在这

[1] 北方石窟中有太原龙山石窟，系元代道教石窟，作者作此文时尚不知晓。
[2] 灌县，今四川都江堰市，“灌县的铁索桥”即都江堰之珠浦桥，今称安澜桥。

篇短文中一一述说。总结起来说，西南区的古代文物是足够丰富的。我们第一步必须做好保护工作，使它们不再遭受损坏，以后才能进一步作详细的调查研究和修缮管理，作永久性的保存，使广大人民都能深刻认识祖国历史文物的伟大价值。[图版 19 ~ 22]

二、西南区建筑的特点及研究方向

第一，由于西南气候潮湿，以木材为主要建筑材料的建筑物不能长久保存，所以在西南区我们不能专以“古”为研究对象，比较“今”的也应加以注意。过去在西南区对古建筑的调查研究一般地存在着好古的观点。因为人们认为在北方有了唐代末年的建筑物，有许多辽代和北宋的建筑物，对四川境内存在的几处元代建筑和明代建筑就认为时代太晚，不屑查勘。这种态度，忽视了我们研究古建筑的目的是了解它演变的规律和构成它的客观条件，不是单纯地求“古”。西南区因地形气候的不同，就形成了各种类型的适应它自己客观环境的建筑，如四川的穿逗竹编墙的建筑、云南的版筑墙一颗印式的建筑、云南山地中的井幹式建筑、西藏高原的建筑，都是在各种不同的客观条件下为求适应自然界的环境而产生的形式。它供给我们以丰富的研究材料。这就是西南区建筑的一大特点，必须深刻地加以研究和了解。

第二，由于西南区各地风俗习惯和民族的不同，建筑物的平面种类也各不相同，与北方较单纯的四合院式更不大相同。例如，川西的住宅平面狭而深，并多有曲折变化的花园。云南的一颗印的平面、丽江的“民家”建筑平面、康藏区的建筑平面，都是适应各种不同的社会生活而创造的。这些都是我们研究西南区建筑的一个重点。[图版 27、28]

第三，斗栱是中国建筑的一种最重要的特点，在过去对建筑的研究上都是一致地称赞着它的雄壮伟大。因为有斗栱的建筑都是宫殿寺庙,所以把它称为“宫殿式建筑”，以致一般人误解中国式建筑便是宫殿式建筑，除了宫殿式建筑便无所谓中国建筑了。他们忽略了这种由劳动人民所创造的有斗栱的伟大建筑物，一向是被统治者所享受，而劳动人民本身只能用最简陋的建筑物栖身。对于大多数人民所住用的建筑物的研究，我们是不应轻视的。尤其是西南有斗栱的建筑较稀少，就更不应以斗栱为研究的重点，而是要以它整个的木构架作为研究的重点，寻找它的发展规律。[图版 29~31]

第四，在川西、川南现存的若干清代初期、中期的建筑中，有些可以灵活运用的墙壁。它是以木为框、两面编竹抹灰做成，可以随时拆卸安装。它具有一种可以大量生产和标准化的性能，但是没有被广泛地采用，没有更进一步地发展。这是什么原因？云南剑川县以生产门窗著称，从事此项工作的劳动人民专门制作门窗，运至各县销售。这种生产在剑川县已有相当长久的历史了。它也具有大量生产和标准化的性能，而且表现了建筑中分工的可能性，但是它为什么仅限于剑川县，没有向外交流发展呢？我以为像这一类的事实正有待我们去发现和研究。西南地域广大，绝不会只此两例。[图版 32]

第五，过去我们常认为北方建筑是全中国的准绳，而忽视了北方建筑形式以外的建筑。例如，西南区一些屋角几乎直立地翘起，这是北方所未见，我们应研究和了解它的原因。另外，西南区的建筑屋檐显得薄，北方平房多而西南楼房多，北方的建筑多机械的公式化而西南的建筑显得运用灵活，变化较多。这些正说明了任何形式都是与它的客观环境相联系，因时因地而不同，不能作机械的规定。我们要找出西南区建筑细节装饰的这些特点，研究出它发生和发展的源流。

（原载《文物参考资料》1951 年第 11 期，本卷选用时略有删改）

图　版[①]

① 以下图版为整理者选配。

图版 1a　雅安高颐阙西阙（立者左起为梁思成、陈明达）

图版 1b 雅安高颐阙东阙及高孝廉祠之石兽

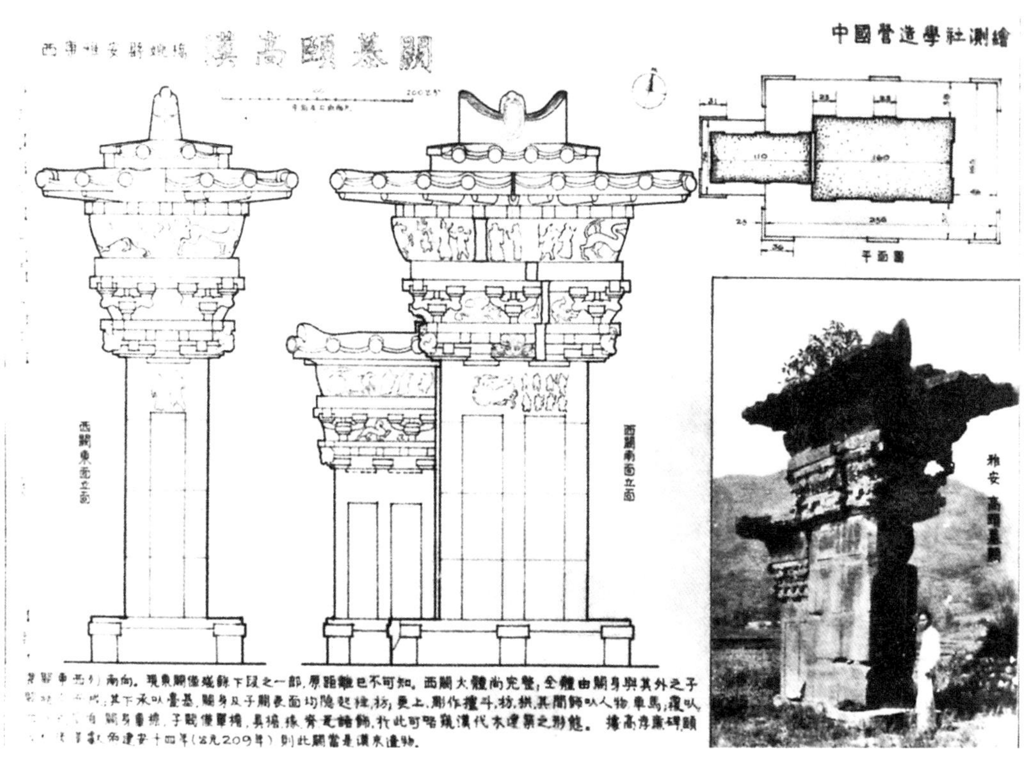

图版 1c 雅安高颐阙测绘图（立者为陈明达）

图版 2a　绵阳平阳府君阙之一

图版 2c　绵阳平阳府君阙　阙身之南梁补刻佛龛

图版 2b　绵阳平阳府君阙之二

图版 3　夹江杨公阙（立者为莫宗江）

图版 4a　渠县沈府君阙西阙全景（陈明达摄）

图版 4b　渠县拦水坝蒲家湾无铭阙（立者右起为莫宗江、陈明达，梁思成摄）

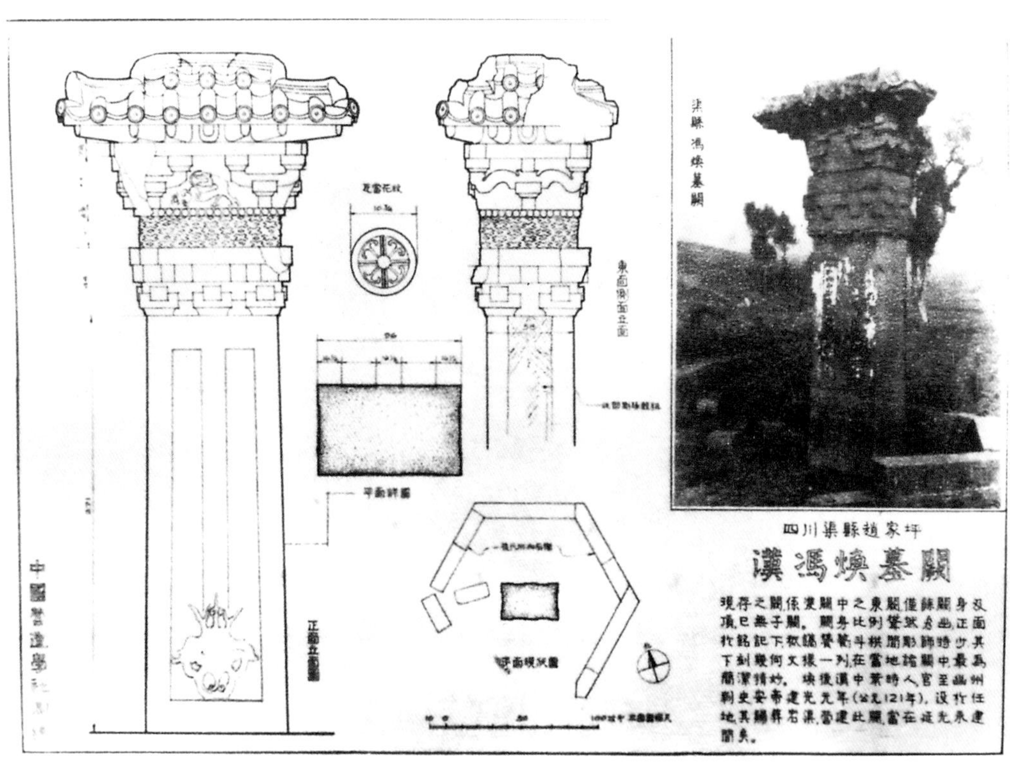

图版 5a　渠县冯焕阙测绘图及照片（陈明达摄、绘）

图版 5b　渠县冯焕阙考察现场（陈明达摄）

图版 6　渠县王家坪无铭阙（梁思成摄）

图版 7a　乐山白崖崖墓之一（左起为梁思成、杨枝高，陈明达摄）

图版 7b　乐山白崖崖墓之二（莫宗江摄）

图版 8a 宜宾黄伞溪汉阙（陈明达绘）

图版 8c 黄伞溪崖墓前廊（丁垚补摄）

图版 8b 黄伞溪崖墓外景（丁垚补摄）

图版 8d 黄伞溪崖墓墓道（丁垚补摄）

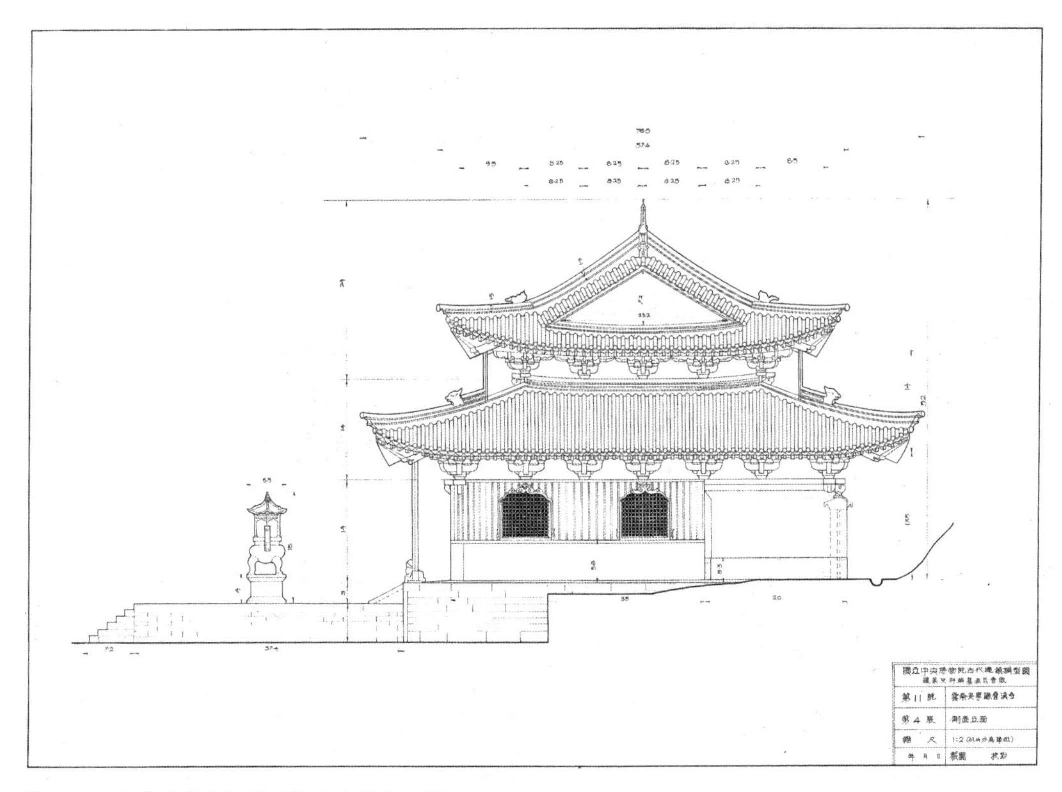

图版 9a　安宁曹溪寺大殿测绘图（莫宗江绘）

图版 9b　安宁曹溪寺大殿正立面（陈明达摄）

图版 9c　安宁曹溪寺大殿背立面现状（殷力欣补摄）

图版 9d　安宁曹溪寺大殿现存南宋造像（殷力欣补摄）

图版 10a　峨眉东岳庙九蟒殿（梁思成摄）

图版 10b　峨眉东岳庙飞来殿（梁思成摄）

图版 10c　峨眉东岳庙飞来殿梁架（陈明达摄）

图版 11a　新津观音寺外观

图版 11b　新津观音寺内明代壁画

图版 12a　成都鼓楼街南大寺（清真寺）内景

图版 12b　成都鼓楼街南大寺（清真寺）邦克楼（陈明达或刘致平摄于 1941 年 5 月，两个月后毁于日军轰炸）

图版 13a　大理崇圣寺三塔全景（陈明达摄）

图版 13b　大理崇圣寺三塔之千寻塔近景（陈明达摄）

图版 13c　崇圣寺千寻塔塔心（陈明达摄）

图版 14　大足宋塔（莫宗江摄）

图版 15　乐山凌云寺塔

图版 16a　广元千佛崖之一

图版 16b　广元千佛崖之二

图版 17a　广元皇泽寺大窟之一

图版 17b　广元皇泽寺大窟之二

图版 18a　大足佛湾之唐窟

图版 18b　大足宝鼎山佛涅槃摩崖

图版 18c　大足石刻中的经变像之一

图版 18d　大足石刻中的经变像之二

图版 18e　大足石刻中的道教雕像之一

图版 18f　大足石刻中的道教雕像之二

图版 19a　成都抚琴台前蜀永陵南面全景（莫宗江摄）

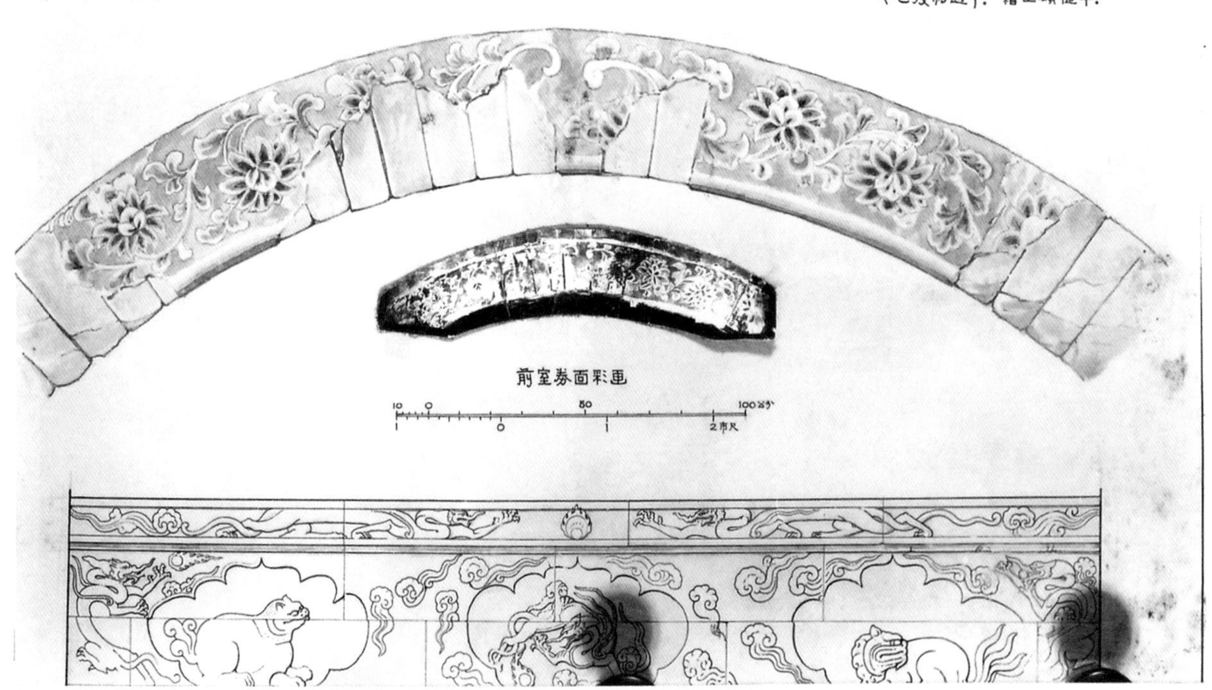

图版 19b　前蜀永陵测绘图之一（莫宗江绘）

图版 19c　前蜀永陵王建石像（莫宗江摄）

图版 20a 灌县珠浦桥之一

图版 20b 灌县珠浦桥之二

图版 21a　滇藏交界地带的铁索桥

图版 21b　四川境内铁索桥

图版 22　溜索桥

图版 23　云南一颗印式民居（刘致平摄）

图版 24a　宜宾李庄民居之一（刘致平摄）

图版 24b　宜宾李庄民居之二（刘致平摄）

图版 25a 镇南县马鞍山井幹式民居之一（陈明达摄）

图版 25b 镇南县马鞍山井幹式民居之二（陈明达摄）

图版 26a　西藏地区村落与民居之一

图版 26b　西藏地区村落与民居之二

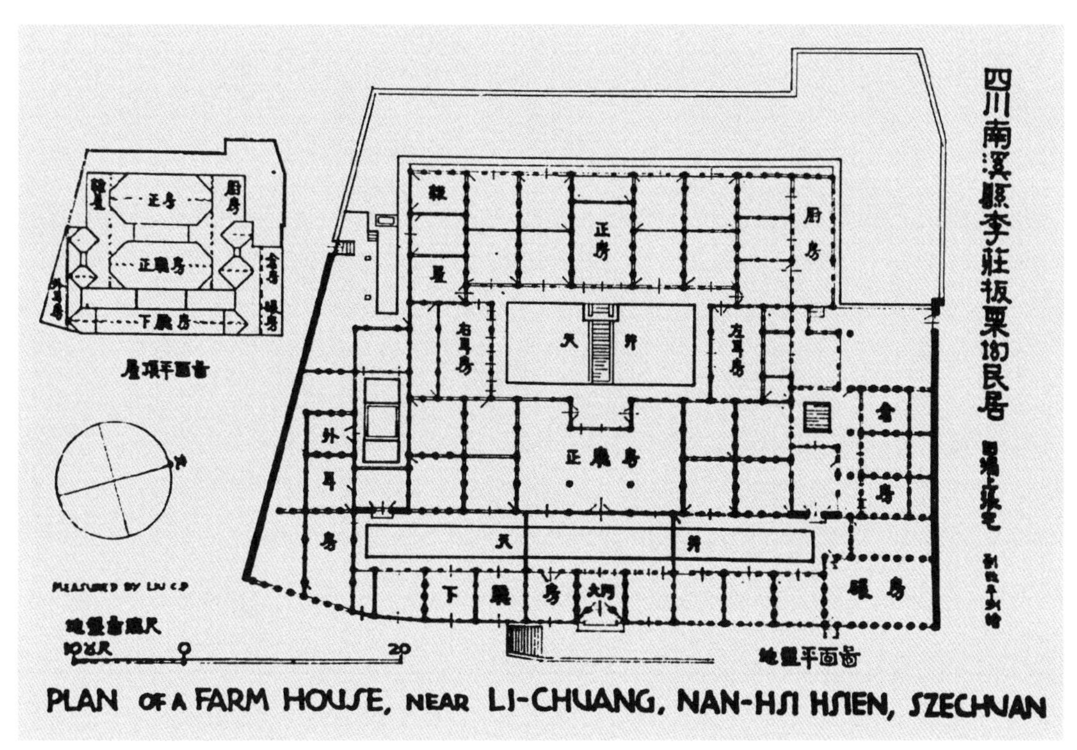

图版 27　四川宜宾李庄民居平面图

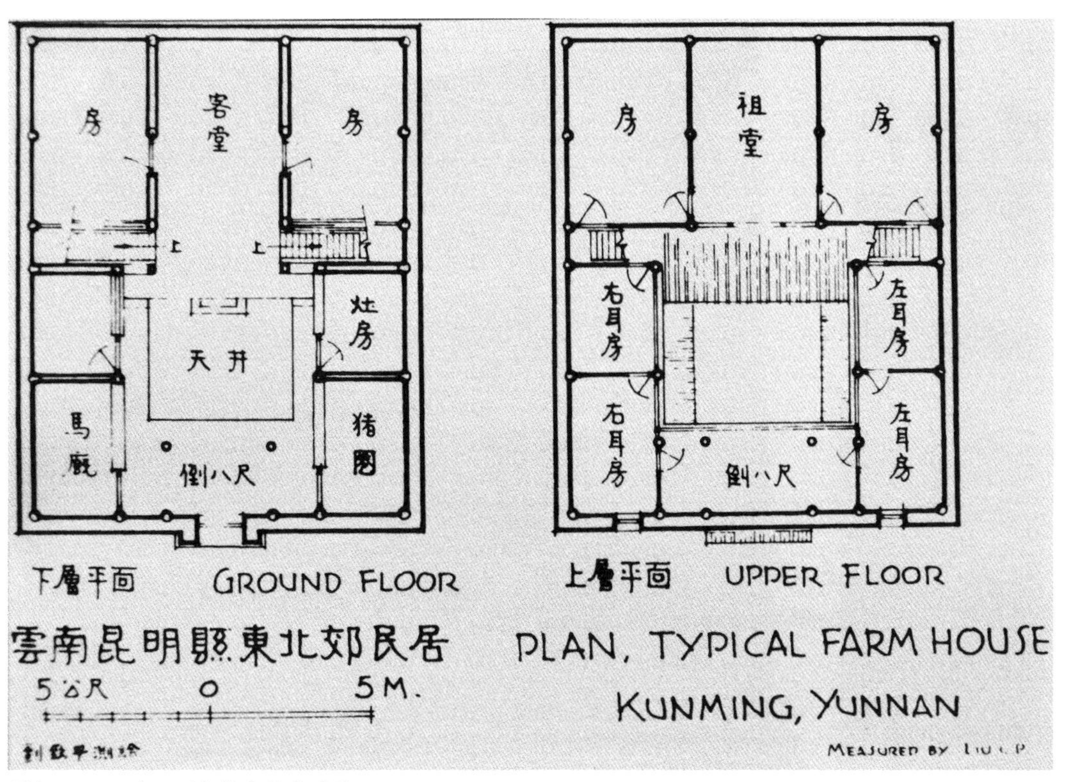

图版 28　云南一颗印式民居平面图

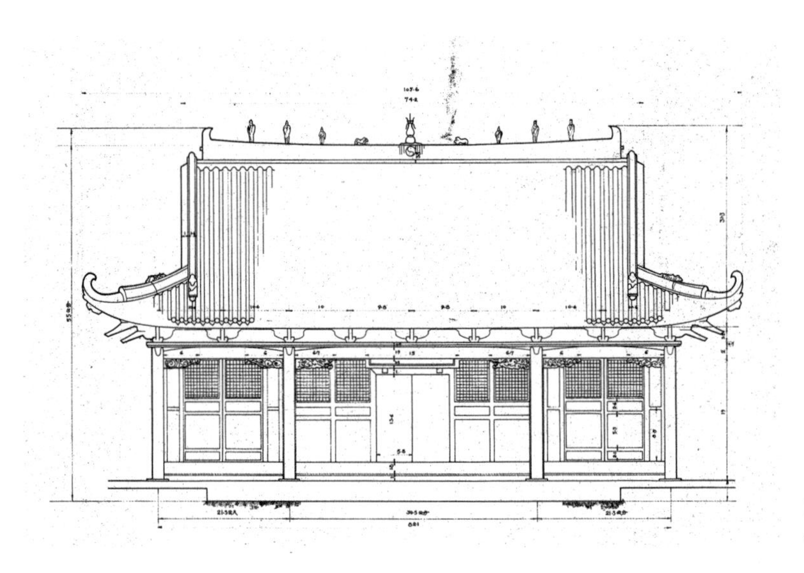

图版 29a 梓潼七曲山文昌宫天尊殿正立面测绘图

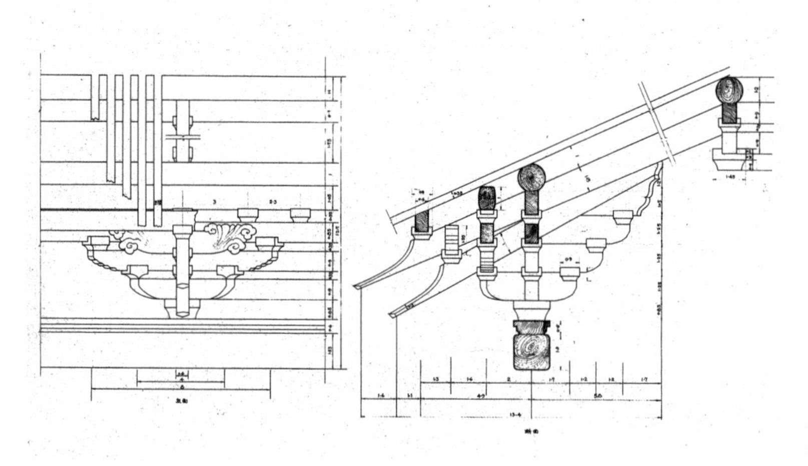

图版 29b 梓潼七曲山文昌宫天尊殿铺作图

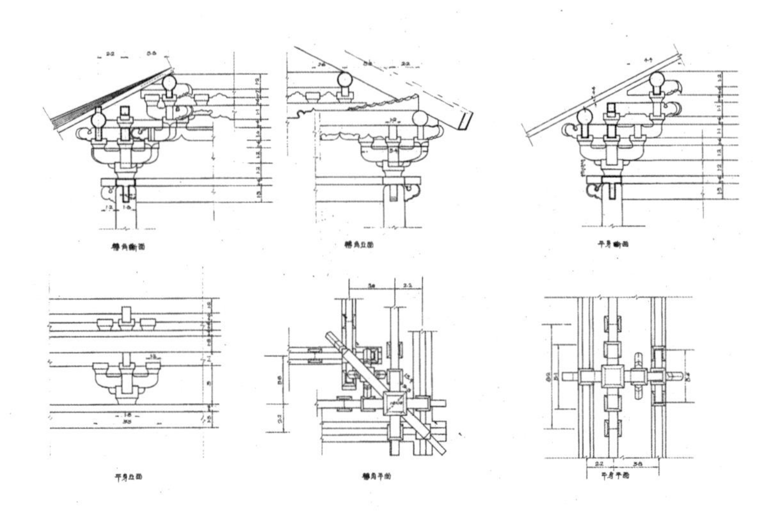

图版 30 安宁曹溪寺大殿斗栱大样图

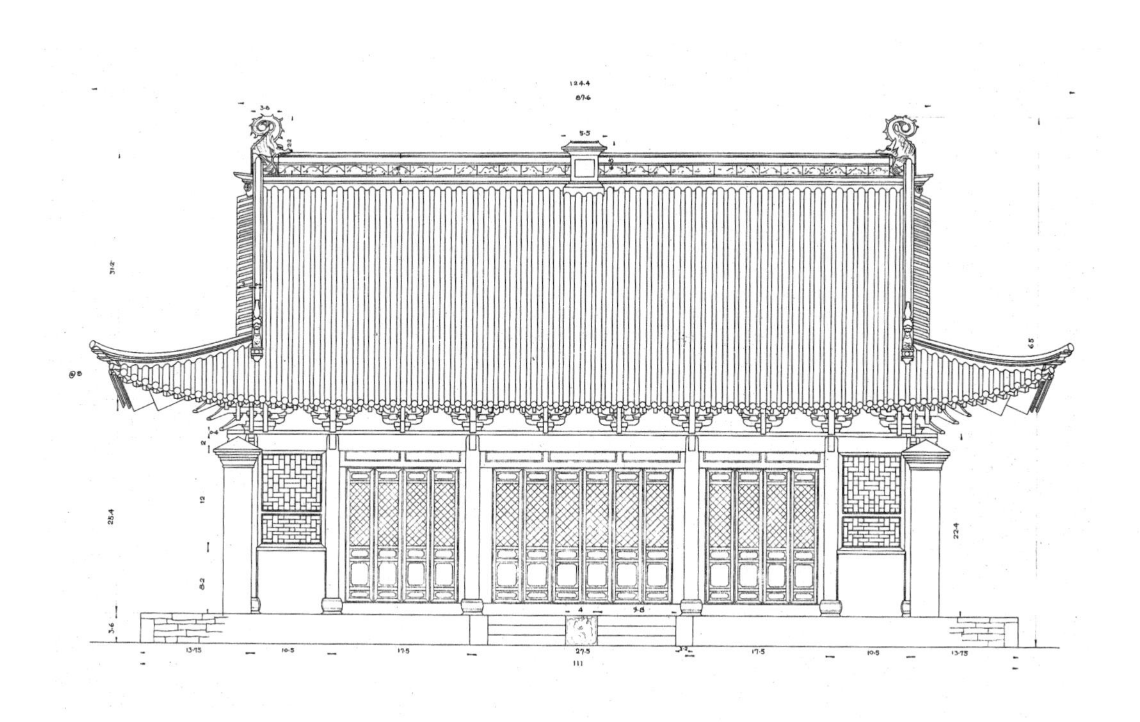

图版 31a　昆明真庆观大殿正立面测绘图

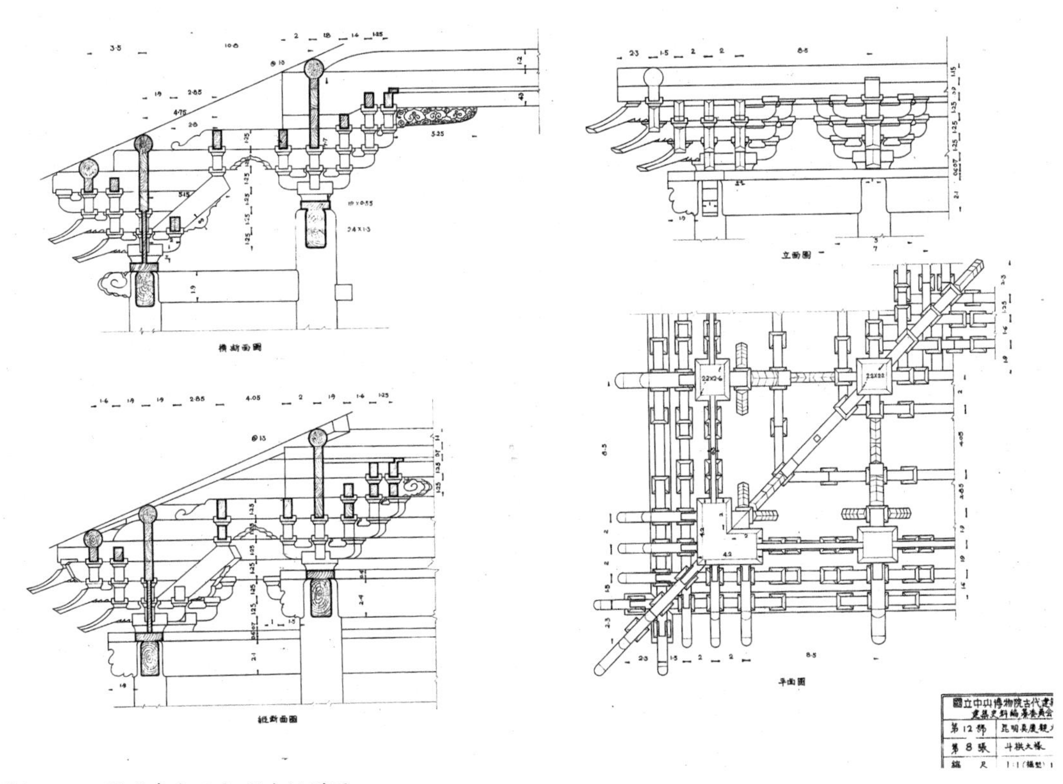

图版 31b　昆明真庆观大殿斗栱详图

图版 32a　剑川木雕工艺之一

图版 32b　剑川木雕工艺之二

汉代的石阙

一

研究中国建筑史，常苦实物不足。汉代以前的建筑，既无实物存在，记载又多简略，想具体弄清它的形象、结构，是很困难的。

西汉初期营建长安城，武帝时营建建章宫，东汉初期营建洛阳，都是历史上极巨大的建筑工程。由记载的描述，可知当时建筑已相当壮丽。许多史籍曾详细记载两汉宫殿。东汉著名文学家班固所作的《两都赋》，内容丰富，提供了关于当时建筑的详细记录。

近几年已经开始发掘西汉长安城遗址。以发掘的初步结果与记载相互印证，大大增进了我们对汉代建筑的认识。如再于文献记载、遗址发掘之外，加以若干实物的对照研究，然后再求作出某些汉代建筑的复原图，已不是太难的事了。汉代建筑实物以石阙保存较多而完整，在四川西部的汉代崖墓中有许多硕大的石柱、斗栱，也都是很宝贵的汉代建筑物。还有大量汉代画像及明器中有关建筑的部分，虽然是图画或像模型似的东西，但是也提供了具体、形象的资料，可以弥补实物的不足。

笔者于1936年调查了河南诸阙［插图一］，1939年又调查了四川诸阙，1941年参加了彭山县崖墓的发掘工作，曾积累了一些资料。现在先将汉阙略作介绍，以供参考。文中所用资料除作者调查的外，四川德阳上庸长阙、忠县丁房阙，是根据四川省文物管理委员会1956年编的《四川文物简目提要》；山东平邑皇圣卿阙及功曹阙，是根据刘敦桢先生的调查记（原注一）。解放后河南、四川的汉阙，都建筑了临时保护的房屋，以致无法摄影，故所用照片均是以前所摄。

已调查过的石阙，共有二十三处[①]，大多是东汉时所建，只有少数几个较晚，但也不会晚于西晋永嘉以后。而保存完整可供详细参考研究的阙，均可肯定是东汉时所建。

---

① 按此数据为截至作者写作此文时（1961年）的数据。作者自存此刊之此页留有作者眉批："新发现：1. 正阳阙，年代不详，登封式，见《文物》1963年1期；2. 樊敏阙，建安十年（公元205年），见《文物》1963年第11期；3. 忠县无铭阙，年代不详，见《文物》1963年第11期；4. 山东莒南双阙，元和二年（公元85年），见《文物》1965年5期；5. 北京阙，元兴元年（公元105年），见《文物》1964年11期。"另据张孜江、高文主编《中国汉阙全集》记录，至2016年为止，全国已知汉阙遗存总数为37处。

插图一　1936 年作者随刘敦桢先生考察河南诸阙，图为登封少室阙

这些阙都是当时祠庙或坟墓前的神道阙，所以它们是汉代建筑的实物例证。大多数阙上的雕刻，除了图案装饰、奇禽异兽、人物故事外，主要还雕刻出了当时框架结构的各个构件的外形，使我们得以根据它研究汉代建筑的结构。这就为复原某些汉代建筑提供了最可靠的依据。复原汉代建筑的结果，必然会使我们有可能进一步推溯战国或东周时的建筑面貌。可见阙对于阐明汉代及汉代以前建筑的具体形象，是十分重要的。

诸阙一般高 4 至 6 米，多用石块垒砌而成，上施雕刻。每一处阙都是由完全相同的两部分组成，左右各一半，中间空缺。很像是一个“凸”形影壁，从当中劈为两半，分列左右的形状，因此又称为双阙，并按其方位称左或右面的一半为东阙或西阙。有些阙因为年代久远，遗失或损毁了一半，只保存着左边或右边的一半，也被称为单阙。每阙的内侧较高大的部分称为正阙。它的直立的部分称为阙身，阙身下面有基座，上面有单檐或重檐屋顶。阙的外侧较低矮的部分，称为副阙或子阙，它同样地也有阙身、基座和屋顶三部分。

二

在二十三处阙中，李业、王稚子、上庸长三阙都只存留着残损的阙身，实际上较完整的只有二十处。以建立年代论，李业阙建于建武十二年（公元36年）以后不久，但所存阙身残石形同碑碣，已不能知其原状。其次是皇圣卿阙建于元和三年（公元86年），功曹阙建于章和元年（公元87年），在现在还完整的诸阙中，算是时代最早的了。高颐阙建于建安十四年（公元209年），在有确切年代可考的诸阙中，是时代最晚的一处。在梓潼、渠县有几个阙，既无铭文，又无确切的记载，就其形制及雕刻风格推测，可能是三国或西晋时所建。因此，现存诸阙是公元一世纪初至三世纪末的二百多年中所陆续建造的。所以它们虽有着稍为不同的轮廓、风格，但基本上没有过于悬殊的差别，可以作为一个时代的作品来研究。各阙概况大致如下。

插图二　太室阙后的汉代石翁仲之一（刘敦桢摄）

（一）太室阙［图版1、2］

在河南登封县城[①]东八里中岳庙前，正在中岳庙的中轴线上，距庙门300米。阙后庙前并存在汉代所雕石人一对［插图二］。登封是汉代时的嵩高县，“武帝置以奉太室山，是为中岳。有太室少室山庙”（原注二），但当时庙在何处，已无从查考。《登封县志》中曾说后汉安帝时将庙移至现在的中岳庙南，而由于阙、石人都在

① 今登封市。

现在的庙前中轴线上，似可证明现在庙址实即东汉的庙址。

太室阙双阙都很完整，在嵩山三阙中是保存得最好的。西阙南面阙身有篆书题额，残存“中岳泰室阳城”六字；北面刻铭文，中有“元初五年四月阳城□长左冯翊吕常始造作此石阙……”句，可以确定它建于公元 118 年。

（二）少室阙［插图一，图版 3～5］

在河南登封县城西十里邢家铺西二里。据《汉书·地理志》，少室山庙也是武帝时就设立的庙。双阙保存较太室阙略差，阙顶损坏较甚。西阙北面篆书题额为“少室神道之阙”，南面有铭文和题名。东阙北面也有题名，但大部剥蚀，已不可读。根据著录，在题名中有“五官掾阴林”“户曹吏夏效”“户曹吏张诗”“将作掾严寿”等人名（原注三）。这些题名也见于太室或启母阙，因知此阙建立与太室阙或启母阙约略同时。又《汉书·地理志》同时提到太室和少室山庙，似又可肯定应与太室阙同时所建。

这个阙的形制、尺度也与太室阙相近，惟高度略低，所用石块较薄，双阙间距离较大。阙身浮雕有龙、虎、犀、象、犬、蟾、兔、龟、鱼、人物、车马、角抵、蹴鞠等，较太室阙生动。

（三）启母阙［图版 6、7］

在河南登封县城北五里。阙北约半里即为启母石。启母石故事是中国最古老的神话之一。据《淮南子》：“禹治洪水通轘山，化为熊。谓涂山氏曰：欲饷，闻鼓声乃来。禹跳石，误中鼓，涂山氏往，见禹方作熊，惭而去。至嵩高山下，化为石，方生启。禹曰：归我子。石破北方而启生。”（原注四）所以这块石头曾被古代人所重视，汉武帝元封元年（公元前 110 年）诏曰：“朕用事华山，至于中岳……见夏后启母石。”（原注五）很可能当时也曾建立祠庙。根据阙上铭文，知道这是东汉延光二年（公元 123 年）颍川太守朱宠等为启母庙所兴治的神道阙[1]。

阙的形式、大小，和太室、少室两阙近似，但保存最差，阙顶大部遗失，子阙阙

---

[1] 作者自存此刊之此页留有作者眉批：“《水经注》，许由庙亦由朱宠所立。”

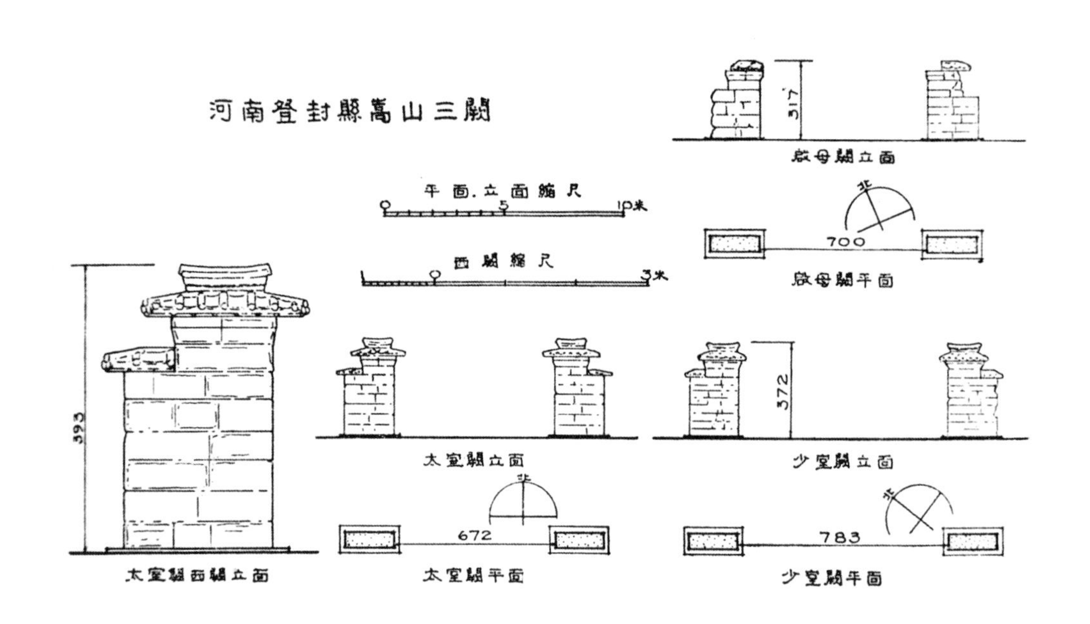

插图三 登封嵩山三阙（陈明达绘）

身也稍有残缺［插图三］。题额及铭文刻在西阙的北面及东侧面。铭文之外的石块上满雕人物故事、车马、树木、蹴鞠、鹭、鱼、象及图案纹饰。

（四）皇圣卿阙［插图四］

原在山东平邑县北三里，现已迁至县内。阙总高约2.5米，在诸阙中最为矮小。阙身平面呈略方形，用整块石琢成，四面雕出凹缘将阙身分为五栏，还保留着石块垒砌的意味。每栏内各雕人物、禽兽。西阙正面第四栏内刻铭文，尚存两行："南武阳平邑皇圣卿冢""之大门卿以元和三年"。由此可知阙建于元和三年（公元86年），是皇圣卿墓前的阙。阙在当时可直称为大门，却是一项很重要的记载。

县志载皇圣卿阙上雕车骑、兵卫、射猎、宴乐诸图，现皆剥蚀不清。因阙身四面都有浮雕花纹，可知此阙原来即是没有子阙的。

（五）功曹阙［插图五］

原在山东平邑县北三里、皇圣卿阙的西南，现在也迁到城内。东阙不知于何代遗失，现仅存西阙。它的大小高矮大致与皇圣卿阙一样，也是用一块整石琢成。阙身雕

插图四　平邑皇圣卿阙（刘敦桢摄）

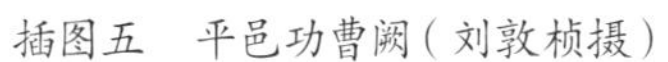
插图五　平邑功曹阙（刘敦桢摄）

插图六　嘉祥武氏阙

刻成为四栏，雕饰也略似皇圣卿阙，第四栏内刻铭记，可读者有“南武阳功曹卿啬夫府文学掾平邑□□卿之门卿”“章和元年二月十六日”等句，因知此阙建于章和元年（公元 87 年）。

（六）武氏阙［插图六］

在山东嘉祥县东南三十里武宅山。此处为汉代时武姓的（相传是殷代武丁的后人）墓地。墓地最前是一对石狮，次即墓阙，再后为一石祠（祠早已倾圮，所存的石块，即著称于世的武梁祠画像石）。西阙北面刻铭文：“建和元年，太岁在丁亥三月庚戌朔，四月癸丑，孝子武始公，弟绥宗、景兴、开明，使石工孟李、李弟卯造此阙，直钱十五万，孙宗作师子，直四万……”可证阙建于建和元年（公元 147 年）。

阙总高约 3.75 米，下面基座作覆斗形，上为重檐四阿顶，但正脊已失去。子阙上原有单檐四阿顶，也已失去。阙身四边用直线及几何图案组成边饰，边饰之内再分栏布置各种人物、禽兽浮雕。

（七）李业阙［插图七］

在四川梓潼县南门外李节士祠内。残存阙身一块，高 2.5 米，宽约 1 米。其上刻隶书“汉侍御史李公之阙”八字，似为后代增刻。其下方刻道光末年题记，记叙当时知县周树棠发现此阙身及移置祠内的经过。

按李业，梓潼人，“元始中举明经，除为郎。会王莽居摄，业以病去官，杜门不应

插图七　梓潼李业阙

插图八　梓潼贾公阙（阙前立者为陈明达，刘敦桢摄）

州郡之命。……及公孙述僭号，素闻业贤，征之欲以为博士，业固疾不起。数年，述羞不致之，乃使大鸿胪尹融持毒酒奉诏命以劫业。……业乃叹曰：'……丈夫断之于心久矣，何妻子之为？'遂饮毒而死。……蜀平（汉建武十二年，公元36年），光武下诏表其闾"。（原注六）故此阙应即建于公元36年，在现存汉阙中年代最早。

（八）贾公阙［插图八］

在四川梓潼县南门外。双阙均存，东西相距17米，风化剥蚀很严重，阙上雕刻已不可辨认。据其大体轮廓推测，应与绵阳平阳府君阙、雅安高颐阙相似。《金石苑》引宋乾道题字，疑其为贾夜宇阙，但咸丰《梓潼县志》卷三"丘墓"中记有"蜀汉邓芝墓，县西南五里有二石阙。芝，高阳人，仕蜀为车骑将军"。所记方位、距离，恰与此阙相当，因又疑其为蜀汉邓芝墓阙。

（九）杨公阙［插图九］

在四川梓潼县北门外一里许。现仅残存单阙，子阙及阙顶亦均失去。阙身上有"蜀故侍中□公之阙"数字，为后人所刻。按它的现存部分推断，也是和高颐阙相似的阙。

据咸丰《梓潼县志》："汉侍中杨休墓，俗传如是，有石阙十余字，仅一杨字可辨，休字无考……"但现在连"杨"字也不可见了。

插图九　梓潼杨公阙（阙前立者为陈明达，刘敦桢摄）

（十）边孝先阙［插图一〇］

在四川梓潼县西门外半里。残存一阙，县志称为边韶阙。

按"边韶字孝先，陈留浚仪人也，以文学知名……桓帝时（公元146—167年）为临颍侯……后为陈相，卒官……"（原注七），绝无葬于四川的道理。此项记载应有错误，但又别无征考，只好暂仍称为边孝先阙。这个阙剥蚀得也很严重，仅可辨认大体轮廓及斗栱等形象，大致与夹江县二杨阙相近，应是东汉末年时所建。

（十一）平阳府君阙［图版8～10］

在四川绵阳县[1]北门外八里仙人桥。双阙均保存完好，仅阙顶残损，细部雕刻稍受风化。阙东向偏北，两阙间相距26.19米。梁大通、大宝时（公元527—551年），曾铲去阙身浮雕，雕刻了许多小佛龛，以致阙身原有雕刻及铭文均不可辨识。据宋娄彦发《汉隶字源》载此阙椽端刻"汉平阳府君叔神道"八字。现尚存"汉""平""君"三字，但并非刻于椽端，而系刻于椽子下面的方子头上。这阙的外形轮廓、细部手法，均与雅安高颐阙相似，而

插图一〇　梓潼边孝先阙（阙前立者为陈明达，刘敦桢摄）

[1] 今绵阳市。

更觉朴实，可能略早于高颐阙，为汉献帝初平、兴平间（公元 190—195 年）所建。

（十二）上庸长阙［插图一一］

在四川德阳县[①]黄许镇四里许。早已残损，只存一石嵌砌在砖龛中。石上残存“上庸长”三字，当地人称之为高碑。《四川通志》及《德阳县志》均谓阙正面题“故上庸长司马君孟台神道”十一字，惟其人及年代均不详。

插图一一　上庸长阙（龚廷万补摄）

（十三）王稚子阙[②]

在四川新都县[③]北十二里公路旁。仅残存一石，高约 2 米，宽约 0.75 米，嵌砌于龛中，上刻“汉故兖州刺史雒阳”八字。据《金石萃编》“王稚子阙”条：“右洛阳令王稚子二阙。王君名涣，其字稚子，广汉郪人也，东汉循吏有列传。涣举茂材，历温令、洛州刺史、侍御史、洛阳令，以和帝元兴元年卒。”又记西阙铭为“汉故先灵侍御史河内县令王君稚子阙”，东阙铭为“汉故洛州刺史雒阳令王君稚子之阙”。因知阙建于元兴元年（公元 105 年）。

---

① 今德阳市。

② 此阙在本文中记“仅残存一石”，在 1992 年版《四川汉代石阙》中无记载，在 2017 年版《中国汉阙全集》中列入“已毁的中国汉阙”名录。

③ 今成都市新都区。

（十四）高颐阙［插图一六，图版 11～13］

在四川雅安县城[1]东十五里姚桥村外。东西二阙相距 13.6 米。东阙仅存阙身，清代时曾镶砌夹石及顶盖，阙身北面刻“汉故益州太守武阴令上计史举孝廉诸部从事高君字贯方”。西阙是四川诸阙中保存最完整、雕刻最精致的一阙，阙身上面所雕方子、斗栱棱角犹新；阙座四周雕蜀柱斗子，阙顶正脊当中雕一鹰口衔组绶，都是较少见的。

在阙前还有一对大石兽，阙东北约 250 米的高孝廉祠内有墓碑一，小石虎四。据县志记载，石虎也是从阙前移至祠内的。墓碑高 2.75 米，宽 1.50 米。碑下用方座，座面环碑雕二龙相向，中置一璧，龙尾绕于座后互相纠结。碑首略为半圆形，上雕蟠龙，碑额偏于右侧，首下正中一穿［插图一二至一五］。

碑文风化剥蚀，仅隐约可见字形，无法辨读。据著录得知，高颐字贯方，以建安十四年（公元 209 年）殁于益州太守任所（原注八），因知阙及石兽等均

插图一二　雅安高颐阙阙身雕刻（阙前立者为梁思成，陈明达摄）

[1] 今雅安市。

插图一三 雅安高颐阙阙座

插图一四 雅安高孝廉祠内小石兽

插图一五 雅安高孝廉祠内高颐碑

应作于建安十四年［插图一五］。

（十五）二杨阙［图版14］

又称杨宗杨畅阙，在四川夹江县东南二十里甘露乡[1]双碑村。阙高5.07米，两阙相距12.9米，均无子阙。双阙表面风化剥蚀，斗栱、人物等浮雕仅可辨其概略。阙身铭文仅东阙残存“汉”“益”“君”“宗”“宁”“仲”“墓”七字。据县志载，东阙铭文为“汉故益州太守杨府君讳宗字德仲墓道”，西阙铭文为“汉故中宫令杨府君讳畅字普仲墓道”。此阙形制也与雅安高颐阙相似，惟全部权衡较高颐阙瘦削，风格手法似

[1] 今甘江镇。

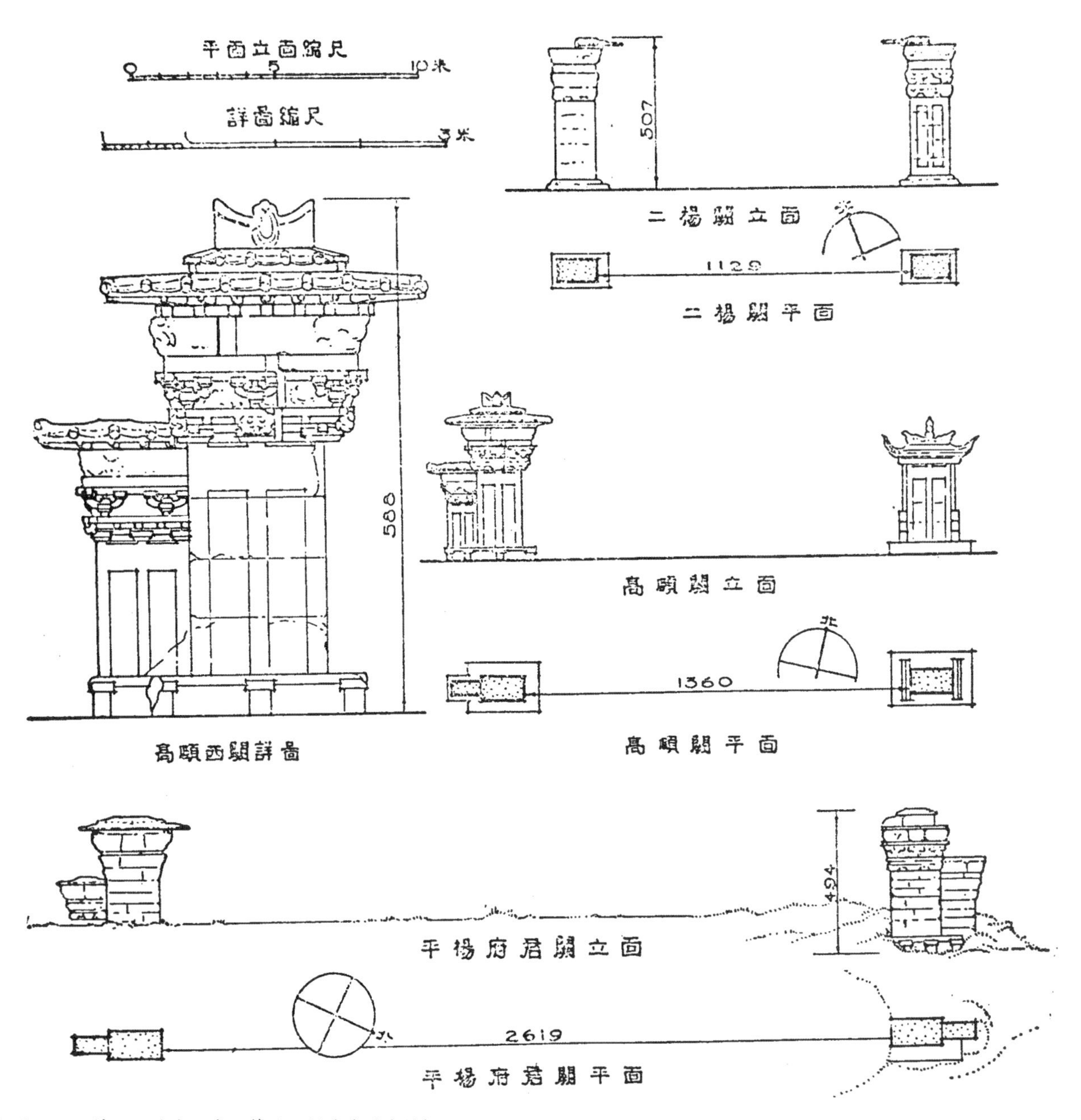

插图一六　绵阳、雅安、夹江等县汉阙(陈明达绘)

插图一七　重庆盘溪汉阙右阙（龚廷万补摄）

晚于高颐阙。据县志所录铭文，杨宗也曾官益州太守，很可能正是继高颐之后的一任太守。所以这阙建于高颐阙之后的东汉最末，即公元209—220年间。

（十六）盘溪阙［插图一七］

在重庆市沙坪坝对岸的盘溪。双阙已大半没入土中。西阙露出地面部分高约4米，阙身以上雕方子、斗栱等，略与渠县沈府君阙相似；阙身东侧雕白虎，西侧雕人面蛇身像，手承月轮，月中有一蟾蜍。东阙几全没入土中，阙身以上已残损不全，坍塌堆集于土中；西侧雕青龙，东面也雕人面蛇身像，手承一日，口中有一鸟。两阙雕刻均因风化剥蚀，已不十分清晰。

此阙没有记载可考，但在盘溪庙溪口山腰曾发现过熹平五年（公元176年）、光和三年（公元180年）等崖墓，以此推测，似亦应为东汉末期之物。

（十七）冯焕阙［图版15、16］

在四川渠县新兴乡赵家村西南。仅存东阙，总高4.38米。阙身系一整石琢成，正面铭文下浮雕一饕餮；东侧石纹未加细琢，当为接建子阙之故，现子阙已经失去。正面铭文为“故尚书侍郎河南京令豫州幽州刺史冯使君神道”。冯焕是后汉安帝时人，任幽州刺史，建光元年（公元121年）被人陷害下狱。虽经讼明，已病死狱中，安帝“赐钱十万，以子为郎中”，事见《后汉书·冯绲传》(焕系绲父)。故阙应即建于建光元年，或其后一年。此阙雕刻精致，造型优美，在四川诸阙中惟高颐阙与之不相上下。冯焕阙朴素简练，高颐阙华丽细致，显然有时代早晚、风格不同的区别。

（十八）赵家村无铭阙［图版 17］

在四川渠县新兴乡赵家村内。仅存东阙阙身，其子阙及顶部亦皆失去。阙身剥蚀并不严重，而毫无铭文痕迹，似原即无铭刻。按其形制及雕刻手法，在四川诸阙中应为年代最晚之作，可能是西晋时所建。

（十九）赵家村东无铭阙［图版 18～20］

在四川渠县新兴乡赵家村东北约半里。只存东阙阙身，子阙及阙顶均已损毁。阙身正面上端浮雕朱雀，下端浮雕饕餮；侧面雕青龙。它的形制、风格和赵家村内的阙极为近似，也应为西晋时所建。

（二十）沈府君阙［图版 21～24］

在四川渠县月光乡燕家村。双阙均保存，但子阙则均失去。两阙相距 21.62 米，阙高 4.84 米。阙身正面当中刻铭文一行，文上端浮雕朱雀，下端浮雕饕餮。东阙内侧雕青龙，西阙内侧雕白虎。两阙外侧石纹粗糙，无雕饰，可证原皆有子阙。

东阙正面铭文为“汉谒者北屯司马左都侯沈府君神道”，西阙为“汉新丰令交阯都尉沈府君神道”，但其人已无可考。此阙形制、雕刻手法，与冯焕阙有很多共同之处，可能略晚于冯焕阙，约为安帝末延光（公元 122—125 年）年间所建。

（二十一）蒲家湾无铭阙［图版 25、26］

在四川渠县月光乡蒲家湾。仅存东阙，其子阙及西阙均已失去。阙身正面上端浮雕朱雀，西侧浮雕青龙，以及其上所雕方子、斗栱等，均与沈府君阙相近。按其风格似又略晚于沈阙。

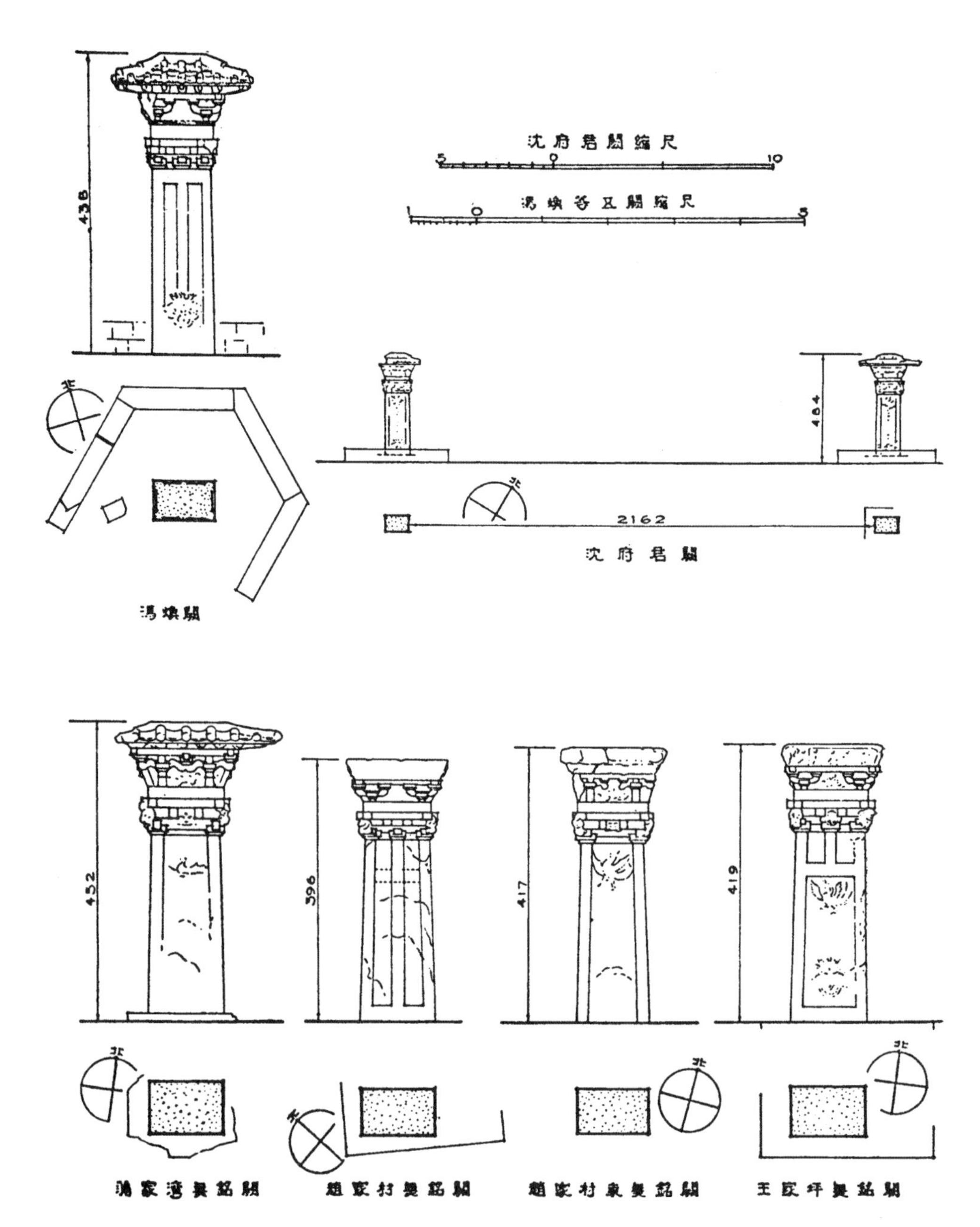

插图一八　渠县汉阙（陈明达绘）

（二十二）王家坪无铭阙 [图版 27、28]

在四川渠县广禄乡王家坪。仅存东阙阙身，子阙及阙顶均失去。阙身正面上端浮雕朱雀、下端浮雕饕餮、西侧面雕青龙等，均与赵家村两阙相类，可能也是西晋时所建的。

（二十三）丁房阙 [插图一九]

在四川忠县东门外土地庙前。清道光《忠州直隶州志》载："丁房双阙，碑目考，在临江县巴王庙有二阙对峙。阙高二丈，为层观，飞檐衮衮，四方多刻人物，皆极巧妙。诸刻漫灭，仅有汉丁房等字尚可辨也。"现存双阙，高约7米，重檐顶。丁房为何时人，亦无考。按阙之雕刻、形制，亦约为东汉后期所作。

插图一九　忠县丁房阙（龚廷万补摄）

三

上记二十三阙，按其性质可分为祠庙阙和墓阙。嵩山三阙是祠庙阙，其余均是墓阙。又都可以统称为神道阙，如少室阙铭额是"少室神道之阙"，四川诸阙铭文如"故……司马孟台神道""……冯使君神道……""……沈府君神道……"等。从而又可知汉代神庙或墓前的路，均称为神道。至于夹江二杨阙铭为"……墓道"，王稚子阙铭为"……王君稚子阙"，大概是简略之故。最可注意的是皇圣卿阙铭文中称"……皇圣卿冢之大门"，直截了当地说明了阙就是大门。

然而我们都看到这种大门没有可关闭的门扇，并不是我们习称的大门。实际上它只是和其他雕刻品相配列，成为祠庙、坟墓前的陈设物，是建筑组群前的序幕。例如，太室阙之后有石人一对，高颐阙、武氏阙前各有石兽一对等等。墓前列置石兽早于霍去病墓即已有之，山东曲阜鲁恭王墓前也原有石人（现已移置孔庙内），以及山东省博物馆内所藏汉琅琊相刘君墓表（系一段雕镂花纹铭刻的石柱）等等，均可说明在祠庙坟墓前排列阙、兽、华表之类，是汉代时建筑组群布局的普遍方式。

根据记载，这种布局方式也用于宫殿居室。如西汉初萧何“营作未央宫，立东阙、北阙”（原注九）；而武帝时作建章宫“其东侧凤阙高二十余丈”（原注十），或说高七丈五尺（原注十一），可见较之现存石阙高大得多。宫室前的阙虽未能保存至今，但由近年来所发现的画像砖、石上，可以知其与现存石阙相似，其中以山东沂南汉墓画像石上所刻画的一组祠堂或住宅最为可贵。此石所刻建筑组群的前面有双阙和华表柱［插图二〇］，而在那一组建筑的前方设有大门，阙是孤单地建立在大门之前的，正和现存各石阙的位置相当。可见阙虽说是门，而实际上和门是有区别的。其次是阙前右方有一根华表柱，柱上横贯一木，清晰可见，柱上拴着两匹马；阙前左侧停着一辆马车，按情况也应有一根华表，可能是被作画者遗漏了。可见华表柱是有其实用意义，并非为装饰所设。三是由它们排列的次序及其与人物的关系，可知阙虽然是建筑组群前的序幕，但也具有某种象征性的意义。所以车马停留在阙的外面，而阙内建筑物之前则有庖厨，有陈列的钟鼓，似可以设想它与封建礼制有一定的关系。

现存石阙或画像石、明器中所表现的阙，大致情况已如上述，即以之与汉人记述相对照，也多能符合。汉、晋时代的人给阙下的定义、作的解释，大致可以下列三种

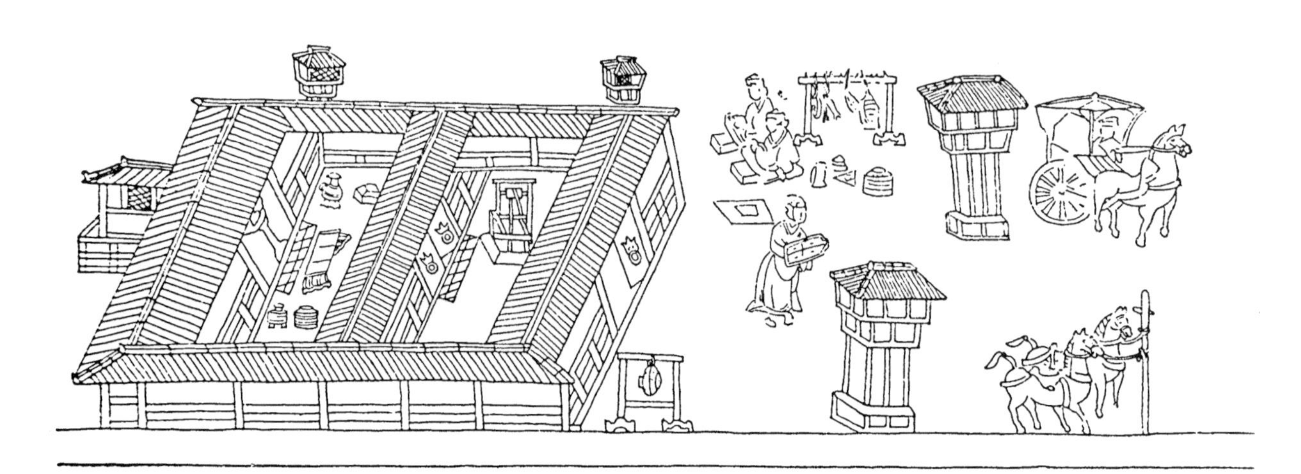

插图二〇　沂南汉墓画像石（摹本）

说法为代表。

一是晋崔豹《古今注》说:“阙，观也，古者每门树两观于其前，所以标表宫门也。其上可居，登之则可远观，故谓之观。人臣将朝，至此则思其所阙，故谓之阙。其上皆丹垩，其下皆画云气仙灵、奇禽怪兽，以昭示四方焉。”

二是《白虎通义》：“门必有阙者何？阙者，所以饰门、别尊卑也。”（原注十二）

三是汉刘熙《释名》说：“……门阙，天子号令赏罚所由出也……”

以上各说除阙是否就是观将在以后讨论外，先看阙是“所以饰门”，是“标表宫门”，都是与现存石阙或画像石相符合的。“其下皆画云气仙灵、奇禽怪兽，以昭示四方焉”，也是和现存石阙相符的。而所以要树立这种标志，则是为了“别尊卑也”，于是就说明了汉代时阙是被统治阶级利用为自己壮声势、恐吓人民的建筑物。至于“门阙，天子号令赏罚所由出也”，据说是悬挂法令的地方，“人臣将朝，至此则思其所阙”等等，只不过是在上述意义上的具体利用或引申罢了。

然而，也可以由此进一步体会到阙于“标表宫门”“饰门”之外，客观上产生了另一作用。它标志着宫殿、居室、神祠、坟墓的范围。“人臣将朝，至此则思其所阙”，其实也就是说至此便已进入帝王宫禁之地，所以要毕恭毕敬的意思。换句话说，它成了一种特殊的界碑。

以上只是就汉阙的普遍情况而言，此外在汉画像或明器中也还有另外一些阙又与此略有不同。今以四川出土画像砖和甘肃出土的一件明器为例，说明如下。

四川成都出土的一块画像砖上刻画着一个阙的正立面［插图二一，图版 29］。它的形象和表示出的结构，与四川诸石阙是完全相似的，可以确定它是阙。不同之处在于两阙之间，增加了一个连接双阙的屋顶以及这个屋顶之下的门扉，似乎成了一座真正的门。但是仔细观察一下，便可看到在子阙之外并没有其他建筑或围墙，它仍然是一个独立的建筑物，是一个如同后代门前的影壁或者大门以内的屏门、垂花门一类的东西。据《汉书·文帝纪》，七年“六月癸酉未央宫东阙罘罳灾”，师古曰“罘罳谓连阙曲阁也，以复重刻垣墉之处，其形罘罳然，一曰屏也”，可能正是指这样的阙。此处的“阁”字与“閤”字通用，按古义可训为“户”，所以罘罳就是连接两阙的门及其屋顶。正是因为这样的门很像影壁、屏门，所以“一曰屏也”。也只有这样理解，才能完全

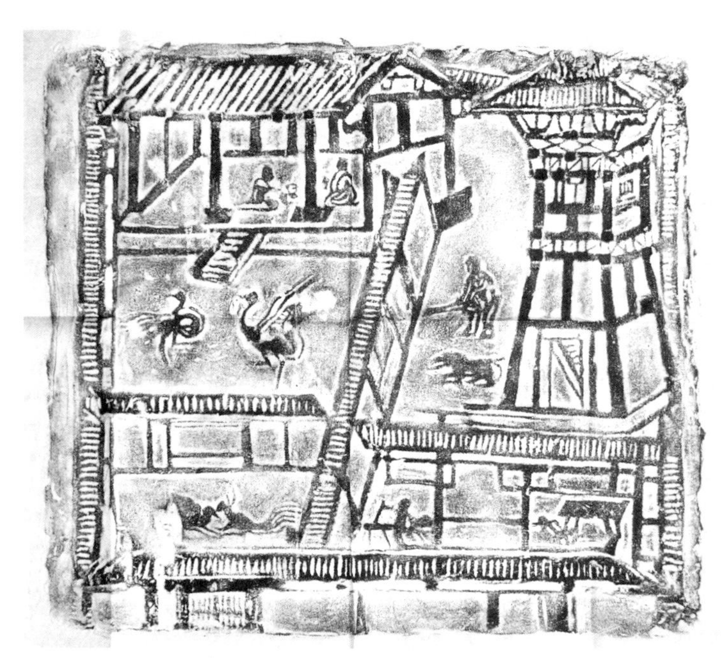

插图二一　四川成都出土画像砖(拓片)

插图二二　张掖郭家沙滩1号墓出土陶楼院

解释通全段注解。如果将“罘罳”理解为阙上小楼，那就无法理解为何小楼又可称为屏了。未央宫东阙有罘罳，正是为了屏障宫门。而按“古者每门树两观于其前”的解释，连阙曲阁的“罘罳”，应是稍后一些时候发展出的新式样。因此它延续的时间也较晚，直到北魏敦煌石窟中还应用此种形式作为佛龛。

还有甘肃张掖县[①]郭家沙滩出土的一件汉明器陶楼院［插图二二］，又是另一种形式。它是以一个方整的围墙相连接，做出了双阙和罘罳的形象。双阙没有子阙而与围墙相连接，因此它确实是一座建造在围墙间的大门。另一方面，这种形式似乎又保留着阙最初形式的残余痕迹，说明阙本来是围墙缺口处的建筑物。

四

前述诸阙按其形式与所表现的结构，可分为两种类型。嵩山三阙和武氏阙是一种类型，四川诸阙是另一类型。

太室阙是前一类型中保存最好的。它全部用石块垒成，阙身之下是平整方

① 今张掖市。

直的基座。子阙和正阙在平面上连成一体，在立面上则正阙高、子阙低。阙身最上一层石块平面增大，其下四周斜削与阙身相接，其上承托挑出的屋顶。屋顶庑殿式，上面雕出瓦垄、角脊，另以石块雕成正脊；下面雕出椽子。它的形式正像是在一个围墙的缺口两侧，砌筑成有屋顶的台墩，显然它是用以结束并加强墙身末端的。而子阙很可能就是围墙的一部分，在不需用围墙的情况下，子阙就是围墙的象征。因此也可以不用子阙，如皇圣卿阙之类的形式。其他少室、启母两阙，除尺度大小、两阙间的距离略有出入外，基本上都是同一类型。

这种用石块垒砌的垂直的阙身，上面挑出平缓的出檐，构成了简单朴质的轮廓及形象。更有趣的是阙身四周浮雕图案、人物、车马等装饰及铭文的构图，是以每一层或每一块石块为单位的。这完全可以理解，在建造者的意识中石块只不过是砖的代用品，以至表面装饰也沿用了花纹砖的构图形式。这种装饰方式，和它的朴质的形象是非常融洽的。

武氏阙与嵩山三阙同属一类型，而在细部处理上略有不同。它的基座作覆斗形，正好和阙上承托屋顶的石层相对应。子阙较正阙薄一点；而屋顶有显著的两重屋檐，可能是重檐，也可能是楼屋的表示。因此它的外形较嵩山三阙变化略多，轮廓也比较活泼。它的雕刻构图更与嵩山三阙不同，阙身四周有一周边饰，在边饰之内再以平行线划分阙身为几栏，似乎是表示着石块的层次，每栏内浮雕人物故事。子阙只有三边有边饰，靠正阙的一边没有边饰，这样就巧妙地表明了子阙和正阙的联系。

如上所述，这一类型的阙充分保持着砖、石建筑的本来面目，应当是汉代一般砖石阙的通行式样。

皇圣卿阙、功曹阙的阙座和阙身雕刻构图方式与武氏阙相同。以其阙身四周均有雕刻，可证其原来即是没有子阙的。阙身之上是一块大斗状的石块，它的上半段雕刻出两朵一斗三升斗栱，上面也是庑殿顶，外形更像现今的门墩。轮廓简朴单纯，近于嵩山三阙和武氏阙的风格。但是它上面雕刻出斗栱，意在模拟框架结构的形式，脱离了砖石结构本来的风趣，又是与四川诸阙相近似的。所以它应是嵩山三阙与四川诸阙之间的过渡形式。

四川诸阙同属另一类型，如细加分辨，又可别为三种式样。西川各阙是其中的一种式样，它包括着梓潼贾公阙、杨公阙、边孝先阙，绵阳平阳府君阙，雅安高颐阙，夹江二杨阙。这些阙除了尺度不同、肥瘦权衡略有不同外，几乎是完全相同的。其中以保存完整、造型优美论，首推高颐阙，它可以作为西川诸阙的代表。

高颐阙的西阙保存极为完好。阙身立在一个基座上，基座四周雕刻出矮柱和方斗，阙身上也雕出柱子、额方。阙身宽 1.63 米，高 5.88 米，屋面宽 3.81 米，屋面伸出阙身以外达 1.18 米，亦即达阙身宽度的三分之二，在权衡上是十分大胆的。但是从阙身到屋檐，其间用了五层石块，逐渐向外挑出，使得屋檐部分呈现出极为舒展、自然的姿态，整个阙的外形因而极其活泼而又安定，在设计处理上是极为妥善的。

这五层石块上的雕刻，是此阙的重要部分。从下向上第一层石块，雕成几个大栌斗上面承托着三层纵横相叠的方子，当中大斗上浮雕一饕餮，四角大斗上各雕一角神。第二层石块雕刻成一周一斗二升斗栱承托着一周方子，栱之间浮雕人物故事，斗栱略向外倾，栱下有一蜀柱形的支承物。第三层是一层薄石块，周边浮雕图案花纹。第四层石块上大下小，四边向外倾斜，四面浮雕人物、车马、禽兽等物。第五层也是一层薄石块，四面雕成纵横相交的方子。

在以上五层石块之上，即是伸展的重檐屋顶。下檐与上檐相距很紧，瓦垄略有坡度，但椽子是水平的。屋面上又用另一石块雕成正脊，脊两端雕出重叠的瓦当形，以表示屋脊是用筒瓦垒成的。脊正中雕刻一只口衔组绶的鹰。子阙与正阙做法相同，但无第五层石块，屋顶则为单檐庑殿。

整个阙的轮廓曲折变化，雕刻细致复杂，加以屋顶舒展，权衡妥善，构成了优美的形象，清新活泼又十分稳当。以之与嵩山三阙相较，显然有较高的艺术水平。从它雕刻的结构式样来看，毫无疑问是完全模拟木结构的式样，而前者则是砖石结构的本色。很可能当时的木结构建筑较砖石结构有更为出色的成就，所以才使得砖石建筑也多喜欢模拟木建筑的形式。

渠县冯焕阙、沈府君阙、蒲家湾阙，是另一种式样。它们的形象较简洁，不像高颐阙那样华丽。其中以冯焕阙较精练，可为此式的代表。

冯焕阙阙身以上只有三层石块，其上便是屋顶。第一层石块雕成纵横相交的方子三层；第二层石块较薄，四面平直，上雕方胜纹图案；第三层石块雕斗栱，栱眼壁上作线划画以为装饰。阙身正面镌铭文，铭文之下浮雕一饕餮。

沈府君阙、蒲家湾阙的砌法、雕刻，均与冯焕阙相同，但更于阙身正面铭文之上雕朱雀，左右侧雕青龙、白虎，正如《古今注》所记“……其下皆画云气仙灵、奇禽怪兽，以昭示四方焉”。但此种雕刻，是西川各阙所没有的。

赵家村两阙及王家坪阙则属第三种式样，它不同于上两种式样之处，仅仅是在雕刻斗栱的石层之上，又多一层石块。此石块上宽下狭，四面向外斜出，上雕人物、走兽之类。

以上三种式样的差别，均在于阙身之上所砌的石块层次不同。它们都是模拟木结构的形式，因此均属于同一类型。按前引《汉书・文帝纪》“……未央宫东阙罘罳灾”，可见汉代宫殿前的阙是木结构建筑。又《水经注・谷水》引《东观汉记》：“更始发洛阳，李松奉引车马，奔触北阙铁柱门，三马皆死……”又可见洛阳宫阙更以铁作柱门。四川各阙可能就是模拟这种宫殿阙的式样的。因此，根据四川各阙所雕建筑情况，应当能够求得木结构的原状。今以高颐阙为例，试作剖析如下。

高颐阙基座四周所雕矮柱方斗，应是木结构建筑基座的特点。它是成行列的矮柱墩，其上架设大梁、龙骨以铺地板，而阙身立柱也就插立于矮柱梁木之上。阙身雕成两直条略略低于石面的平槽，内刻铭文，而其外凸起的部分显然也就是柱方的位置，这是毋庸多叙的。

第一层石块所雕纵横叠置的方子，所表现的尺度很大，其上应是能承受相当大的荷重的，所以它应当是铺设楼板的第二层楼面。同时由下向上看，这些方子组成了一些方格，可以设想这就是后世“平闇”或“平棊”的来由。按阙本来是有楼的，所以《古今注》说“其上可居，登之则可远观”。又如在成都出土的一块画像砖上，刻画着一所院落，其侧院内的阙形建筑物的门内，很清楚地刻出了楼梯，更是最明确的佐证。

第二层石块雕刻的斗栱，在结构上起什么作用，是较费解的。横栱之下可能是梁方头，也可能是直斗，斗栱当中又露出一个小方子头，都是后代建筑所没有的，只得由表现形象，就结构可能作一个推想。首先根据石块逐层挑出可以假定斗栱也是向外挑出的。这假设可从画像石上得到佐证，因此可以认为栱下不是直斗而是向外挑出的构件。但也不是大梁，因为位置太低，安放大梁将破坏内部空间。这就只能假定它是一块较高的向外挑出的垫木，骑放在下面的方子上，其外端安设斗栱。于是又产生了另一个问题，这块垫木两端的力量不平衡，势将向外倾侧，只得在垫木的里端也同样安设一个横栱，使内外力量平衡。现在显然这块垫木成了后代斗栱出跳的雏形，它较后代斗栱中的华栱要短一些，并且只有内外跳、没有柱头缝。同时为内外两横栱联系更紧密起见，又在栱中心加上一条短方，这就成了石阙上所表现的横栱中心的小方子头。

至于第三层石块，应是栏板窗台之类，所以其上多雕成几何图案。这可以从沂南汉墓前室西壁横额上所刻画的一座大门上得到明确的启示。顺便说明在渠县几个阙上，第二、三层石块的位置，恰与高颐阙相颠倒，即斗栱在上而栏板在下。从其他一些画像石、明器等看来，也都是两种情况并存。可见斗栱在当时的作用，虽是挑出屋檐，但位置上下似乎并无准则。这也说明斗栱在当时的结构上，还不是重要的部分。所以，甚至在某些建筑上可以不用斗栱。

第四层石块，是又一层向外挑出的部分，也可以说这是阙上小楼的墙面。这一层在结构上没有明确的表示，所以只能据外形及其上下的结构，姑定为是由一些小柱及斜撑构成的。

第五层石块又表示出是一层纵横相交的方子，在外表上毫无疑问它又组成了第二层楼内的“平闇”或“平棊”，但实质上它可能即是屋面结构的主要部分。这种结构不同于后代的梁架结构，它是在这些方子上竖立矮柱或垒积木块，以承托檩条及椽子，因此，屋面举折极为平缓。由于多数石阙的屋顶都表示着重檐式样，而上下檐又相距极近，也可以设想，规模大的建筑物，屋面面积较大，为了坚固稳定，要求支承椽子的木柱不致过高，因此在一定位置上，又增设一层纵横相交的方子，其上再立短柱支承屋顶的上面部分。这是很合理的办法。同时它就使屋面分成上下两层，形成了重檐的式样。于是又可进一步设想，在上述情况下，如将下层纵横相交的方子省略去其中央部分，就会使室内呈现中央向上凸出的空间，古代建筑的藻井，大概就是在这种情况下形成的吧。

根据以上意见，可以得出一个木结构阙的断面图［插图二三］。它是一张合乎现有四川诸阙的情况、也可以实践的建筑图样。

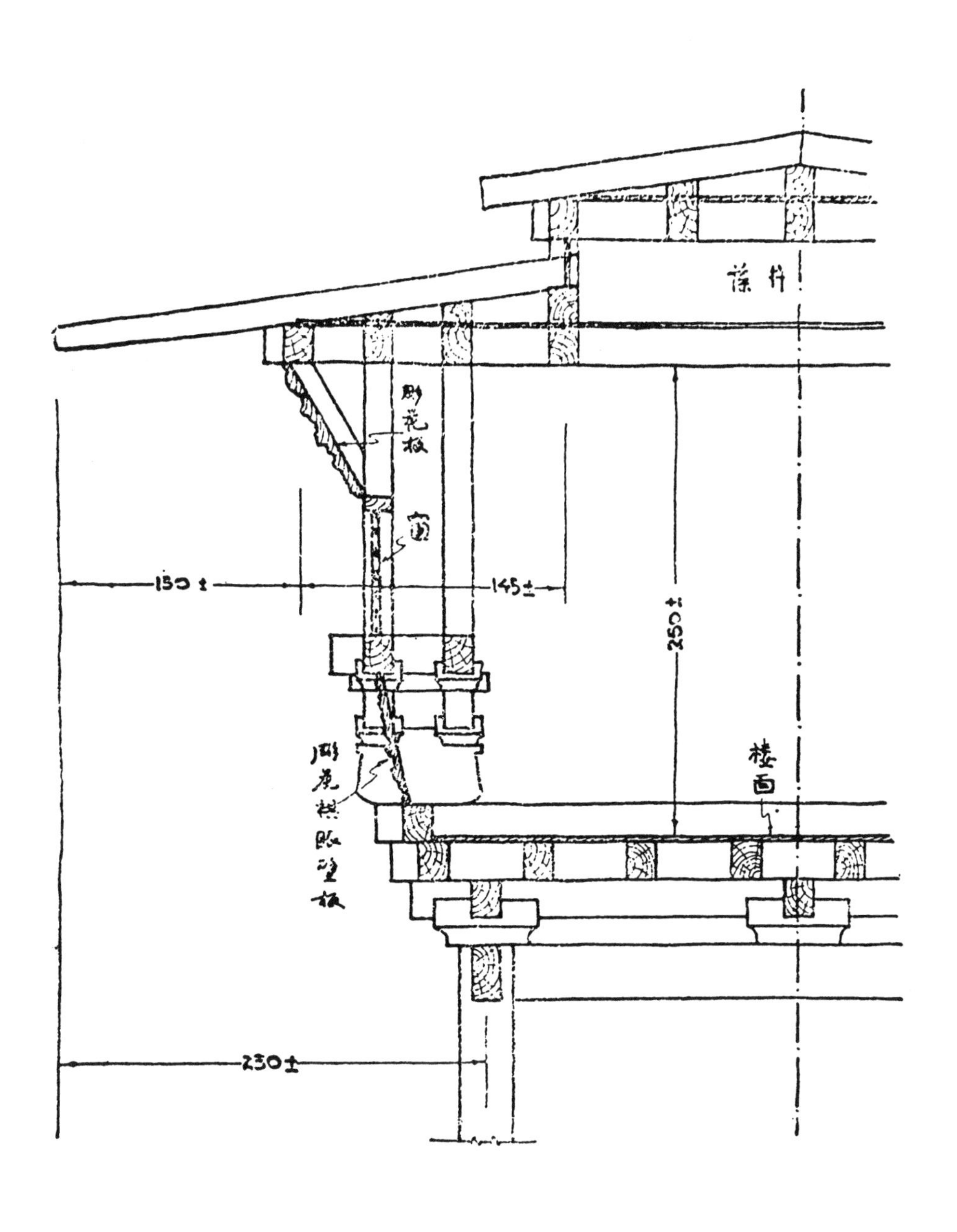

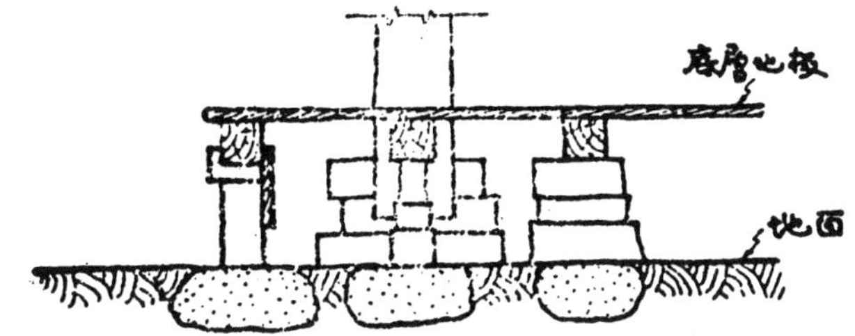

插图二三　汉阙结构想象图（陈明达绘）

此外，还应当注意，在很多汉代建筑史料中，可以看到这种结构方式也用于其他类型的建筑上，所以它是汉代建筑中的自成一格的结构形式。在应用上，这种形式多用于较大型的或重要的建筑物，而与汉明器中最常见的穿逗结构截然不同。汉代建筑形式上的这个差别，似乎正相当于宋代殿阁和厅堂的差别，或者相当于清代大木大式和大木小式的差别。很可能从汉代以来，我们的建筑形式就是按照两种不同结构方式向前发展的。在建筑史上，这是很值得重视的一种现象。

五

在历史文献中，关于阙的记载是相当多的。除了以上各段曾引用过的外，还有一些记载，也有必要在此略加叙述。

阙这个名称最早见于《诗》："纵我不往，子宁不来，挑兮达兮，在城阙兮。"（原注十三）可见西周时的城是有阙的。不过这阙是在城门之前，或者它就是城门，还无法肯定。春秋时有"郑伯享王于阙西辟"（原注十四），"礼、送女……诸母兄弟不出阙门"（原注十五）等记载。战国时秦"作为咸阳，筑冀阙，秦徙都之"（原注十六）。这些阙究竟是城阙或宫殿前的阙，记载是不够明确的。到秦始皇建阿房宫，"周驰为阁道，自殿下直抵南山，表南山之巅以为阙"（原注十七），才明确指出，此时阙是建于宫殿之前的。由于可以指南山之巅为阙，又可见此时阙已经是象征性的建筑物了。以上各条都是汉代以前的关于阙的记载，虽记叙不详，还有待解决的问题，但其原文都写明为阙，是无可怀疑的。

另有一类记载，所记建筑物名称各别，而汉晋时人都解释为阙。如《左传》："……鬻拳葬诸夕室，亦自杀也，而葬于绖皇。"晋杜预注："绖皇，冢前阙。"（原注十八）又："……楚子闻之，投袂而起，屦及于窒皇……"晋杜预注："窒皇，寝门阙。"（原注十九）又："……正月之吉，始和，布治于邦国都鄙，乃悬治象之法于象魏，使万民观治象，挟日而敛之。"汉郑众注："象魏，阙也。"（原注二十）这些注释将绖皇、窒皇、象魏都解释为阙。究竟是有所根据，或者只是汉晋时人以汉晋时的概念去解释前人的记述，是很难断定的。在没有更确切的证据之前，也不能全部否定，所以这类解释都只能暂时存疑。

然而在这些异名中，有一个值得注意的名称。这就是有较多的记载都说“观”即“阙”。除前引《古今注》外，还有：

《尔雅》：“观，谓之阙。”

《说文解字》：“阙，门观也。”

《风俗通》：“鲁昭公设两观于门，是谓之阙。”

《义训》：“观，谓之阙；阙，谓之皇。”（原注二十一）

《礼记·礼运》：“昔者仲尼与于蜡宾，事毕出游于观之上，喟然而叹。仲尼之叹，盖叹鲁也。”郑玄注：“观，阙也。”

这一类文献的特点是说观即是阙的都是汉代人。我以为观、阙本来是两种不同的建筑物，所以在《左传》上这两个字并不互相借用，如定公二年“夏五月壬辰，雉门及两观灾”、庄公二十一年“郑伯享王于阙西辟”等记叙，阙和观显然是有区别的。但是这两个建筑物可能在形象上有共同之处，或在实用上可以互补短长，以至到汉代时对观、阙的称呼已不可分别地合而为一了。另一方面，观的名称虽与阙不分，而实际上观的实物仍是存在的，如前叙成都出土画像砖中所表现的阙形建筑，很可能就是“观”，因为阙是不应当建在庭院中的。观在古代建筑中也是一个重要项目，但已不属本文范围，暂不多叙了。

阙在汉代以后已省而不用，如六朝陵墓多在华表柱上题曰某某阙，即可见其省略之状，并又引起墓表即阙的混乱解释。自此以后，历代宫室前所建之阙与古代的阙相较，实在是名同而实异。所以自汉以后的阙，是应当另论，不可混同的。

作者原注

一、《文物参考资料》1954年第5期。

二、《汉书·地理志》“颍川郡”条。

三、《金石萃编》卷六。

四、《汉书·武帝纪》颜师古注引《淮南子》。

五、《汉书·武帝纪》。

六、《后汉书·独行列传》及《华阳国志》。

七、《后汉书·文苑传》。

八、《八琼室金石补正》卷七。

九、《史记·高祖本纪》。

十、《史记·孝武本纪》。

十一、《水经注》“渭水”条。

十二、《营造法式》“总释”引《白虎通义》。

十三、《诗·郑风·子衿》。

十四、《左传·庄公二十一年》。

十五、《穀梁·桓公三年》。

十六、《史记·秦本纪》。

十七、《史记·秦始皇本纪》。

十八、《左传·庄公十九年》。

十九、《左传·宣公十四年》。

二十、《周礼·天官·太宰》。

二十一、《营造法式》“总释”引《义训》。

（原载《文物》1961年第12期，本卷选用时据作者批注手迹修订）

图　版

图版 1　登封太室阙全景（陈明达摄）

图版 2　登封太室阙侧影（营造学社“水残资料”，陈明达摄）

图版 3　登封少室阙西阙南面（陈明达摄）

图版 4　登封少室阙东阙南面（陈明达摄）

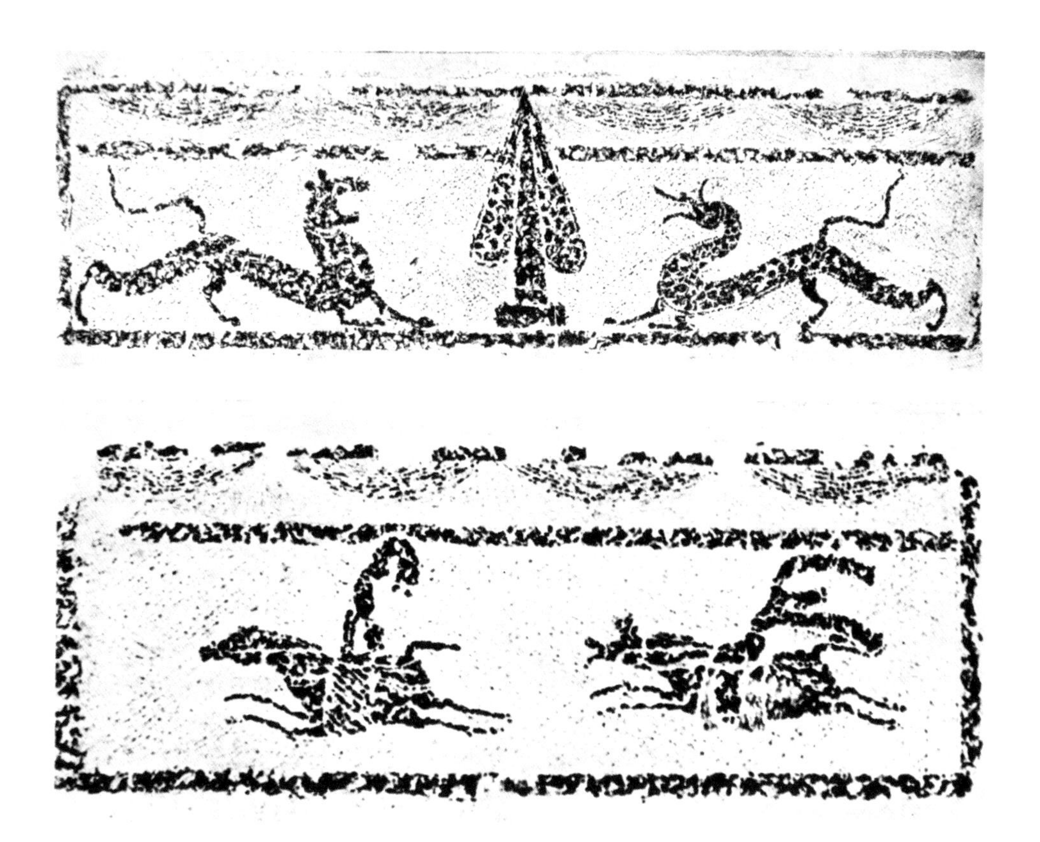

图版 5　登封少室阙阙身雕刻　龙虎图、马戏图（拓片）

图版 6　登封启母阙全景（陈明达摄）

图版 7　登封启母阙局部（陈明达摄）

图版 8　绵阳平阳府君阙南北阙全景（梁思成摄）

图版9　绵阳平阳府君阙北阙（陈明达摄）

图版 10　绵阳平阳府君阙南阙（梁思成摄）

图版 11　雅安高颐阙西阙全景（阙前立者为陈明达，刘敦桢摄）

图版 12　雅安高颐阙西阙之子阙上部（陈明达摄）

图版 13　雅安高颐阙阙前石虎（陈明达摄）

图版 14　夹江二杨阙（立者为莫宗江，梁思成摄）

图版 15　渠县冯焕阙全景（陈明达摄）

图版 16　渠县冯焕阙上部（陈明达摄）

图版 17　渠县赵家村无铭阙侧面雕刻（陈明达摄）

图版 18　渠县赵家村东无铭阙（陈明达摄）

图版 19 渠县赵家村东无铭阙侧面雕刻（陈明达摄）

图版 20　渠县赵家村东无铭阙阙身正面雕刻（陈明达摄）

图版 21　渠县沈府君阙全景（阙前立者为梁思成、陈明达和当地居民，莫宗江摄）

图版 22　渠县沈府君阙近景（陈明达摄）

图版 23　渠县沈府君阙上部（陈明达摄）

图版 24　渠县沈府君阙下部（陈明达摄）

图版 25　渠县蒲家湾无铭阙（陈明达摄）

图版 26　渠县蒲家湾无铭阙上部（梁思成摄）

图版 27　渠县王家坪无铭阙（陈明达摄）

图版 28　渠县王家坪无铭阙上部（陈明达摄）

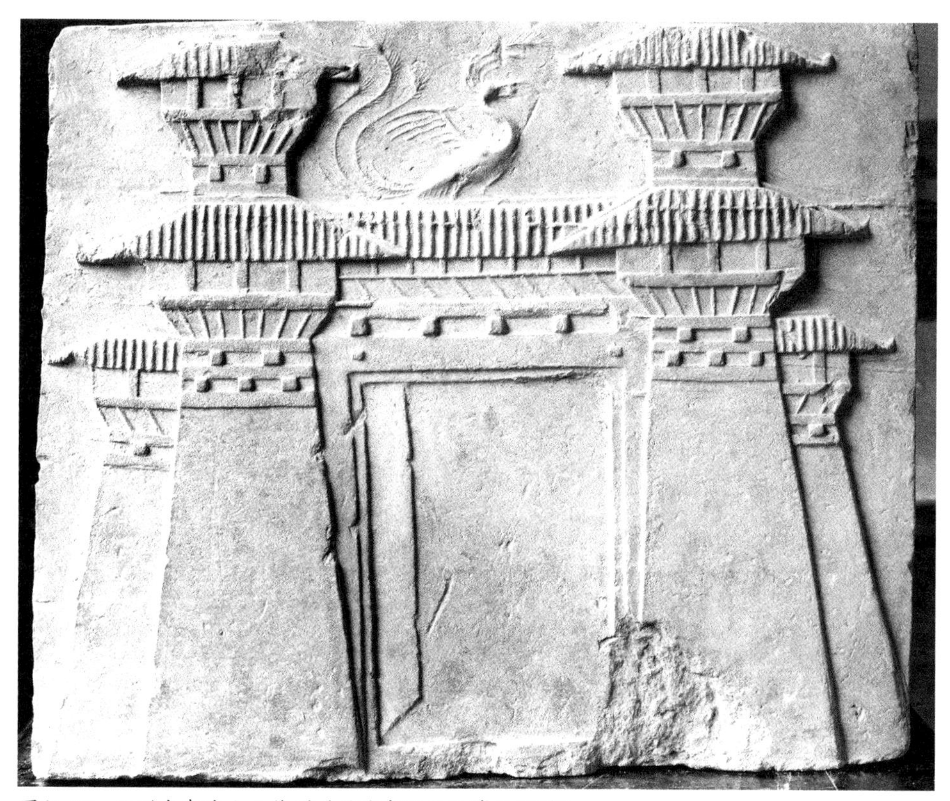

图版 29　四川成都出土画像砖（重庆中国三峡博物馆藏）